模型摄影与特效场景技术指南

Model photography & Special effect scene

梁宇珅 编著

机械工业出版社
CHINA MACHINE PRESS

本书主要内容包括模型摄影器材介绍、模型摄影构图法则与布光技巧、模型特效场景设计、模型摄影后期处理技巧和精彩模型摄影作品展示等内容。作者用生动的案例和通俗的文字，让普通模友轻松掌握模型摄影和后期处理方法，让缺少专业器材的模友也能把自己的模型作品拍出高大上的感觉。

本书适合各类模型制作者、模型代工者、模型收藏爱好者阅读。

图书在版编目(CIP)数据

模型摄影与特效场景技术指南/梁宇珅编著. —北京：机械工业出版社，2018.6

ISBN 978-7-111-59845-9

Ⅰ. ①模… Ⅱ. ①梁… Ⅲ. ①摄影技术－指南 Ⅳ. ①TB88-64

中国版本图书馆 CIP 数据核字（2018）第 077651 号

机械工业出版社（北京市百万庄大街 22 号 邮政编码 100037）
策划编辑：杨 源 责任编辑：杨 源
责任校对：秦洪喜 责任印制：李 昂
北京联兴盛业印刷股份有限公司印刷
2018 年 5 月第 1 版第 1 次印刷
215mm×280mm · 19.25 印张 · 730 千字
0001—3000 册
标准书号：ISBN 978-7-111-59845-9
定价：139.00 元

凡购本书，如有缺页、倒页、脱页，由本社发行部调换

电话服务 网络服务
服务咨询热线：010-88361066 机 工 官 网：www.cmpbook.com
读者购书热线：010-68326294 机 工 官 博：weibo.com/cmp1952
010-88379203 金 书 网：www.golden-book.com

教育服务网：www.cmpedu.com

作者介绍

梁宇珅，天津大学建筑学硕士，北洋光影俱乐部成员，低调的模型爱好者。虽然建筑设计是老本行，但是这位低调的人心系模型圈十余年，坚持以建筑师的思维设计场景，以工匠的精神制作模型。虽然入静态模型坑尚且不深，但是做过的各种模型堆积如山，综合能力强。虽然这位低调的人不参与模型代工，但是喜爱钻研新奇的模型技巧，擅长把复杂的技术讲解得通俗易懂，把枯燥的理论分析得有声有色。

前　言

在浏览模型论坛时常有这样的感受，很多模友虽然模型做得不错，但由于拍照水平所限，最终导致自己的心血之作得不到大家的关注。还有些专业摄影师，面对模型摄影这个陌生领域依然然沿用过去的老模式，纵然拥有顶级设备，也难以表现出模型真正动人之处。其实模型摄影是万里长征的最后一里，不认真对待的话就会功亏一篑。

这本书的写作动机之一就是希望把模型制作与模型摄影联系起来，让做模型的人掌握一定的摄影知识，从全新的角度思考模型到底应该怎么做，让拍模型的摄影师了解模型场景背后的精巧构思，以便从更刁钻的视角去记录模型影像。

序 1

我是通过《坦克模型涂装与场景技术指南》这本书知道梁宇珅先生的，拿到样书的第一印象就是里面的图片拍得真不错。当得知他正在编写关于模型摄影的书稿时，我相当期待，因为很多模友受困于摄影问题，不能把作品风貌完整呈现，甚为遗憾。

我认为微缩艺术创作分为“形色效”三个方向，分别对应模型的制作、涂装与旧化。艺术是相通的，摄影构图、布光的思路与视觉系模型涂装的思路有些类似，都是用光影勾勒轮廓、丰富层次、刻画细节。作为视觉系模型玩家，我更看重模型的色彩和效果，而拍摄的好坏对这两极的呈现结果影响极大。

摄影是一门记录光影的技术，当拍摄者用摄影技术去表达情感或叙述故事的时候，相机和图片就从“记录”工具进化成了创作载体。拍摄模型实际上也是一种二次创作的过程，创作当然是自由的，既可以忠实记录，也可以扬长避短，还可以修饰美化，究竟按什么思路执行是由掌控相机的模友决定的，除了最常见的用证件照布光拍出的“官图八张”之外，我们还可以按照书中的示意图尝试更多的灯位和拍摄角度。

模型与摄影有很多的共同点，它们都是工业文明的成果，都具有“记录”这个基本功能，既是实用性很强的工具，又是观赏性很高的媒介，入门容易精通难。读完梁先生发来的样稿，最直接的感受就是 “实用”。本书系统梳理了摄影的基础知识、常用工具和常见套路，还提供了许多图例、样片，帮助模友们理解拍摄思路。这一点是我觉得最可贵的，因为不论是做模型还是拍照片，创意最关键。

他山之石可以攻玉，模友们如果能理解本书内容，相信对模型涂装也会有极大的帮助。梁宇珅先生是一位创作型模友，既勤于制作，又善于总结，更乐于分享，有这样新生代作者为我们创作有价值的内容是模友之幸，有机械工业出版社这样的专业团队为我们服务是模友之福。

庆幸我们生活在一个幸福的年代，有条件享受模型和摄影给我们带来的乐趣！

吴 迪

2018 年 5 月 4 日

序 2

摄影作为一门独立的艺术，每一幅成功的摄影作品都表现了作者的情感和思想。通过摄影手法来表现模型艺术，作者通过一张张照片打动着模型爱好者们。感之以形，动之以情，再晓之以理，实现对精美模型作品从感知到理解再到欣赏的过程，从而提高模型艺术的鉴赏能力和审美情趣。

很多的模型作品本身精美绝伦，可是却偏偏因为照片的质量不高，导致无法让更多的朋友们在网络媒体上欣赏其作品，也无法留下自己珍贵的模型美照。《模型摄影与特效场景技术指南》则直接将摄影和模型这两门艺术结合起来，开门见山地分享给模友们模型摄影的技巧，非常值得模友们阅读和学习。

“将瞬间化为永恒”，这是摄影艺术的神奇魅力，也是模型艺术的进阶瑰宝。希望本书能够在带给模型玩家优秀摄影技术的同时，启发模友们更多发现美的灵感。

模型岛总版主 蒋 超

目录

第 1 章　必备常识：模型摄影器材介绍

第 2 章　别出心裁：模型摄影构图法则

第 3 章　捕捉光影：模型摄影布光技巧

第 4 章 气势恢宏：模型特效场景设计

第5章 还原真实：模型摄影后期处理

第 6 章 精彩模型摄影案例赏析

第 1 章

必备常识

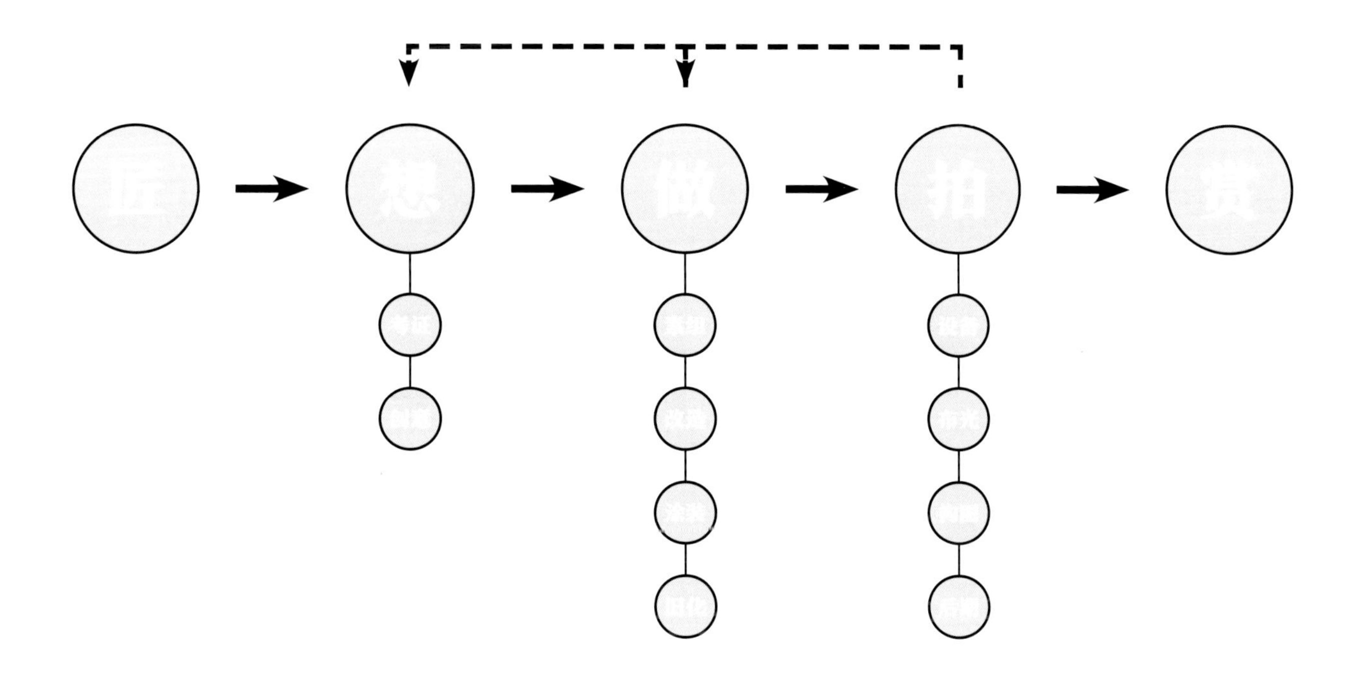

1.1 为什么要谈模型摄影

1.1.1 真实还是虚幻

过去人们总是喜欢多做事少说话，因为言多容易语失，还是不说为妙。可是在自媒体时代每个人都在发声，沉默的人只会被遗忘。这样残酷的逻辑告诉我们，人必须既要会做也要会说。

优秀的模型师既要技术精湛，也要表现力一流。无论调制了什么颜色，使用了什么技法，最终都要通过影像来传达给观赏者。当一盒模型摆在桌面上时，如果只想到买什么耗材用什么技法，即使再努力，充其量只能达到模型代工的水平。如果在对各种技法谙熟于心的同时，还能兼顾模型的考证和创意，那么恭喜你，你已经是资深玩家了。在此基础上，如果还能用镜头语言把匠人的构思、模型的技法、欣赏者的感受结合在一起做出完美的作品，那就可以称得上大师了。

1.1.2 做与拍的关系

俗话说："光说不练假把式，光练不说傻把式，既说又练才是真把式。"其实说与练，做与拍是一体的。模型做得好才值得好好拍，因为摄影可以放大模型的优点，也可以放大模型的缺点。优秀的模型怎么拍都上镜，有问题的模型则越描越黑。同时，好好拍照才能做出好模型，因为镜头能记录很多肉眼不易觉察到的细节，根据照片效果不断修改，才能推动模型的自我完善。

总之，不要因为不会拍照而限制了自己技术的发挥。做模型之余多了解一些摄影知识，会发现一个不一样的世界。

1.2 如何用手机拍摄模型

本节将讲解如何用手机拍摄模型。

1.2.1 手机拍摄特点

首先来看看手机摄影的短板。

* 感光元件小。受到硬件尺寸的限制，手机摄像头内部感光元件尺寸不能做得太大。于是带来了两个问题：首先是像素数量受到限制，使照片放大后清晰度不够（如图 1）。目前 iPhoneX 后置摄像头为 1200 万像素，安卓旗舰机为 2000 万像素，而单反旗舰机可以达到 3000~5000 万像素，二者的差距是巨大的。其次是感光元件单位像素的尺寸很小，抗干扰能力差。弱光环境下拍摄尤为明显，系统会自动拉高感光度（ISO）保证曝光正常，但副作用就是会带来大量噪点。因此手机必须要在光线充足的环境下进行拍摄，才能充分发挥出其性能。

* 算法中庸。手机系统相机对图像的默认算法要兼顾多种使用场景。如果用户希望拍星星、拍月亮、拍小狗都好看，那么系统就会用一个比较中庸的算法处理拍到的所有东西。这套算法虽然不会出错，但也绝对称不上出色，特别是拍模型这种细节丰富的小物件，肯定会显得吃力。解决之道很简单，就是对照片进行后期手工处理。

* 有损压缩。用户拍摄的照片都以 JPG 格式保存在系统相册中，如果用户认为这就是照片原始文件，那就大错特错了。事实上，这些照片都是被有损压缩过的。以 iPhone 7 手机为例，相册中每张照片文件大小约为 3MB 左右，而用 Lightroom 提取的照片原始文件（RAW 或 DNG 格式，数码相机原始数据的公共存储格式）每张大小约为 10MB。这之间相差的部分，就是被系统算法有损压缩掉的内容。一般来说这种压缩无伤大雅，还可以节约空间。但是如果需要放大或者后期处理，照片细节损失的问题就格外突出。

被压缩过的照片虽然尺寸没有变化，但是包含的颜色信息变少了。真实世界中从白色到黑色是均匀平滑过渡的，而计算机为了节约计算量，其过渡是有限的，专业图像处理使用的 16 位图片，从白色到黑色有 65536 种颜色过渡，人们平时接触的普通 8 位图片也有 256 种颜色过渡。而如果压缩得很厉害，损失了太多过渡色，那么颜色变化就会显得不平滑，甚至产生断层，照片质量自然就下降了（如图 2~ 图 5）。

解决这一问题的方法很简单，就是使用专业相机应用程序进行拍摄，直接提取 RAW 或 DNG 格式的文件。IOS 系统中 Lightroom、ProCam 这些 APP 都有提取原始照片文件的功能，有些安卓手机的专业相机模式也自带这一功能。

1

2

3

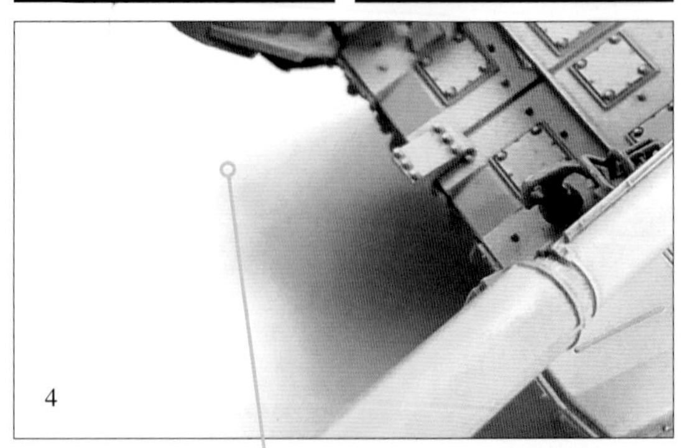

4

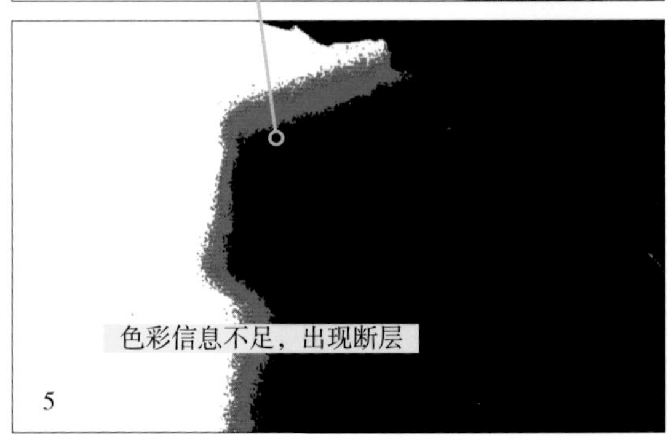

5

再来看看手机摄影的长处。

* 自带广角。手机镜头虽然小，但是可拍摄的范围很广。以 iPhone 7 为例，其实际焦距 4 mm，等效焦距 28 mm。而单反定焦标准镜头焦距为 50mm，显然手机拍照的范围比这种镜头还要广一些。这就意味着平时可以用手机在很近的距离拍摄，而不用担心画面无法容纳整个模型。

右侧的图片为 iPhone 7 拍摄的样张，在同等距离下，装备 50mm 定焦镜头的全画幅单反画面要小一圈。如果是 EOS 80D 这种 APS-C 画幅的单反相机，拍到的画面还要再小一圈。原本可以坐在桌子前轻松记录的画面，换了单反相机可能就得后退几步才能拍全。这是手机自带广角的好处，但同时也意味着手机拍摄细节的能力会差一些，当然也没多少人指望手机照片能无损放大多少倍，关键还是看整体氛围（如图 6）。

6

* 方便录像。在制作模型的过程中，由于不方便拍照，所以经常用录像的方法来记录。目前主流旗舰手机都带有 4K 视频录像功能，其拍摄的视频宽度在 4000 像素以上。即使手机放置得比较远，4K 视频经过剪裁后获得的画面依然会比较清晰。右侧的场景照片就是 4K 视频的截图，其放大图仍能满足印刷品对精度的要求（如图 7、图 8）。

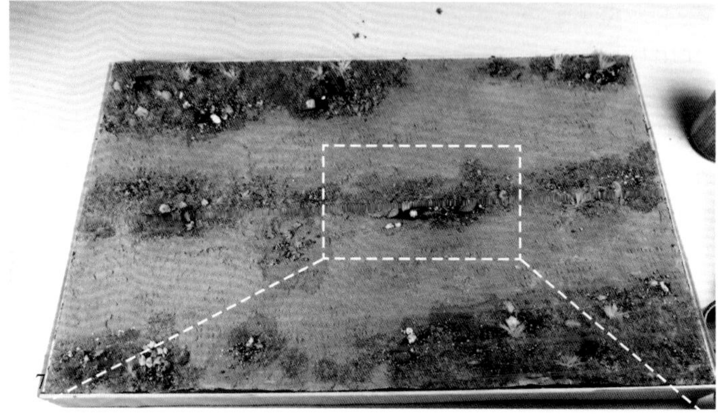
7

8

1.2.2 手机配件选择

手机配件主要有两种：一种是光学配件，另一种是支架。前者并不是必需的，外接镜头虽然可以改变拍照效果让照片变得有趣，但是广角和微距特效对画质提升没有太多帮助。相比之下，后者则更为重要，因为只有让手机保持稳定，才能延长快门时间、降低感光度，从而保证画面的纯净度。

如果有三脚架，可以使用手机转接头把手机固定在三脚架的云台上。这是最稳定的支撑方式，可以支持延时摄影等操作。缺点是三脚架很占空间，角度和位置自由度也不高。为了解决这个问题，还可以使用手机支架。注意一定要选择金属摇臂支架，而不是软质支架。后者结构不稳定，碰到就会晃个不停，对拍摄效果影响很大，特别是录制视频的时候（如图 9~ 图 12）。

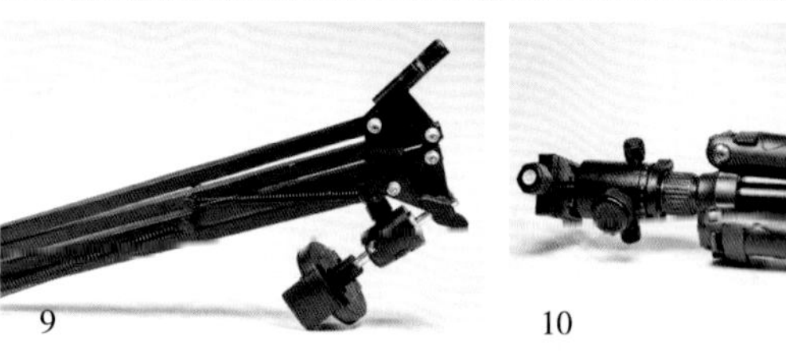
9 10

11 12

1.2.3 手机摄影心得

接下来讲解如何用手机第三方拍照程序拍摄高质量的图片。根据前文的介绍，手机系统相机拍照后会对照片进行压缩，最终获得比较节约空间的JPG文件。而第三方拍照程序如Lightroom CC可以直接获取原始照片文件，为后期处理提供更大的空间，从而提高画质。

以斐迪南坦克歼击车为例，拍照时使用了PVC背景纸，两盏台灯作为光源左右布置，iPhone 7被固定在三脚架上以保证稳定，拍照前务必对镜头表面进行清洁。

①用系统相机拍摄一张作为对照（如图13）。

②打开手机版Lightroom CC，在界面左侧选择DNG格式，在界面右侧选择专业模式（如图14）。

③对准模型，在界面右侧把ISO调到25，对焦后按下快门键（如图15）。

④模友可以通过软件自带的编辑功能对照片进行后期处理，如调整明暗关系、降噪锐化、剪裁画面等。这些操作与计算机版的Lightroom是完全一样的，我会在后面对照片后期处理技巧进行详细讲解。最后通过右上角的按键，把调整好的照片保存到相册即可（如图16）。

⑤还可以把照片保存到系统文件，再通过QQ、iTunes等程序传到计算机端，用Lightroom进行后期处理（如图17~图21）。

13

14

15

16

17

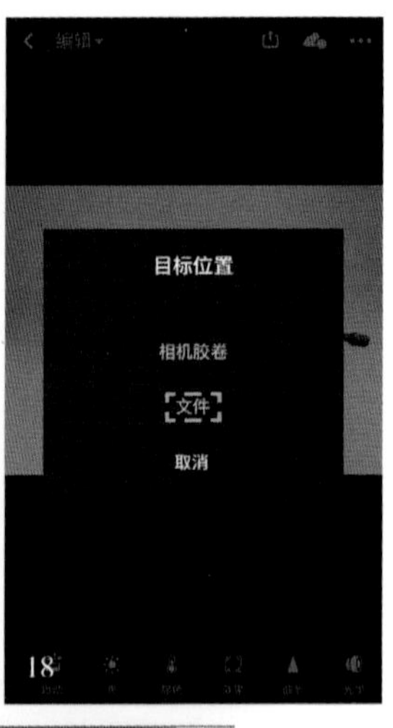

18

19

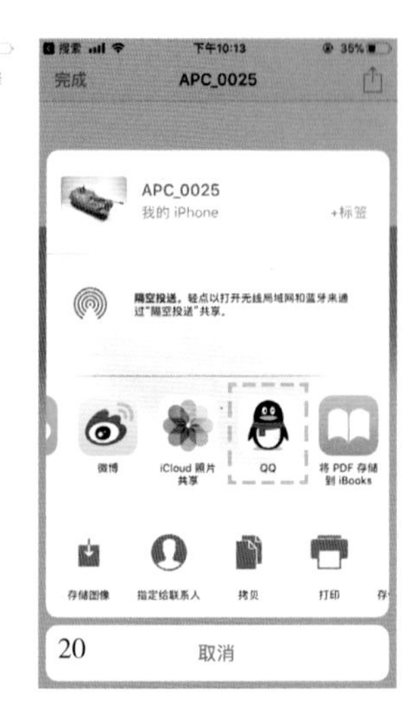

20

21

最终获得了三张斐迪南坦克歼击车的照片，图22是未经任何修饰的照片的原始文件，图23是手机系统相机拍摄的照片，图24是第三方软件拍摄的图片。后两张图片都进行了手工后期处理，区别是图23被系统压缩过，损失了细节，而图24没有。

经过对比，结论主要有三点：第一，正确的拍照方法是获得好照片的前提；第二，照片后期处理对照片品质的提升非常大；第三，系统相机并没有发挥出手机拍照的全部性能。

22

23

24

以下是 3 种处理后的样张效果（如图 25~ 图 27）。

25 JPG 格式手工处理的样张：细节涂抹感和颗粒感过强

26 DNG 格式手工处理的样张：细节呈现更加到位

27 JPG 格式系统相机默认处理的样张：细节非常模糊

1.3 如何用单反相机拍摄模型

1.3.1 选择单反相机机身

网上关于设备的评测文章有很多，这里不讲太晦涩的内容，只是列举一些模型摄影常见的问题。

问题 1: 使用什么相机拍摄模型?

本书案例中用到了两款相机：

EOS 80D 是佳能 APS-C 画幅的中端相机，由于是 2016 年推出的产品，其操控性和感光元件比老产品都有一些提升。对于模型摄影来说，2420 万像素基本够用。此外它还有一些小功能对棚拍很有帮助，比如翻转屏和触摸屏可以让用户在拍摄一些特殊角度的照片时更加得心应手（如图 28）。

28

5DSR 是佳能专门为商业摄影打造的全画幅相机，5060 万像素的传感器可以让用户获得宽度为 8000 像素的图片，不会漏下模型上的任何细节。由于针对棚拍而生，所以 5DSR 砍掉了旋转屏、闪光灯等配置。而且相对于其他旗舰机，其高感光度时，对噪点的控制欠佳（比 EOS 80D 还是强很多的），因此拍摄时要保证光源足够亮（如图 29）。

29

问题 2: 全画幅与 APS-C 画幅有何区别?

从图 30 中可以看出，全画幅相机的传感器比 APS-C 画幅的要大很多，由此带来了三个影响。

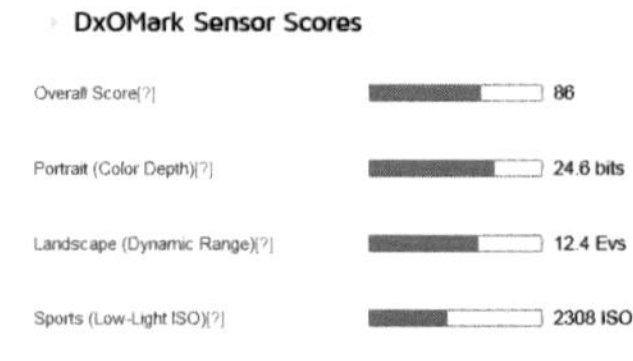

30

首先，更大的传感器意味着可以获得更宽广的视角。同样的镜头，放在 5DSR 这种全画幅相机上拍出的照片，比 EOS 80D 这种 APS-C 画幅要大一圈。例如佳能 35mm 焦距的镜头，放在 APS-C 画幅相机上需要乘以 1.6 的转换系数，实际等效焦距为 56mm，视角从 63° 变成了 42° 。当然视角变窄也不全是坏事，众所周知，镜头中心画质要优于边缘画质。APS-C 画幅相机相当于裁掉了最外围的画面，只保留中心画质相对较好的部分（如图 31）。

其次，大传感器可以容纳更多像素（如图 32、图 33）。

最后，如果传感器整体尺寸增大，每个感光单元的尺寸也可以做得更大，相应的其抗干扰能力就会变强。带来的好处就是画面的纯净度更高，高感光度时对噪点的控制能力更好。

APS-C画幅下的35mm规格换算焦距	约56mm
全画幅	63°
APS-C画幅	42°

31

32 2420 万像素样张

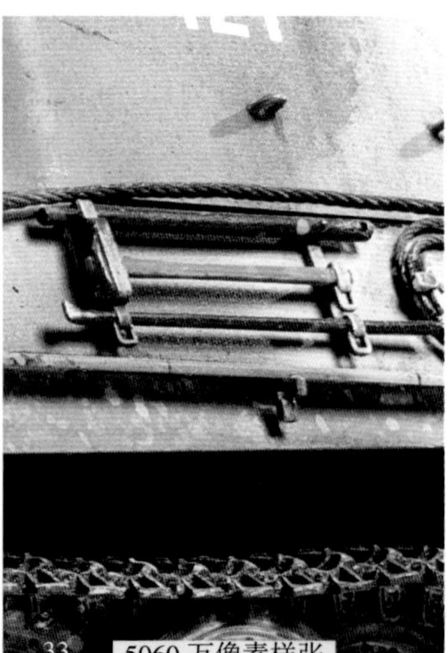

33 5060 万像素样张

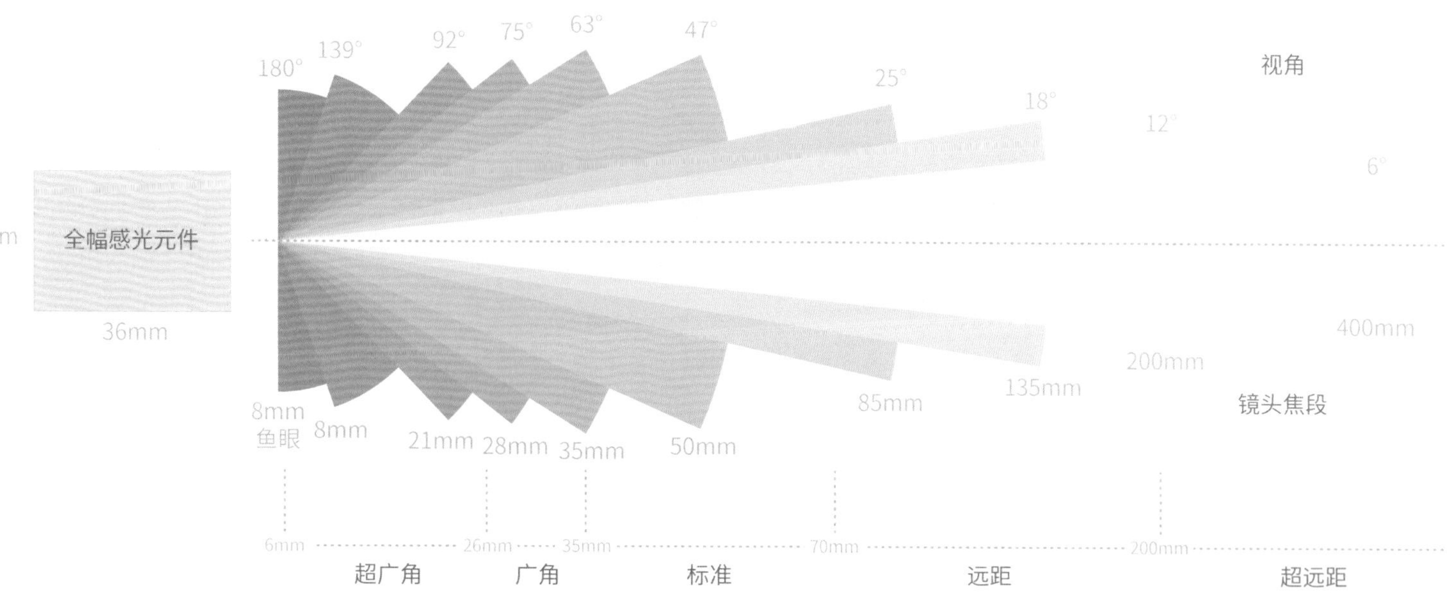

1.3.2 选择单反相机镜头

问题 1: 如何选择镜头的焦距?

焦距会影响视角，上方分析图是各个焦段镜头视角大小的对比。焦距短的镜头视角范围大，焦距长的镜头视角范围小。图 34 是由 35mm 镜头拍摄的，在同一位置换用 50mm 镜头拍摄的图 35，视角变小了，瓶子都没有拍全。

焦距还会间接影响照片的透视效果。对比图 34 和图 35 后可以发现，焦距长的镜头比焦距短的镜头拍出的物体更大一些。这意味着，若想拍到同样大小的物体，焦距长的镜头需要距离更远一些，然而这会带来新的问题。图 36 是使用 50mm 镜头拍摄的，并拉大了距离，使瓶子大小与之前 35mm 的相同。随着距离的增大，透视效果减弱，图 36 画面显得比较扁平。而在图 34 中，拍摄距离很近，受近大远小的透视规律影响，瓶子透视感非常强烈，甚至在边缘发生了畸变（如图 34~ 图 36）。

对于模型摄影来说，焦距过长或过短都不合适。因为 50mm 焦距拍摄的照片视角更接近人眼所见，通过相机取景器看到的画面最为舒适，所以笔者为 5DSR 搭载了佳能 EF 50mm f/1.8 STM 镜头（俗称“小痰盂”），为 EOS 80D 搭载了 EF 35mm f/2 IS USM 镜头（等效焦距为 56mm）。

问题 2: 定焦镜头还是变焦镜头?

变焦镜头光学结构更复杂，要兼顾各个焦段的成像能力。定焦镜头结构简单，专注于某个固定焦距的成像，画质自然要高一些。一般来说，定焦镜头在锐度、暗角、色彩等方面都要略好于同级别的变焦镜头。而变焦镜头的优势在于可以通过改变焦距迅速放大或缩小画面，省去了摄影师的跑位。然而在摄影棚中拍摄模型，有充裕的时间和空间调整相机位置，变焦这个功能其实是有些鸡肋的。因此如果追求画质，还是尽量选用定焦镜头来拍摄模型。

5DSR+35mm 镜头

34

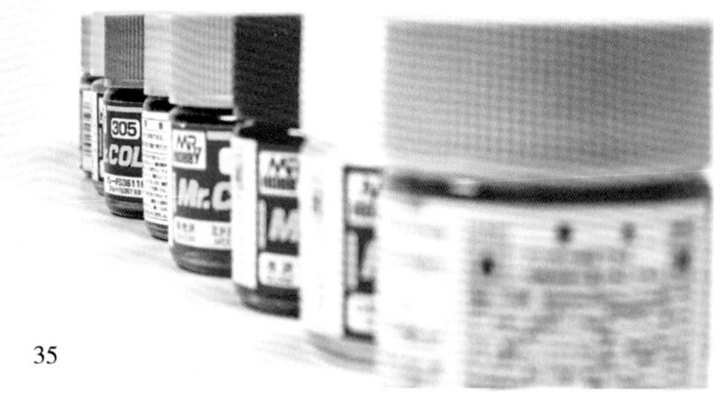
5DSR+50mm 镜头

35

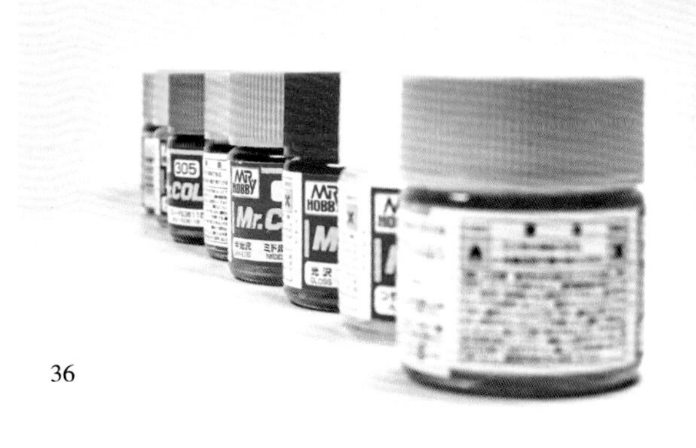
5DSR+50mm 镜头

36

37

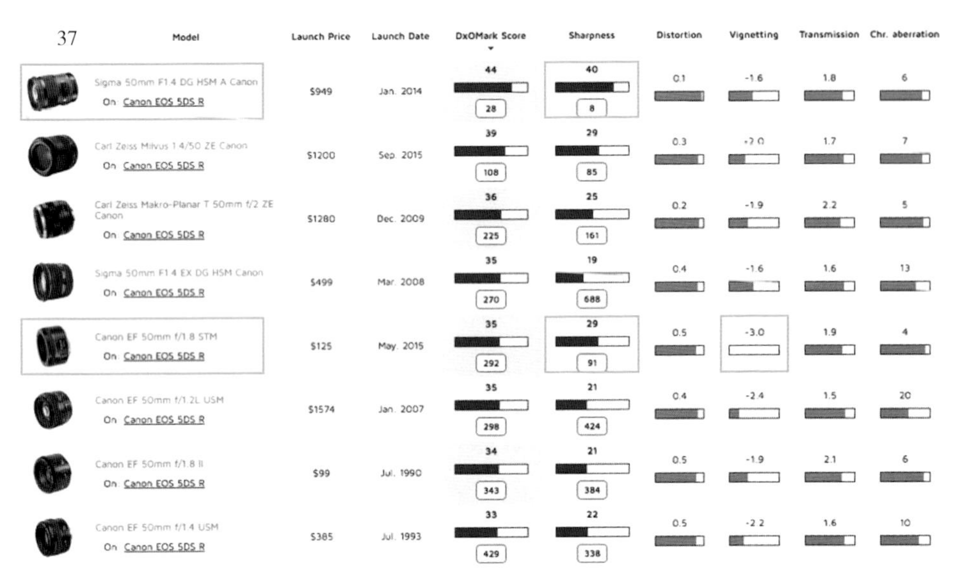

Model	Launch Price	Launch Date	DxOMark Score	Sharpness	Distortion	Vignetting	Transmission	Chr. aberration
Sigma 50mm F1.4 DG HSM A Canon On Canon EOS 5DS R	$949	Jan. 2014	44 (28)	40 (8)	0.1	-1.6	1.8	6
Carl Zeiss Milvus 1.4/50 ZE Canon On Canon EOS 5DS R	$1200	Sep. 2015	39 (108)	29 (85)	0.3	-2.0	1.7	7
Carl Zeiss Makro-Planar T 50mm f/2 ZE Canon On Canon EOS 5DS R	$1280	Dec. 2009	36 (225)	25 (161)	0.2	-1.9	2.2	5
Sigma 50mm F1.4 EX DG HSM Canon On Canon EOS 5DS R	$499	Mar. 2008	35 (270)	19 (688)	0.4	-1.6	1.6	13
Canon EF 50mm f/1.8 STM On Canon EOS 5DS R	$125	May. 2015	35 (292)	29 (91)	0.5	-3.0	1.9	4
Canon EF 50mm f/1.2L USM On Canon EOS 5DS R	$1574	Jan. 2007	35 (298)	21 (424)	0.4	-2.4	1.5	20
Canon EF 50mm f/1.8 II On Canon EOS 5DS R	$99	Jul. 1990	34 (343)	21 (384)	0.5	-1.9	2.1	6
Canon EF 50mm f/1.4 USM On Canon EOS 5DS R	$385	Jul. 1993	33 (429)	22 (338)	0.5	-2.2	1.6	10

问题 3：要不要选择更高级的镜头？

以下是第三方机构 DxO 列出的最适合佳能 5DSR 的 50mm 镜头。每个镜头都有一个综合评分，其中比较重要的参数是锐度。在表中综合评分和锐度最佳的是适马的 50mm F1.4 镜头，把其他镜头远远甩在了后面。紧随其后的镜头中锐度较好的是佳能 EF 50mm f/1.8 STM（俗称小痰盂），它不但价格亲民，而且体积小巧，是个不错的选择如图 37~38。

当然小痰盂也有很多问题，比如暗角。表中 Vignetting 一项是小痰盂的减分项，它在光圈很大时，照片四周会比中心暗很多。不过平时拍摄模型几乎不会用到这么大的光圈，即使出现暗角问题，也可以通过软件后期矫正，因此这个缺点其实无伤大雅（如图 37）。

另一个问题是锐度。在测评中小痰盂的锐度远不如适马，不过这都是在最佳光圈下得到的数据。一般来说，最大光圈和最小光圈下镜头的锐度都会受到影响，只有在某个特定光圈下，镜头的性能才能被完全发挥（小痰盂在 f/4 左右）。从左侧图表可知，光圈为 1.8 时小痰盂的锐度不如适马（如图 38）。光圈为 4 时，小痰盂的锐度已经逐渐赶上适马了，只是边缘锐度比较差（如图 39）。光圈为 11 时，小痰盂与适马在锐度上已经没有太大差别了（如图 40）。而拍摄军模时，笔者经常会使用比 f/14 还小的光圈，这时适马镜头并不能对画质有多大提升，还不如选择廉价的小痰盂。

虽然小痰盂没有光学防抖，手持拍摄比较吃力，而且镜片是塑料的，对焦也比较慢，但是笔者仍然推荐它作为拍摄模型的主力镜头之一。毕竟对于摄影师来说镜头只是工具，可靠性和适用性才是最重要的。

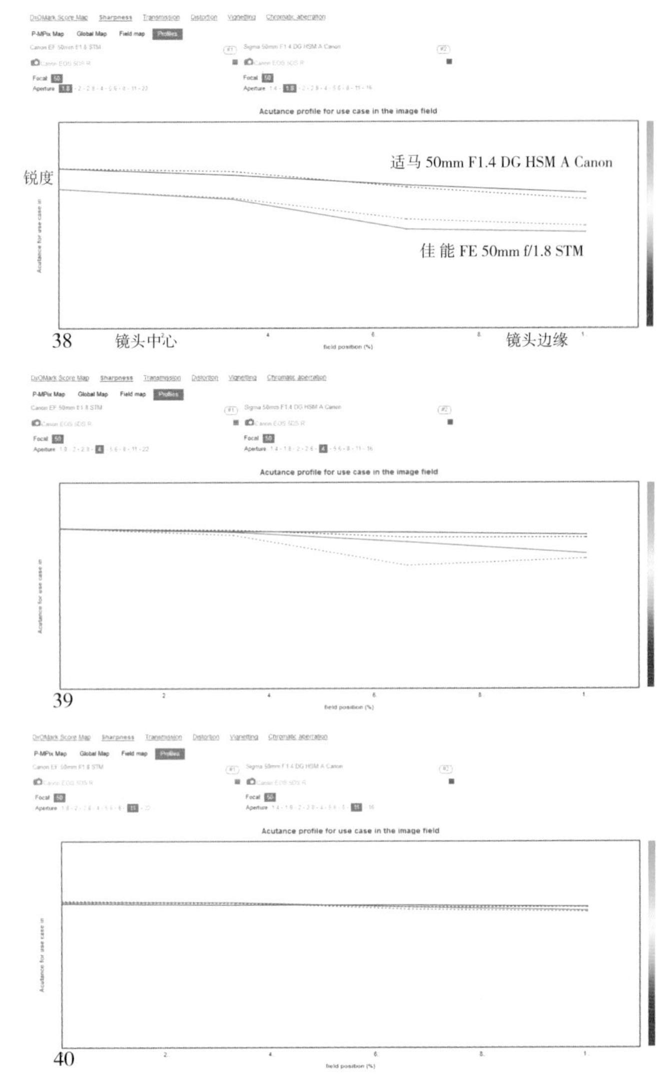

38

39

40

1.3.3 单反相机拍摄参数设置

下图 39 对佳能 5DSR 的参数面板进行了简要分析。建议模友使用手动模式进行拍摄，这样调整的自由度更高。案例中使用的是基于手动模式的自定义模式，它可以自动记录之前的参数，减少重复调整耗费的时间（如图 41、图 42）。

如果使用三脚架进行拍摄，为了避免按下快门瞬间机身抖动带来的影响，一定要把驱动模式改为延迟 2 秒拍摄（或者使用 B 门）。有些镜头自带防抖功能，使用三脚架时要关闭镜头防抖，否则会影响照片锐度（如图 43）。

建议拍摄的所有照片都使用 RAW 格式进行存储，其记录的光线信息更多，可以为后期处理提供更大的操作空间（如图 44）。

对于比较重要的参数，笔者会通过样张进行讲解：

①色温与白平衡

不同的光照条件下，物体的发色情况会有所不同。例如在暖色光源下物体会偏黄，在冷色光源下物体会偏蓝。为了解决这一问题，拍摄时相机会对光的环境进行评测，自动修正物体的颜色。但是相机的算法不一定每次都准确，使用专业的灰卡或色卡可以手动校色，以保证照片色彩的准确性和一致性。如果没有灰卡，那就只能使用自动白平衡模式将就下了（如图 45~ 图 46）。

②快门与曝光

曝光指在摄影过程中进入镜头照射在感光元件上的光量，由光圈、快门、感光度的组合来控制。

曝光 = 快门速度 × 光圈 × 感光度

当光圈、感光度不变时，快门速度越慢，进光量越多，照片越亮；快门速度越快，进光量越少，照片越暗。在右侧一组样张中，其他参数不变，快门速度由 1/2 秒提高到 1/40 秒。进入镜头的光线减少了，照片自然就一张比一张暗（如图 50~ 图 54）。

拍摄前虚按快门键，相机可以自动检测曝光是否正确。过曝时曝光补偿状态栏下的光标会在 0 的右侧，表示需要增加快门速度；欠曝时曝光补偿状态栏下的光标会在 0 的左侧，表示需要减小快门速度（如图 47~ 图 49）。

但曝光时间过长也会带来副作用。在手持拍摄的情况下，如果快门速度过低，照片很容易糊掉。一般来说，不带防抖功能的镜头快门速度应该保证在 1/80 秒以上，带防抖功能的镜头快门速度可以宽松点，保证在 1/60 秒以上即可。当然如果有三脚架，快门速度就无所谓了。

③光圈与景深

光圈也会影响进光量。当其他参数不变时，光圈越大，进光量越多，照片越亮；光圈越小，进光量越少，照片越暗。以佳能 EF 50mm f/1.8 STM 镜头为例，f/1.8 为最大光圈，f/22 为最小光圈（如图 55~ 图 59）。

但是在拍摄模型时，通常不会通过调整光圈值来纠正曝光，因为光圈的大小还对景深（相机对焦点前后相对清晰的成像范围）有很大影响。光圈越大，景深越浅，虚化能力越强（如图 55，主体清晰而四周模糊）；光圈越小，景深越深，虚化能力越弱（如图 59，主体与四周都比较清晰）。

为了能把整个模型都拍清楚，景深不能太浅，必须使用小光圈进行拍摄（一般为 f/14 左右）。拍摄时先根据模型确定需要的景深，以此选定光圈大小。之后根据光照情况调整快门速度。若快门速度过低，就必须使用三脚架来保证相机稳定。

50 1/2 秒

51 1/5 秒

52 1/8 秒

53 1/20 秒

54 1/40 秒

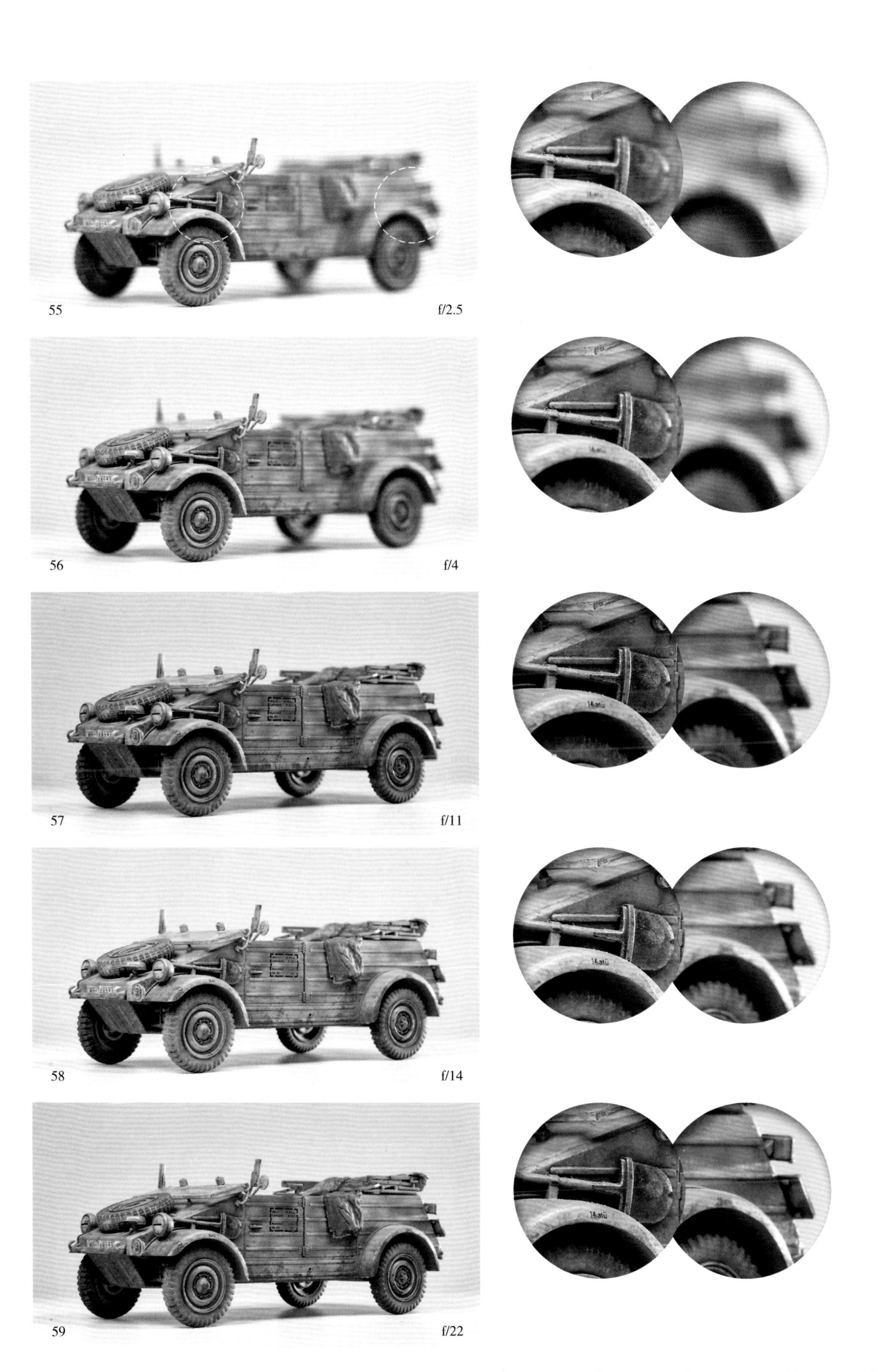
55
f/2.5
56
f/4
57
f/11
58
f/14
59
f/22

④感光度与噪点

感光度又称ISO值，用来衡量底片对光的灵敏程度。当快门和光圈参数不变时，感光度越高，处理器对光线的敏感度越高。虽然进光量没有变化，但是拍出的照片会被人工提亮。在弱光环境下拍摄时，需要的曝光时间很长，因震动而拍糊的概率大大增加。这时提高感光度就可以压缩曝光时间，减少照片糊掉的概率。但是高感光度也带来了副作用，那就是噪点。

观察下面一组样张，感光度分别为100、800、6400。随着感光度的增加，照片里出现了很多噪点和杂色，图60最为明显。在后期处理软件中对画面进行降噪处理，感光度为800的样张画面纯净度已经接近感光度100的样张了，但是仍然损失了一些细节。而感光度为6400的样张中，损失了大量细节和色彩，基本已经没法看了（如图60~图65）。

手持拍摄模型时，为了保证快门速度不过低，可以适当增加感光度（ISO400~800）。不过每增加一档感光度，画质就会相应下降一档。图片小的话影响不大，但是放大观察时，细节会有一定损失。因此有条件，最好还是使用三脚架进行拍摄，并把感光度设为最小值100。另外，不同的相机对噪点的抑制能力不同，有些高档相机即使感光度开得很高，画面依然可以保持相对纯净的状态。

1.3.4 单反相机拍摄常见错误

下面对使用单反相机拍摄模型时的常见错误以及解决策略进行总结。

①抖动问题

初学者最容易犯的错误就是手抖，把模型拍糊了，这会直接导致废片（如图66）。

如果是手持拍摄的情况，因为人手的抖动是无法避免的，所以只能从压缩曝光时间（提高快门速度）入手。换更亮的光源、适当增大光圈、提高感光度都可以缩短曝光时间。不过一般来说，光圈最大不要超过f/8，否则景深太浅，虚化会过于强烈。感光度最大不要超过800，否则噪点会给画质带来无法挽回的影响。

另外，养成每个角度都多拍几张的习惯，后期再剔除掉欠佳的照片，也可以保证出片率。

使用三脚架时，只要保证模型和机身位置固定就不太容易拍糊。但有时放大照片后，依然会感觉不够好，这可能是由于机身的轻微震动导致的。解决方法有两种，首先是关闭镜头的防抖功能，杜绝镜头内部的抖动（如图67）。其次是使用延迟2秒拍摄模式，防止按下快门瞬间的震动对曝光产生影响（如图68）。

如果以上策略还不能解决问题，那就要检查下三脚架是否稳定了，标准的拍摄效果如图69。

66　　5DSR 50mm 1/2秒 f/16 ISO100

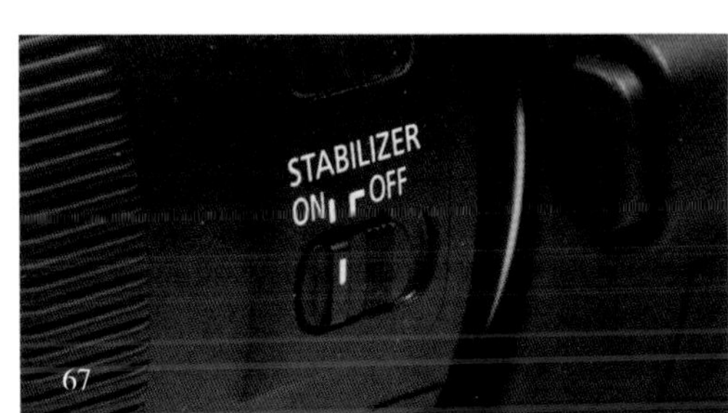

67

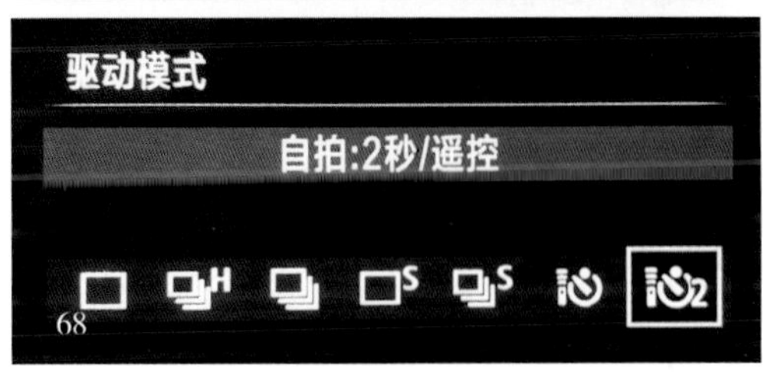

68

69　　5DSR 50mm 1/2秒 f/16 ISO100

②光圈问题

如果使用大光圈进行拍摄，照片会中心清晰而周围模糊。过强的虚化效果不但损失了大量细节，还使模型看起来像玩具，与真实世界相去甚远（如图 70）。

解决方法是使用小光圈。在图 71 中，光圈缩小到了 f/16。画面周围变得更清晰了，虽然远端细节还是有一点模糊，但是在可以接受的范围内，不影响整体效果（如图 71）。

70 f/4.5

71 f/16

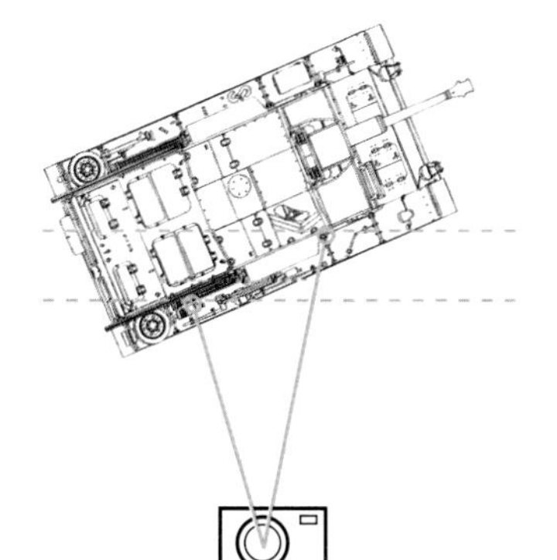

③焦点问题

下面两组样张看起来没什么区别，但是放大后，战车尾部细节的锐利度差别较大。这主要是对焦点不同导致的，第一张照片焦点靠近车首，致使车尾细节比较模糊。而车尾占据画面比重很大，是最吸引眼球之处。倘若这里拍得不清楚，那么整张照片的品质都会下降（如图 72、图 73）。特别是与坦克成一定夹角时，焦点不同，对焦平面差别很大。即使使用小光圈，焦点外有些模糊是难以避免的，但是一定要保证画面中的重点内容是清晰的（如图 74、图 75）。

72　f/16

75　f/16

④距离问题

拍摄距离对景深也有影响。在右侧分析图中，拍摄距离较近时，镜头到战车远端和近端距离的比值，比远距离拍摄时要大，因此近距离拍摄时很难一下把远端和近端细节都拍清晰。解决方法是拉大拍摄距离，之后对画面周围的白边进行裁剪（图 76~ 图 78）。

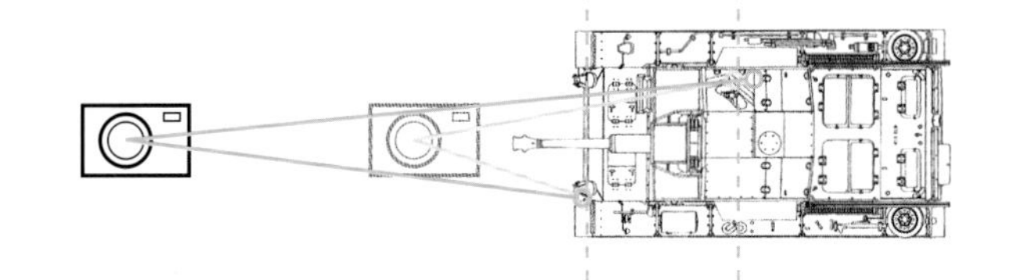

76 f/14

77

78 f/16

⑤细节问题

手持拍摄构图比较灵活，俯拍细节很方便。但是手持拍摄需要适当增大光圈，以压缩曝光时间，本来景深就浅，加之距离模型较近，很容易出现焦点之外画面过于模糊的问题。此时可以适当拉开距离进行拍摄，后期再对画面进行局部裁剪。这样一张鸟瞰图就变成了很多张细节放大图，而且画面内细节的锐度都有保障（如图 79~ 图 81）。

当然这种做法也有弊端，那就是会损失照片的分辨率。倘若对画幅要求很高，可以使用超高分辨率的相机，或更换长焦微距镜头。

79

80

f/11

1.4 如何搭建摄影棚

1.4.1 光源的选择

光是一切影像的开始，光源的强弱、色温、软硬都会影响照片的效果。对于普通模型拍摄来说，应尽量选用色温为5500K的柔光灯，因其比较接近日光，可以让模型发色更准确。下面会对本书案例中用到的光源进行详细分析：

①台灯。台灯是最常用的光源，搭载45W LED柔光灯，方向可调节，拍摄1/35的战车和小场景颇为合适。这种光源的优点在于使用方便，不占地方，平时也可以使用，缺点是光源的面积不够大，在拍摄比较大的模型时，会显得不够用（如图82）。

②柔光灯。柔光灯需要把灯泡放在巨大的灯罩内，案例中使用的是45W LED柔光灯。因为光源面积比较大，所以光线更加柔和，适合拍摄比较大的物体。但是对于普通模友来说，这种设备比较占地方，收纳也比较麻烦（如图83）。

③手持补光灯。色温、亮度可调节，功率为11W。虽然亮度不强，但非常便携。外出拍照时经常使用，可为模型局部补光（如图84、图85）。

④聚光灯。前三种光源都是柔光灯，光线柔和。聚光灯的光线比较硬，拍照时高光和阴影的变化也会比较强烈，适合用来勾勒模型的边缘（如图86）。

⑤电筒。与聚光灯性质类似，只不过体积小巧很多。普通的电筒只专注于亮度，显色性能较好。案例中使用的是医用LED光源，亮度可调节（如图87）。

⑥闪光灯。之前的5种光源都是常亮光源，所见即所得，即布光时是什么样子，拍出来就是什么样子。但是闪光灯属于瞬时光源，拍照前是看不到布光效果的，对于新手来说学习成本较高。闪光灯的好处在于亮度大，满足相机对进光量的需求，手持拍摄就可以。另外，摄影师一般不会使用相机自带的闪光灯进行拍摄，因为顺光拍摄会把模型照得很平，失去立体感（如图88）。

⑦反光板。当主光源不能够完全照亮模型，又不想增加额外的光源时，可以用一张白纸充当反光板，用反射光来给模型局部补光（如图89）。

⑧滤色片。给普通光源加装一张彩色塑料片，可以改变光源的颜色，获得更加有趣的光效（如图90）。

82

83

84

85

86

87

88

89

90

1.4.2　背景的选择

不同背景纸的特点和用途不同，下面做些简要梳理：

① PVC 背景纸。最常用的背景，耐脏、可擦洗、不易出现折痕，综合性价比高。它有多种颜色可选，其中亚光白最好用，可以直接拍出纯白色的背景（如图 91）。

②绘图纸。A2 白色绘图纸足以应付绝大多数的 1/35 战车模型和小场景，特点是便宜，脏了以后可以迅速更换，适合拍纯白色背景（如图 92）。

③渐变纸。把渐变色印刷在纸上，可以拍出带渐变的背景，效果非常好。缺点是易脏、易出现折痕、损耗快，卷成卷儿以后不易展平，时间长了会发黄，长期使用要比 PVC 背景费用高（如图 93）。

④背景布。使用方便，收纳起来不占地方，不会出现折痕。外拍时可随身携带。蓝色背景布适合拍摄船模，黑色背景布适合拍摄比较大的场景。缺点是颜色比较少，褶皱处容易反光（如图 94）。

⑤屏幕。计算机屏幕也可以当成背景，选择自己喜爱的图片，调整好亮度和大小后就可以拍摄了，非常适合手办和高达模型。不过受屏幕尺寸限制，这种方法不适合大场景的拍摄，而且拍摄过程中还要避免屏幕反光（如图 95）。

⑥其他。还有很多带纹理的材料可以充当背景，如墙纸、包装纸、木板、拉丝金属板等。

91

92

93

94

95

1.4.3　简单摄影棚搭建

目前市面上有柔光箱摄影棚出售，尺寸不大且价格不菲。这种摄影棚只能提供顶光效果，不利于摄影水平的提升，因此并不建议使用（如图 96）。平时拍模型时可以把背景纸挂在支架上，下端自然下垂到桌面上形成一定的弧度，这样就能拍出纯色背景了。此外，还可以通过把背景纸粘在墙角、箱子上等方式来固定（如图 97）。

拍摄时三脚架是必不可少的，用来保证相机稳定，手套用来防止留下指纹，胶带用来临时固定，眼镜布、气吹、静电刷、蓝丁胶用来清除灰尘，色卡和灰卡用来测色温和校色，保证照片颜色正确（如图 98~ 图 100）。

96

97

98

99

100

第 2 章

别出心裁

在模型摄影中，模型是确定的，欣赏的视角则是不确定的。模型场景的内容是确定的，欣赏者在场景中看到了什么则是不确定的。

摄影师用美学原则对画面中的各个要素进行再组织的过程，就是构图。学习构图通常需要深厚的美学功底，不过模型摄影题材比较单一，掌握了一些通用的原则后，很快就能拍出不错的照片。下面就对这些知识进行简要梳理。

2.1 构图的基本要素

下面来看看构图的基本要素。

2.1.1 构图对象

一张照片中可以有无数个元素，但是真正的主角（构图对象）只能有一个。它可以是战车、人物，也可以是场景中的花草树木等。笔者用色彩在左图中对构图对象进行了标注（如图 1~图 3）。从中不难看出，不同的构图对象在场景中发挥的作用是不一样的。

* 战车模型体量比较大，细节丰富，而且有很强的方向性，常作为构图的主体。

* 人物体量比较小，在大场景中需要成组出现才能获得足够的分量。而且人物的动作神态非常丰富，只要布置得当，就可以像讲故事一样串联起整个场景。

* 配景常作为背景出现，可以丰富场景的层次。此外还起到平衡的作用，比如边角植物，可以让场景不至于因为某一侧布置物体过于密集而显得失衡。

对构图对象进行认知，就是为了从无数个元素中，迅速找到可以扮演主角的那个元素。之后通过移动镜头或剪裁的方法，对画面中的无关元素进行删减，以突出想要表现的主题。

1

2

3

4

2.1.2 控制线与比例

明确了构图对象后，还应该了解其之间的关系。同处于一个画面中的物体，由看不见的控制线来约束。这些控制线来自于画面中的线性元素，可以是炮管的方向、车身的朝向，可以是地台的边缘、天线的延长线，还可以是站立的人、树木植物等。控制线把画面分割开来，形成相对独立的几个小画面。通常来说，如果这些小画面之间的比例协调，那么整个画面的间架结构就是舒适的（如图4）。

那什么样的比例才是协调的呢？

协调的比例一定是符合严谨数学逻辑的，如黄金分割，是指将整体一分为二，较大部分与整体部分的比值等于较小部分与较大部分的比值（约为0.618）。人们很久以前就发现了这一比例，并将其运用于建筑当中，古希腊的帕特农神庙的正立面就是个很好的例子（如图5）。

右图是一些与跟黄金分割相关的图案，称为"黄金螺旋"。自然界中很多事物都符合黄金螺旋，例如向日葵籽的排列、海螺的形状、人耳的形状等。因为人们早已对其习以为常，所以用黄金螺旋作为控制线进行构图的摄影作品看起来会比较舒适（如图6~图7）。

5

帕特农神庙正立面

6

7

8

9

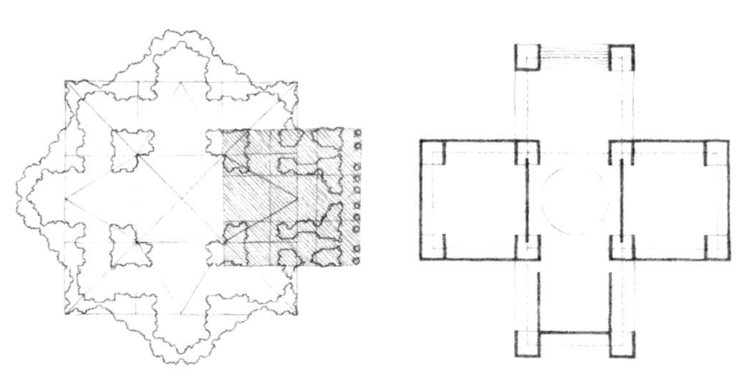

10 圣彼得大教堂巴西利卡（米开朗琪罗）　11 浴室（路易斯·康）

12

13

手机和相机的拍摄界面一般都带有九宫格功能。人眼的视觉重点通常会出现在格线交汇的位置，构图时把画面中的重要物体放在交点附近，比较容易拍出比例均衡的照片。所谓重要的物体其实范围很宽泛，任何能成为视觉重点的东西都可以置于格线交汇处。如近距离拍摄人物的眼睛，中远距离拍摄人物的面部、战车的零件和标志等（如图 8、图 9）。

如果觉得黄金螺旋太麻烦，还有个简单的办法能快速构图，那就是九宫格。这也是个历史悠久的构图方法，很多经典建筑的平面都是使用九宫格进行组织的（如图 10、图 11）。

在拍摄局部照片时，控制线依然适用，而且更加灵活多变。可以对画面进行适当裁剪或旋转，让画面中各个部分的比例更加协调（如图 12、图 13）。

不过话说回来，控制线和比例只是构图的辅助工具。它能帮助用户拍出中规中矩的作品，但不一定惊世骇俗。真正优秀的照片常常不是死抠比例的，画面背后要传达的信息才是重点。也就是说，构图是为照片的主题服务的，拍有动感的照片就用倾斜的构图，拍全景照片就用黄金分割一样的经典构图，拍人物对话就用突出主体的叙事性构图。总之在构图这件事上，没有最完美只有最合适。

2.2 构图的基本法则

本节会通过不同类型的模型摄影案例，来告诉用户什么样的构图才是好的，最终建立基本的审美。

2.2.1 画面重心

判断构图是否均衡的标准之一就是画面的重心是否稳定。而重心稳定通常可分为两种情况，一种是静态稳定，一种是动态稳定。

静态稳定主要针对拍摄单个模型的情况。为了寻找重心，笔者把模型照片简化为剪影图。当模型剪影的重心位于画面的中心或黄金分割处时，整个画面就是稳定的了。构图时模型要尽量充满整个画面，并在四周留出一段距离。对于坦克这种比较敦实的模型，上方的空白要比下方多一些，以压低整个画面的重心，增强稳定感（如图 14~ 图 16）。

拍摄时四周可以适当多一些留白，便于后期通过裁剪进行二次构图（如图 17~ 图 19）。

14

15

16

17

18

19

20

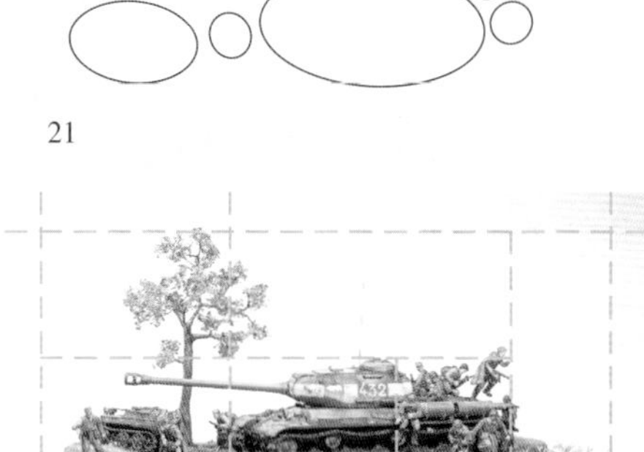
21

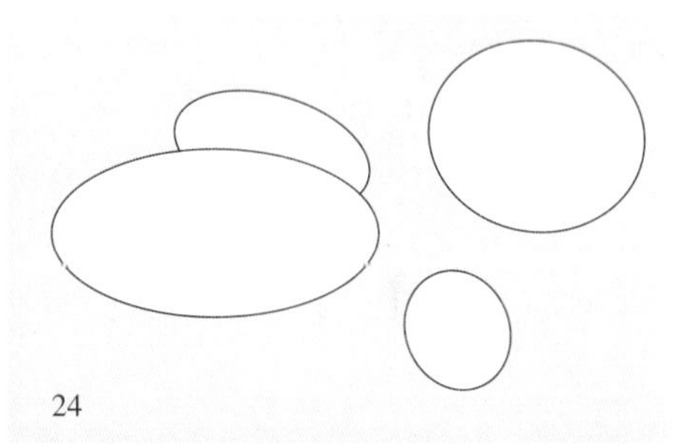
22

23

24

25

动态稳定主要针对拍摄复杂模型场景的情况。当场景中物体很多时，不能通过简单的目测重心法来获得稳定的画面。这时可以把每个物体都抽象成气泡，利用气泡作为简化场景的工具，去除不必要的元素。再针对画面中重要的元素进行调整，让其间架结构舒朗明确（如图 20~ 图 25）。

右图为皂膜实验，从中可以一窥气泡的结构。在压力比较小的地方，气泡会舒展变大，在压力大的地方，气泡会被压缩成一团。大气泡小气泡的分布也有一定规律。受到张力影响，小气泡常常位于大气泡之间的空隙，不时还会成组出现。不过是无论大气泡还是小气泡，都不会过分聚集，而是相对均匀地充满整个空间（如图 26、图 27）。

当抽象的气泡之间处于类似右图一样的平衡状态时，那么拍出的照片构图通常也就比较和谐了。

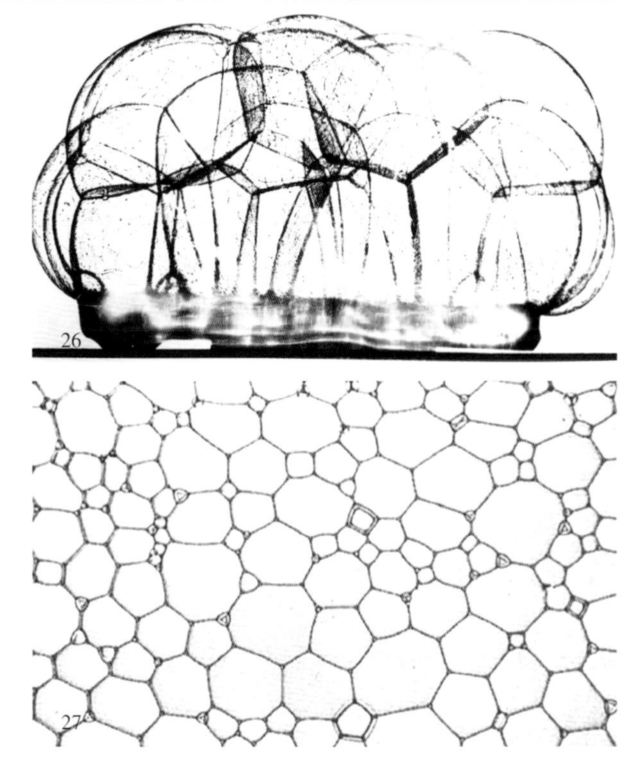
26

27

28

29

2.2.2 景深层次

景深层次影响画面的丰富度和空间感。景深层次越多，画面越丰富，空间感越强。在绘画中，常会把画面简化成近景、中景、远景三个层次。只要把这三个层次安排好，整个画面的空间感就搞定了，摄影也是如此（如图 30，南宋 夏圭《溪山清远图》局部）。

优秀的模型场景在布局时，一般都会考虑到层次问题，在不同的距离上布置不同的元素。比如在图 28 中，近景是桥下的士兵、植物和小溪，中景是战车和战斗的士兵，远景是建筑物。这三个层次中的元素各有各的作用，各自独立又互相关联。在拍摄时，首先要读懂模型作者的创作意图，明确各个元素的作用，再通过构图对画面进行组织。

在图 29 中，由于尺寸限制，画面的景深层次并不是非常丰富，只有近景（虎王坦克）和中景（背后的墙壁）两个层次。但是拍摄时通过改变距离和构图对象，就可以让层次变得丰富。如图 31，拉近拍摄，人物近了背后的墙壁远了，于是景深层次得到了拓展。图 32 中，构图对象是气泵，作为画面的近景，背后的战车成了中景，更远处的桌子成了远景。

光也可以改变画面的层次感。在图 33 中，为了突显远处的虎王，近处人物身上的光比较少。这使得近景和远景的差别不明显，画面的空间感被压缩。而在图 34 中，兵人被照亮后从画面中突显了出来，近景和远景的差别更加明显，空间感也增强了。

2.2.3 拍摄角度

人体本身一定程度上决定了人类对世界的认知方式，事实上，人观察事物是有一定固定视角的。如果拍摄角度与人的视角吻合，那么拍出来的照片真实感会比较强。如果拍摄角度对常见视角有所突破，时常会获得出其不意的效果。但是倘若拍摄角度既不符合真实视角，又没有什么新意，那么照片就会显得怪异。

所谓固定视角，主要是指视点的高度。二战时德军士兵平均身高在 175cm 左右，视点高度取 165cm。而四号坦克歼击车车身高度 185cm，理论上讲站在地面上平视是看不到车顶的。加之在战场上，士兵会主动压低身高减小受弹面积，视点会比平时更低。

在右侧的一组照片中，图 35 和图 37 中已经能看到部分车顶了，说明视点在（真实世界的）2m 以上。显然这是有些反常的。图 38 中，视点略微低于车身，属于比较正常的视角。图 36 中，视点被压低到主动轮附近，使原本低矮的四号歼击车看起来更加挺拔。

在另一组照片中，战车被旋转了一定的角度。图 35 的战车完全垂直于视线，属于经典的正视图。图 39 的战车旋转了约 30 度，正面与侧面呈现黄金分割比例，立体感非常好。但是图 40 中，战车仅旋转了一点点角度，不是正视图，也没有利用比例关系增强立体感，有些不伦不类。在拍摄时应该尽量避免使用这样尴尬的视角。

还有些常用的拍摄角度，在下面的一组图片中进行介绍（如图 41~ 图 52）。

35　　36

37

38

39

40

41

鸟瞰：视点很高，一般是站在建筑物等高处观察战车，展示的内容最为丰富。但是拍摄时镜头不宜架得太高，那样立体感会比较差。模拟二、三层楼的高度较为合适（如图 41~ 图 43）。

44

半鸟瞰：视平线在炮塔处，比鸟瞰要低些，一般是站在或坐在战车上拍摄别的坦克。细节表现很好，但是冲击力略显不足（如图 44~ 图 46）。

47

人视：人眼睛的高度大约在虎王坦克侧面的随车工具处，把视平线设在这里进行拍摄是最常见的视角，客观性、真实性强（如图 47~ 图 49）。

50

狗视：视平线比人视更低，尽量贴近地面（其实就是战场上趴着或蹲着的士兵看坦克的角度）。这样拍出的照片冲击力和现场感最强，适合拍摄所有类型的战车（如图 50~ 图 52）。

53

54

拍摄角度对人物模型来说更为重要。仰拍会使人物显得挺拔，俯拍会使人物显得低矮（如图53、图54）。

角度不同，还会影响照片的尺度感。在一开始的照片中，远处的亭子过于矮小而人物又过于高大，好似女巨人。于是笔者把镜头略微向下偏转，让建筑变大，再把模型向下平移，让人物在画面中占据适当的空间。虽然手办不大，但周围景色衬托得非常好，成功营造了少女在湖边漫步的意境（图56~图57）。

×

55

○

56

57

2.3 构图的常见套路

下面来看看构图常见的套路。

2.3.1 史诗画卷

在西方古典绘画中，常使用一点透视来组织画面。因为当时的透视画法还不太成熟，而一点透视的灭点比较容易确定，画起来方便很多。这种构图方式以上帝视角把整个场景尽收眼底，比较适合表现宏观场景。达·芬奇的作品《最后的晚餐》就是个很好的例子（如图 58）。

58

在模型摄影中也会经常使用这一经典构图来表现整个模型场景。这样可以完整地展现模型制作者的创作意图，美中不足的是细节比较乏味。

构图时尽量让场景充满整个画面，四周留出一定的白边。切记不要把模型或地台的一角裁掉，那样会破坏完整感。重心可以稍微靠下一些，以增强画面的稳定感。镜头没有必要完全正对模型，根据实际情况略微进行偏转也是可以的。视平线应与场景保持水平或略高一些，不要过高，也不要过低（如图 59、图 60）。

59

60

61

62

63

64

65

66

67

2.3.2 舞台叙事

叙事型构图聚焦于正在发生的事情，着重表达角色性格或人物关系。相比史诗画卷，这种构图方式在拍摄时距离会更近一些，类似于近距离观看舞台剧，观众能看清演员整个身体的动作（如图 61）。

拍摄角度不同，画面传达的信息也不尽相同。如在图 62 中，表现的重点是右上角正在飞身跳下的士兵。图 63 中，经过角度变化后表现的重点变成了已经跳下车开始奔跑的士兵。镜头高度也会对身临其境感产生影响，图 64 中的镜头位置更接近人的高度，就比另外两张鸟瞰角度的照片沉浸感更好（图 62~ 图 67）。

如果是拍摄一组照片的情况，可以运用一系列不同角度的照片来表现一个完整的事件。如图 68 描绘了一辆 IS-2 重型坦克行驶在乡间小路上的场面，战车作为整个画面的焦点，有很强方向性和运动感，让人感觉车是在向前开的。接下来的图 69 中，纷纷跳车的兵人成为画面焦点，好似有突发情况。两张不太相干的图片连在一起，人就能想象出隐藏在背后的故事，这种手法在电影中称为“蒙太奇”。

68

69

70

71

72

蒙太奇对模型摄影构图有很大的借鉴意义，它可以帮助摄影师讲故事，让人感觉仿佛置身于模型场景之中。具体来说，当不同的镜头组接在一起时，往往会产生各个镜头单独存在时所不具有的含义。在希区柯克导演的电影《西北偏北》中，男主角被迎面驶来的汽车撞倒。电影运用了一系列镜头来表现这一事件，先是一辆汽车高速驶来的镜头，然后是男主角神情慌张举手保护自己的特写，最后是男主角滚入车下的画面。三个镜头一气呵成，虽然根本没有拍到男主角被撞击的瞬间，但是所有的观众都相信他被汽车撞倒了（图 70~ 图 72）。

2.3.3 特写剪裁

特写主要捕捉场景中人物激烈的冲突和剧烈的动作，不但要考虑构图对象本身，还要考虑到其运动方向、目的以及与其他事物的空间关系。相比于舞台叙事，其更侧重于对单个人物动作的捕捉，运动感更强。讲到这里不难发现，之前的几种比较宏观的构图方法，很考验拍摄者对比例关系的认识，而且后期基本没有太多补救的空间。而后面几种相对微观的构图方式，主要考验后期剪裁的功力，需要从平凡的画面中发现不平凡的事物，并把它凸显出来（如图 73~ 图 76）。

换句话说，构图时唯一要做的就是，发现模型本身的闪光点。当然这是建立在对构图法则的严谨认识之上的，毕竟心中有美才能发现美的事物。

73

74

75

76

77

2.3.4 微观视角

细节展示是模型摄影的重头戏之一，特别是对于军模来说，各种旧化掉漆还有防磁纹细节可以大大增强模型的真实性。通常情况下，可以通过剪裁放大模型照片来获得微观细节图（图 77~图 79）。

不过若想得到放大倍率更高的照片，还需要满足一些前提条件。首先是机身传感器的像素数量，高像素的照片即使经过放大，依然会非常清晰，但如果像素比较低，放大一点就会有明显的模糊感。其次是镜头的焦距，广角镜头焦距短，适合拍摄物体的全貌，而长焦镜头相当于望远镜，更适合拍摄模型的细节。还有就是镜头的最短对焦距离，有的镜头可能需要一米多的距离才能完成对焦，这样很难靠近拍摄模型，自然也就照不清细节。

另一组照片是使用“百微镜头”（佳能一款焦距 100mm 的微距镜头）近距离拍摄的。微距镜头的优势在于可以近距离拍摄，并把模型放大数倍，最终得到的照片能显示出大量肉眼看不清的细节。不过需要注意的是，极近距离拍摄时进光量会下降，需要适当增加感光度来保证曝光正常。还有，因为近距离拍摄时景深会变浅，虚化效果会非常强烈。而真实世界中，人近距离看真坦克时不会有那么强烈的虚化效果，所以光圈不能太大（如图 80~图 83）。

78

79

上图：5DSR 100mm 1/160 秒（f/18）ISO160

下图：5DSR 100mm 1/160 秒（f/18）ISO160

82

上图：5DSR 100mm 1/200 秒（f/16）ISO100

下图：5DSR 100mm 1/160 秒（f/18）ISO160

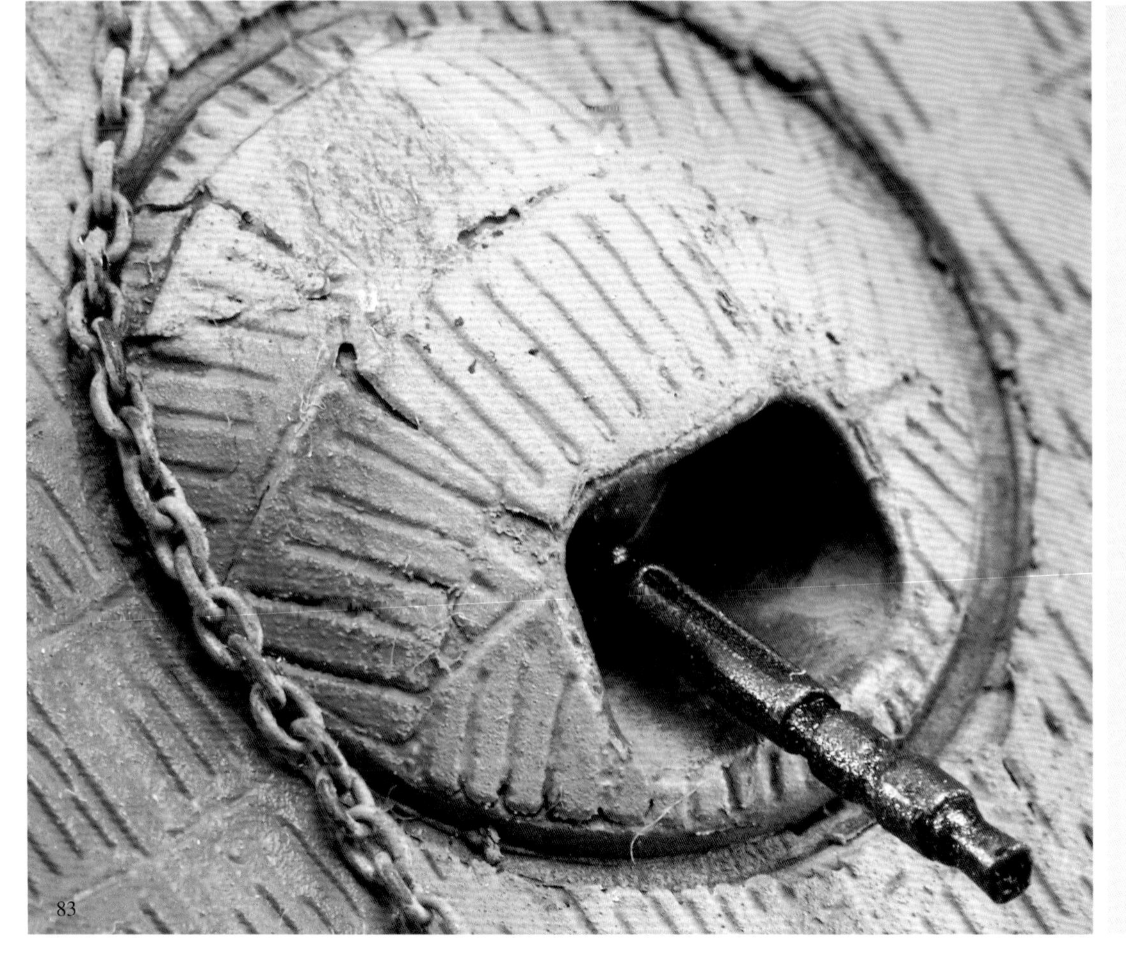

83

至此，关于构图的内容就讲完了。其实构图就是帅哥美女自拍时摆姿势，姿势摆得好，不但可以遮丑，还可以美颜。当然这是建立在胖瘦、脸型、五官、妆容等要素之上的，摆姿势虽然可以带来短暂的颜值加分，但终究不能有根本上的改变。

构图可以让照片好看，但是不足以让它惊艳。那么下一章就来给大家介绍一些更加实在的知识——模型摄影布光。

第 3 章

捕捉光影

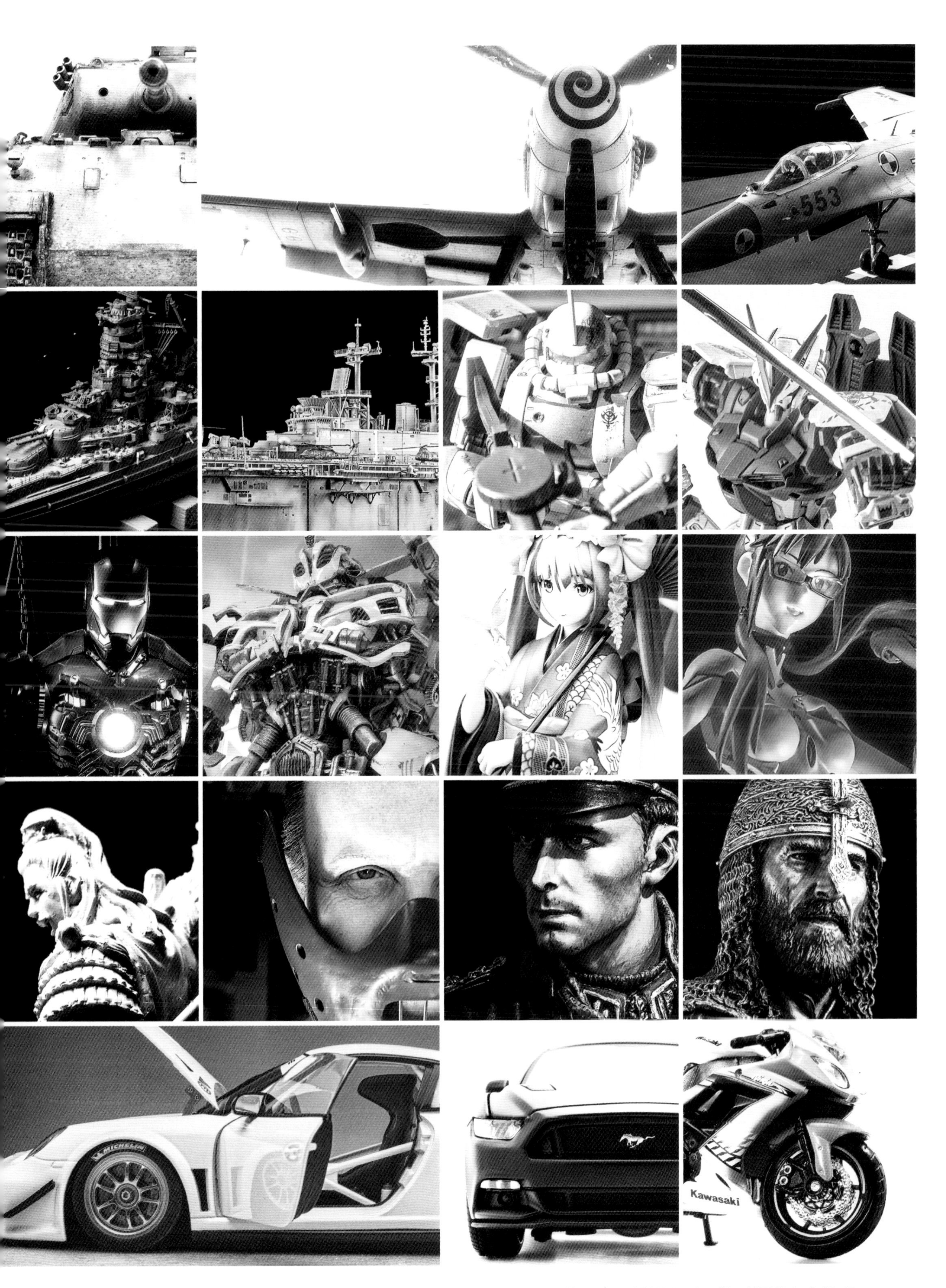
553
MICHELIN
Kawasaki

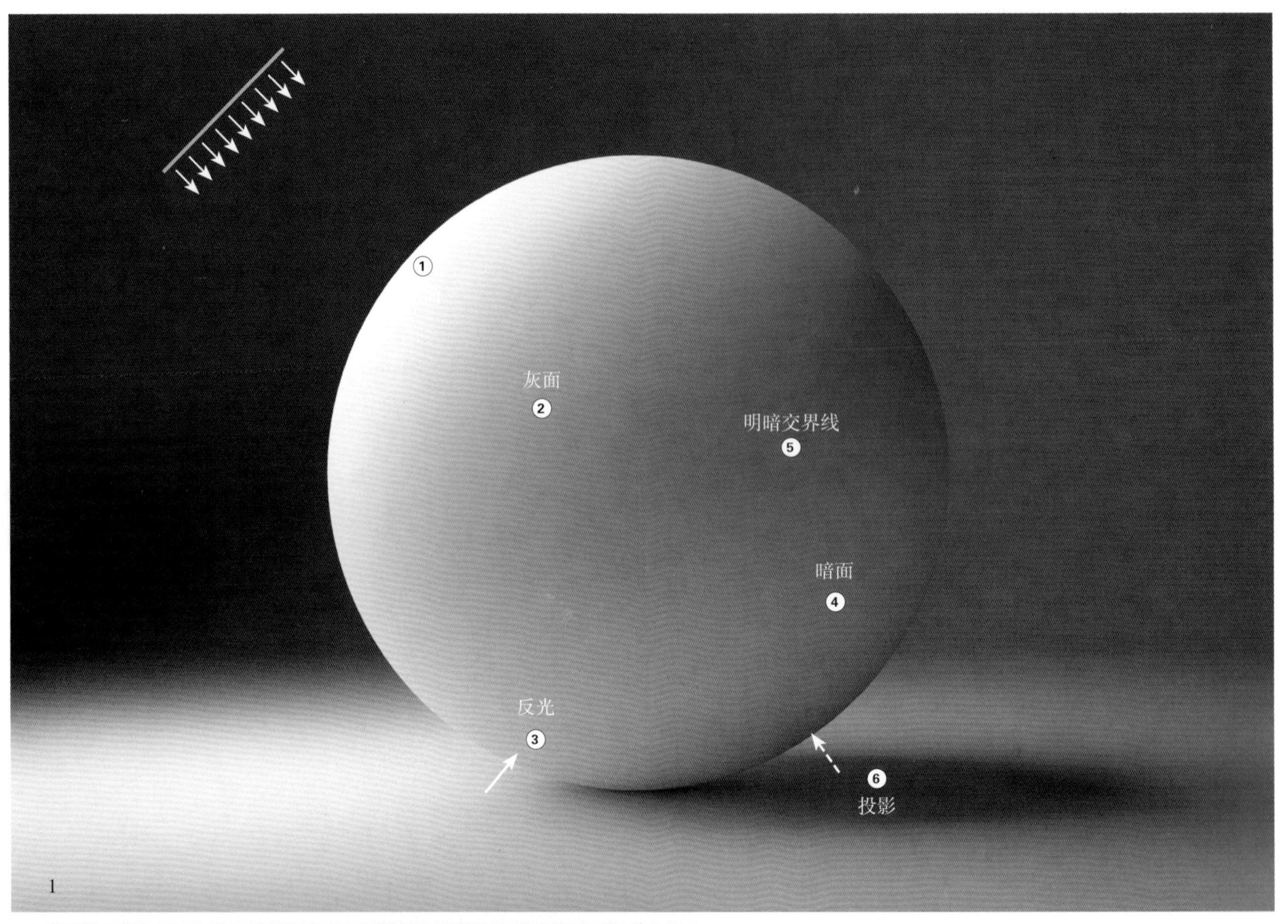

1

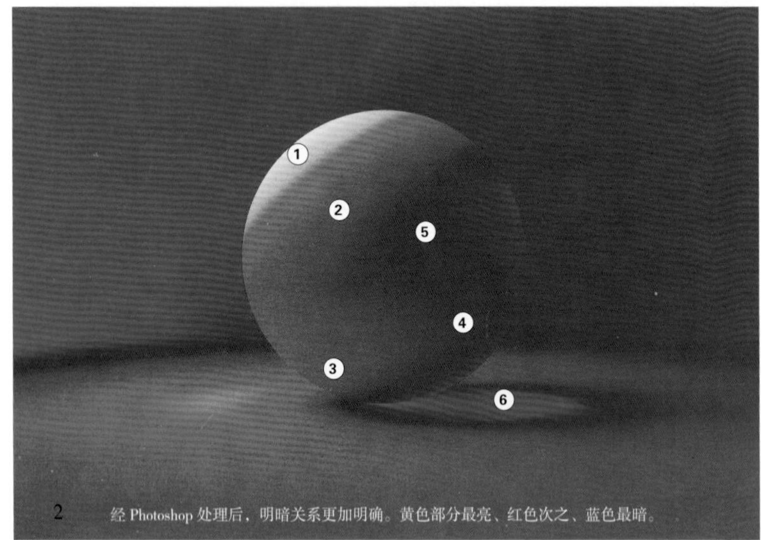

2 经 Photoshop 处理后，明暗关系更加明确。黄色部分最亮、红色次之、蓝色最暗。

注：本章在表述光源位置时，会使用两套坐标系。

* 以观察者为坐标原点，表述时会带有“画面左侧、照片右侧”等字眼。

* 以被拍摄物为坐标原点，表述时会带有“模型后部、角色前方”等字眼。

布光的根本目的是把物体照得更好看，而不是简单照亮。若想娴熟地驾驭光线，就必须从最简单的布光案例开始分析。

上图是一个石膏球的渲染图，光源位于画面左上端，面向球体布置。可以看到球体表面的亮度是不均匀的，由明到暗用数字进行标注（如图 1、图 2）。

①亮面：距离光源最近，受到的光照最多，出现高光效果。

②灰面：距离光源较远，受到的光照较少，相对较暗。

③反光：虽然离光源很远，但是可以接收到来自地面的漫反射光，所以与灰面亮度相当。

④暗面：距离光源很远，接收到的环境反射光也不多，所以更暗一些。

⑤明暗交界线：既远离光源，又接收不到环境反射光，看起来很暗。

⑥投影：光线都被球体挡住了，非常暗。

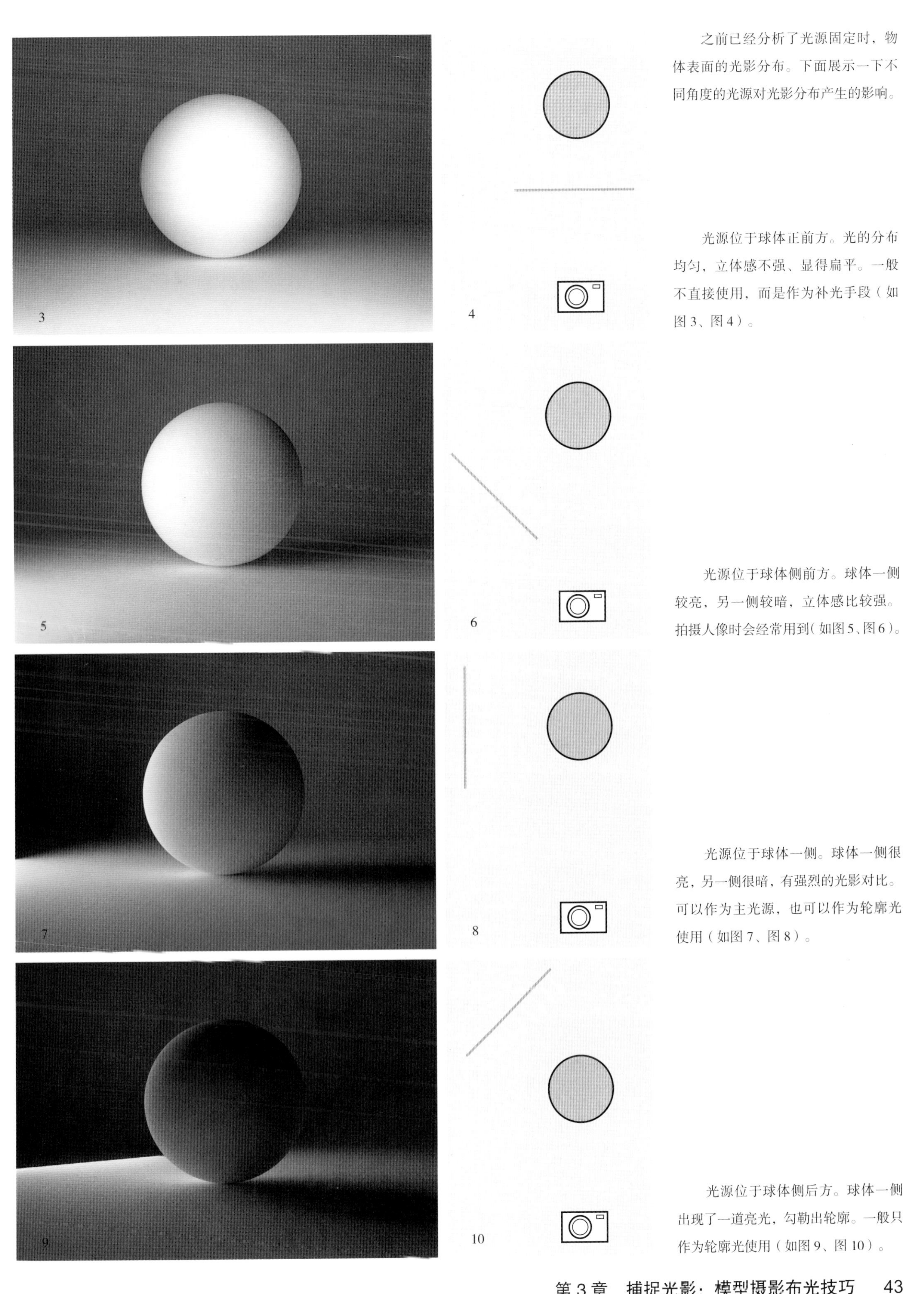

之前已经分析了光源固定时，物体表面的光影分布。下面展示一下不同角度的光源对光影分布产生的影响。

光源位于球体正前方。光的分布均匀，立体感不强、显得扁平。一般不直接使用，而是作为补光手段（如图3、图4）。

光源位于球体侧前方。球体一侧较亮，另一侧较暗，立体感比较强。拍摄人像时会经常用到（如图5、图6）。

光源位于球体一侧。球体一侧很亮，另一侧很暗，有强烈的光影对比。可以作为主光源，也可以作为轮廓光使用（如图7、图8）。

光源位于球体侧后方。球体一侧出现了一道亮光，勾勒出轮廓。一般只作为轮廓光使用（如图9、图10）。

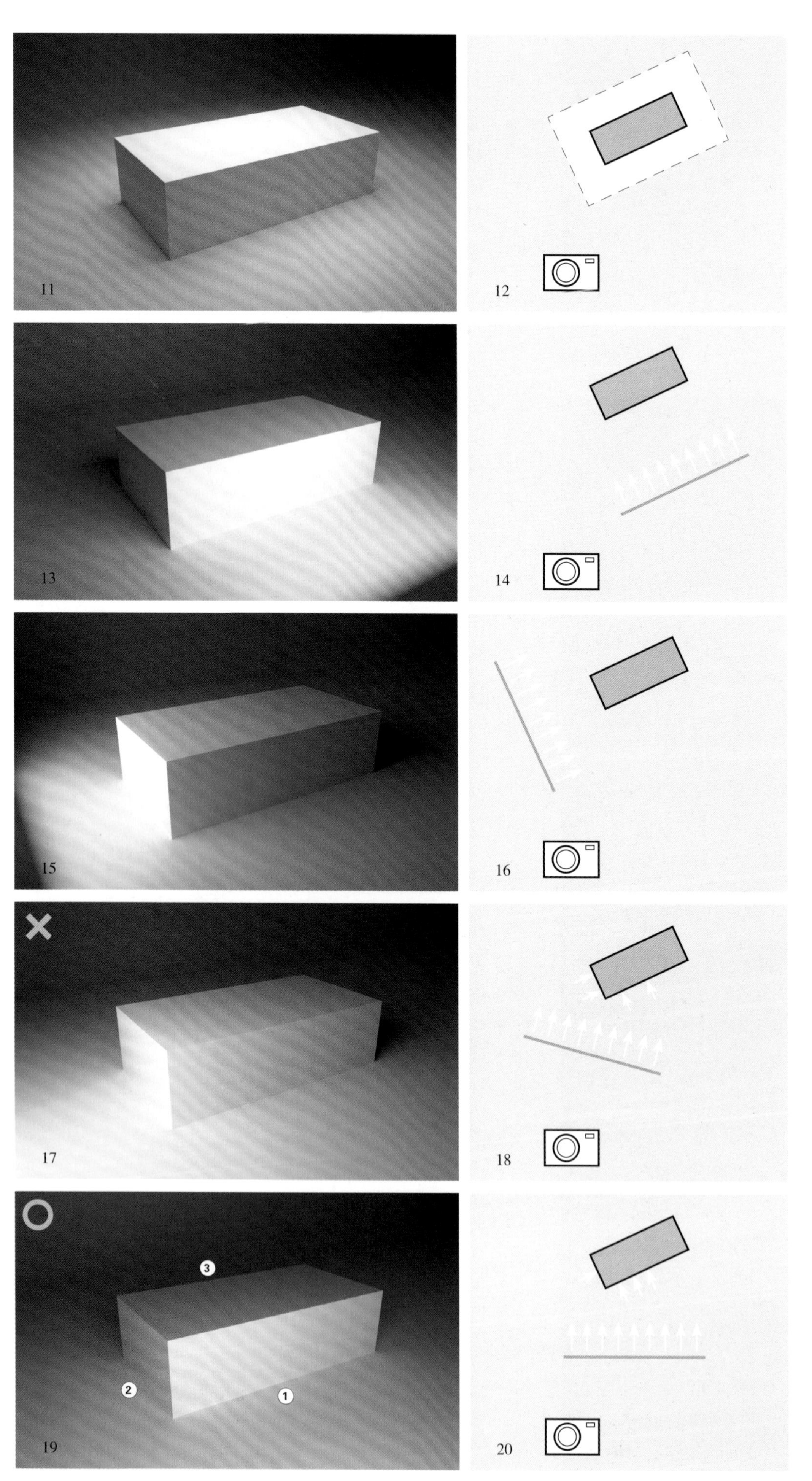

军模多为有棱角的几何体，不同的布光策略会对各个面之间的明暗关系产生影响。

光源位于物体顶部。物体顶面最亮，侧面次之。属于最常见的布光方法，画面稳定感好（如图 11、图 12）。

光源位于物体长边一侧。物体长边的面最亮，短边次之。整体细节好，明暗关系均衡，也属于很常见的布光方法（如图 13、图 14）。

光源位于物体短边一侧。整体较暗，但是局部细节表现到位，适合对金属反射材质做着重表达（如图 15、图 16）。

如果光源位于物体一角，而且把长短边两个面照得一样亮，那么物体明暗关系并不明确，属于错误的布光方式（如图 17、图 18）。

正确的做法是将光源旋转一定角度，让各个面的明暗关系得以区分，这样立体感才会好（如图 19、图 20）。

用虎式坦克的渲染图对最常见的两种布光方式进行验证。首先是顶部布光，从图中可知，坦克最亮的部分在炮塔顶面，其次是车身上表面，然后是车首上表面。从上至下，战车整体的明暗过渡自然，上轻下重，稳定感好（如图 21）。

21

另一种是侧面布光，光源略微偏向车首。从图中可知，坦克最亮的部分是炮管制退器，其次是首上和炮塔正面装甲。这种明暗分布使得战车主次分明，而且有一定的向前运动感（如图 22）。

22

经过这一系列布光分析后应当明白：没有最好的，只有最合适的布光策略。拍摄模型时到底需要什么样的光，还得根据创作意图以及模型自身特点量身定制。本章接下来的内容会按照模型的类型，对各种布光技法进行梳理。

3.1　军事模型拍摄：用光照亮微缩世界

拍摄战车模型的布光思路比较有代表性，用到的灯也比较多，适用于大多数的模型，因此作为第一个布光案例进行讲解。

军模拍摄的技术难点体现在以下五个方面：

* 尺度感：模型比例很小，只有建立起真实世界的尺度感，照片才能令人信服。

* 立体感：军模多为棱角分明的几何体，需要用光影把其形体关系表达清楚。

* 真实感：除了以上两点，还有很多因素会影响模型照片的真实性，比如镜头焦段的选择、景深的大小是否符合人眼的观赏习惯等。

* 展现细节：军模通常有丰富的细节，拍摄时一定要表达清楚。

* 扬长避短：模型制作时难免有瑕疵，拍摄者应当把模型最好的一面展示给世人，这需要对模型制作有深入了解。

80D 35mm 1/8 秒（f/16）ISO200

3.1.1 豹式坦克场景

在拍摄之前，要对模型的特点有深刻理解。以豹式坦克的场景为例，这是一个表现战车急速驶入浅水区的场景，飞溅的白色水花使得模型极富动感。水的晶莹剔透、战车的速度与力量为场景最打动人之处，也是照片需要着重表现的地方。

先说水怎么表现。场景中的水由环氧树脂制作，呈现半透明状态。其色泽受环境光的影响比较大，环境是什么样子水就是什么样子。因此背景纸的选择非常重要，白色比黑色背景纸更有利于表现水的通透感。

再说战车怎么表现。战车的形体大多比较规整，可简化为六面体进行受光分析。为了增强战车的立体感，应当有一个明确的主光源，让面向拍摄者的三个面有明确的明暗关系。之后根据具体情况对模型进行适当补光，让更多的细节可以被看清。另外，主光源的方向可以跟运动方向相结合，突出战车的动感。

接下来介绍这张照片的布光流程（如图 23~ 图 30）。

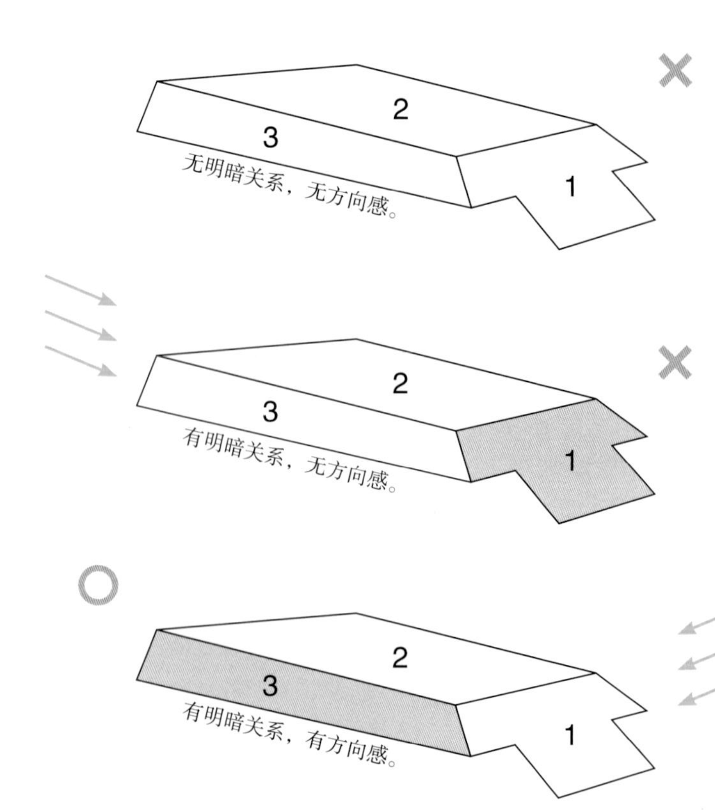

黑色背景纸反射光线较少，使得水体发黑。

更换白色背景纸后，水体变得更加通透。

拍摄这个模型主要用到了四盏灯。

画面右侧的面灯为主光源，确定整体基调。

画面左侧的面灯照亮模型主体，更多细节得以显现。

画面左后侧的台灯用来强调模型的轮廓。

三盏灯全开效果不错，但主光源显得不够明显。

在画面右侧用台灯进行补光，进一步明确主光源方向。

移动镜头寻找反射光

模型上微弱的反射光，对表达金属质感很有帮助。类似镜面反射，反射光的方向性较强，需要不断调整光源和相机位置才能恰到好处地把光线反射到镜头中。

在这个案例中若想出现反射光，光源需要放在物体的侧后方。如画面左侧箭头所示的高光，来自于画面左后侧的台灯。不过也有例外，画面右侧箭头所示负重轮上的高光来自于画面右侧的面灯，这主要是由物体的特殊形状导致的。

还有些时候大面积的反射光会使得模型表面过曝而损失细节，如果不想改变光源位置，可以主动降低光源亮度。案例中使用的灯亮度不可调，可以用遮挡的办法使其亮度降低（如图 31~ 图 35）。

31

32

33

80D 35mm 1/8 秒（f/16）ISO200

34

35

战车高速驶入浅水区效果参考。

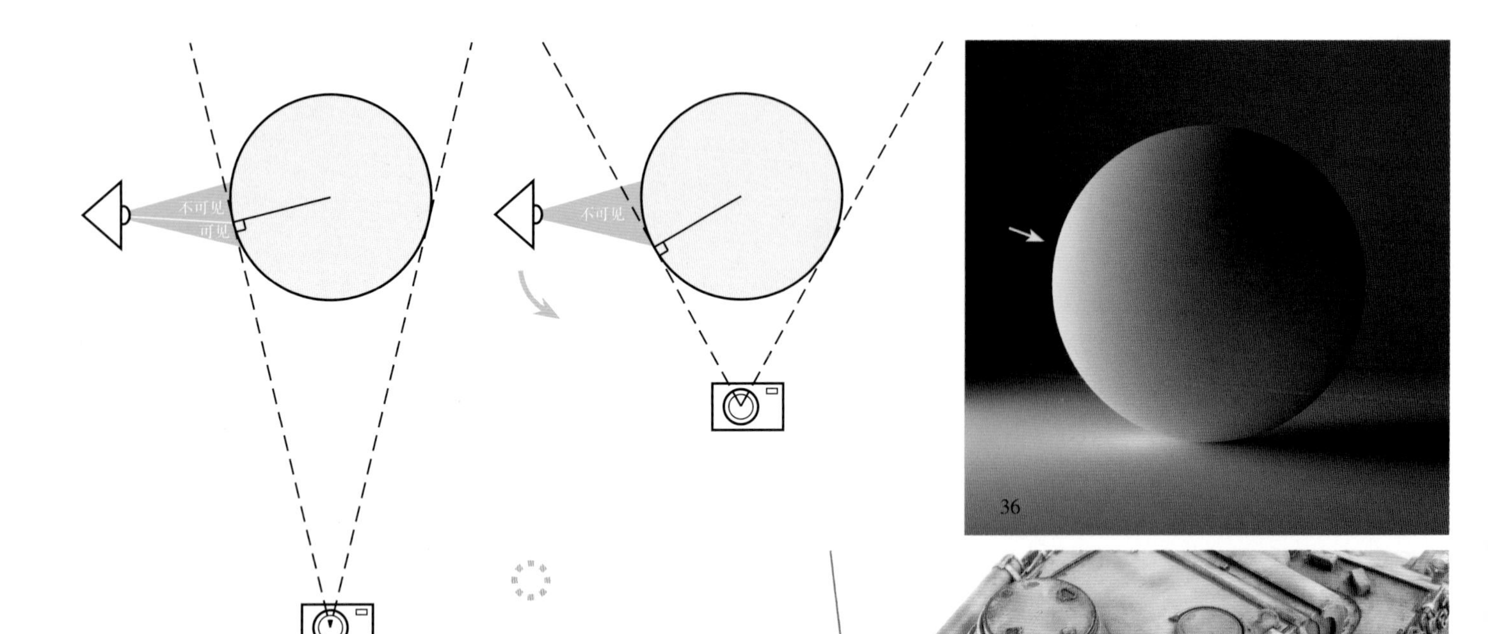

36

布置在物体一侧的光还可以提供轮廓光效果。以石膏球为例，如果光源在画面左侧，那么靠近光源的地方就会更加明亮，形成一道弯弯的月牙。此月牙非镜面反射，而是漫反射。然而这个月牙是有一定可见范围的。在平面上，如果从镜头往球体截面画一个切线，切点之后的部分会被球体遮挡，只有切点之前的部分可以看到轮廓光。若这时镜头往前移动，切点也变得更靠前，那么就看不到轮廓光了。解决策略很简单，就是把光源前移，让切点在光束范围之内（如图 36）。

按照以上方法布置轮廓光，对比样张后不难发现，战车左侧轮廓更加显眼，战车的形体也被勾勒了出来（如图 37、图 38）。

以上就是这辆豹式坦克的布光流程，适合绝大部分的战车模型。当灯比较多时，正确的布光顺序是先确定主光源，为整个模型打下基调（明暗关系），然后慢慢调整其他光源的效果（反射光、轮廓光等），效果如图 39~ 图 46。

37

38

39
745
40
745
41
745
42
745
43
745
44
745
45
745
46
745

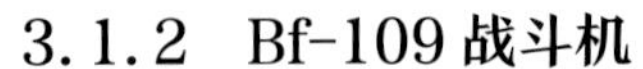

3.1.2 Bf-109 战斗机

这架战机机身侧面，也就是驾驶舱周围旧化得不太好。为了扬长避短，笔者决定换个角度逆光拍摄，模拟机库打开瞬间，外面阳光明媚的感觉（如图 47）。

47

80D 35mm 1/4 秒（f/14）ISO200

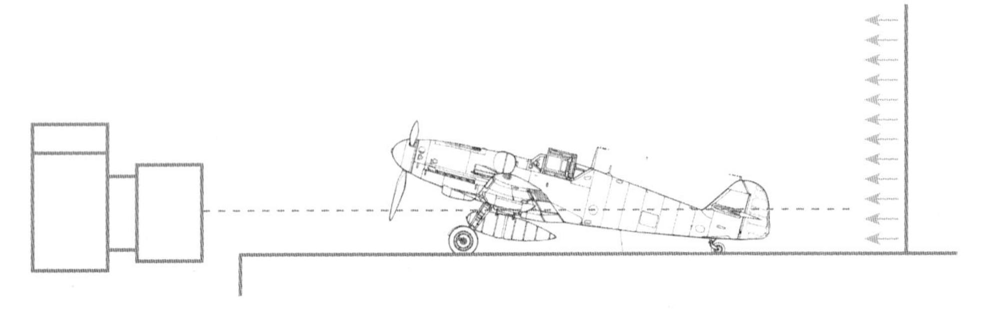

布光过程其实非常简单，就是把一盏柔光灯放置在模型后方进行拍摄。用相机对飞机进行测光，保证飞机曝光正常，后部背景随之过曝成为纯白色。只要灯的面积足够大、距离足够近，就可以把飞机整个罩在白光之中。此外，为了体现飞机的尺度，拍摄时笔者故意压低了视点（如图 48）。

48

49
80D 35mm 1/10 秒（f/14）ISO200

50

51

如果没有大型柔光灯，小型手持补光灯也可以，只不过背景白光的面积会比较小（如图 49~图 51）。

之后笔者用 Photoshop 对照片进行了后期处理，增加了两扇门和阴影，还添加了些青色色调，模拟电影胶片的感觉（如图 52）。

52
全体集合 准备起飞
All assembled, ready to take off.

白色背景纸其实也可以拍出灰色渐变效果。如右图所示，柔光灯的光线是有范围的，距离越远光线越弱。利用这一特点，把背景纸弯曲成L形，光源略微偏向镜头，让前方的背景纸得光多、后方的纸得光少，产生自然的渐变（如图53~图55）。

同样的，如果把光源平放，背景纸前后的光比差不多，不会有太大的明暗变化（如图56、图57）。

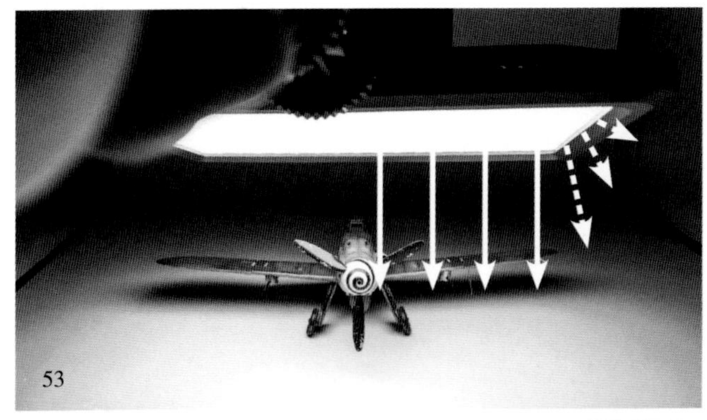
53

54

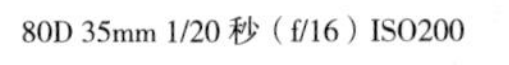
80D 35mm 1/20 秒（f/16）ISO200

55

56

57

80D 35mm 1/5 秒（f/14）ISO200

之前已经介绍了两种比较艺术化的布光策略，接下来讲个常规的布光方式。

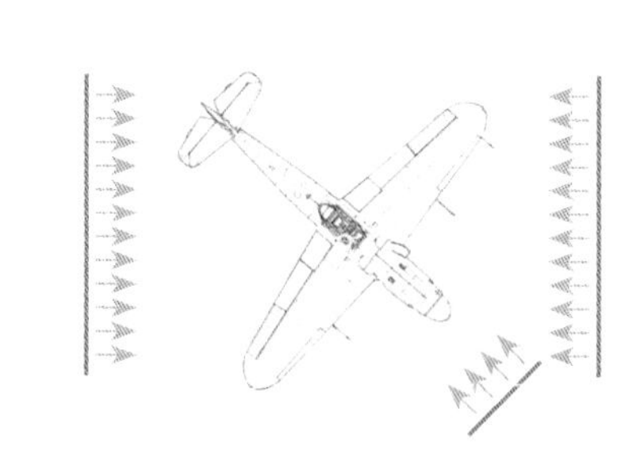

BP-109 战斗机机身成椭圆状。普通的布光方式是从斜上方打光，那样机身和机翼下方会产生大量阴影，很多细节看不清。于笔者我采用双侧布光的策略，战机以 45° 放置，光线从左右两侧打亮机身，机翼下方依靠白色背景纸的漫反射补光，看起来有淡淡的阴影。机鼻距离光源略远显得有些暗，为了不破坏画面的均衡性，遂在战机前方用手持补光灯进行补光。这种布光方式基本能适应绝大部分的二战飞机（如图 58~ 图 62）。

58

80D 35mm 1/15 秒（f/16）ISO200

59 仅开画面左侧柔光灯

60 仅开画面右侧柔光灯

61 仅开画面右前方补光灯

62 布光策略

63 焦点周围细节很清晰

64 但是其他部位比较模糊

针对景深问题，传统的解决策略是使用小光圈来适应大景深，如果还不够用，就把镜头距离拉远，以压缩画面的景深。不过这两种方法都有各自的缺陷：

前者的问题在于镜头本身。光圈过小时，受衍射作用影响，照片锐度会有所下降。从上方的对比图中可知，同样的拍摄情况下，f22 的细节锐度远不如 f10（如图 65、图 66）。后者的问题在于像素。当拉大镜头距离后，画面中需要裁剪掉的白边增多，用于显示模型的像素数量减少，照片质量自然会下降。当然也可以选用长焦镜头进行拍摄，但是其视野比较狭窄，拍摄者需要站得比较远才能拍全，在狭小的室内使用可能会受到限制，而且画面立体感也会下降。

对画质影响最小的解决策略是景深堆叠，即一次性拍摄多张焦点不同的照片，选取各自最清晰的部分后期合成。以佳能 EOS 80D 为例，相机自带很多对焦点，选择螺旋桨、驾驶舱、翼梢、垂直尾翼景深不同的部位进行对焦，在同一角度先后拍摄 10 张照片（如图 67~图 69）。

65

66

67

68

69

70

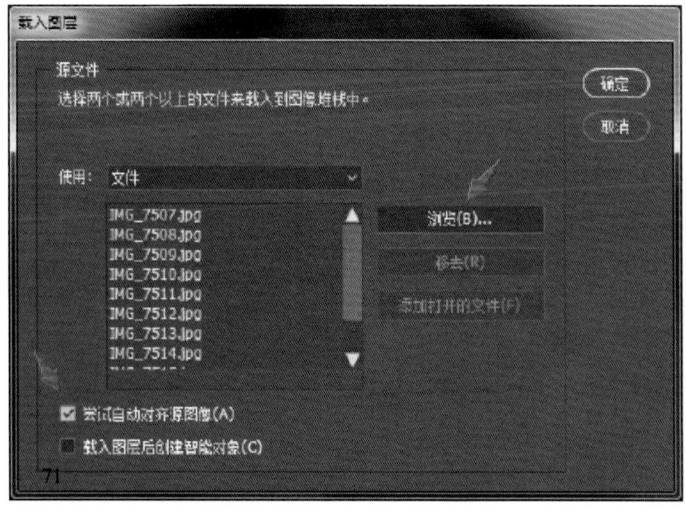

71

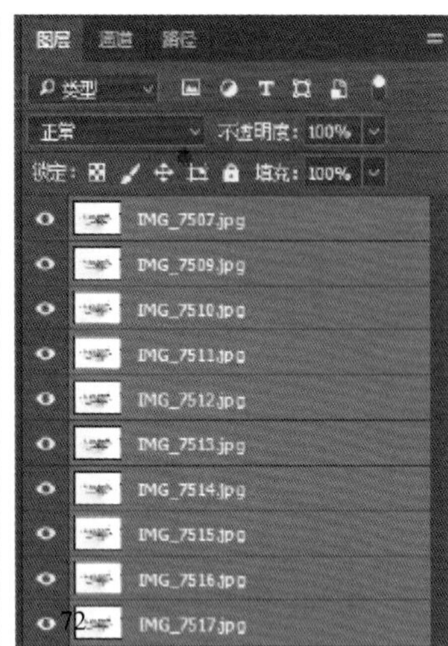

72

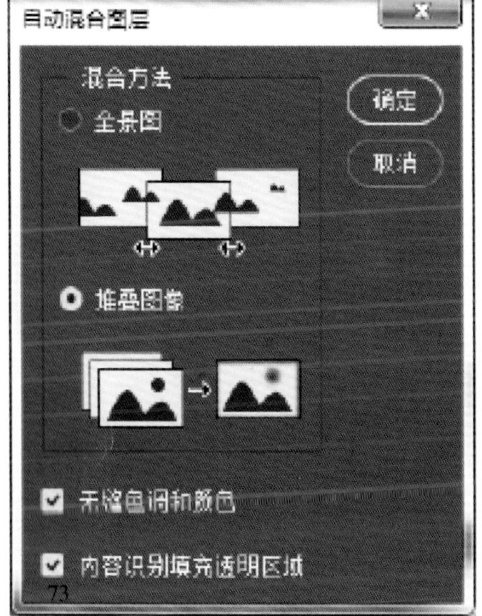

73

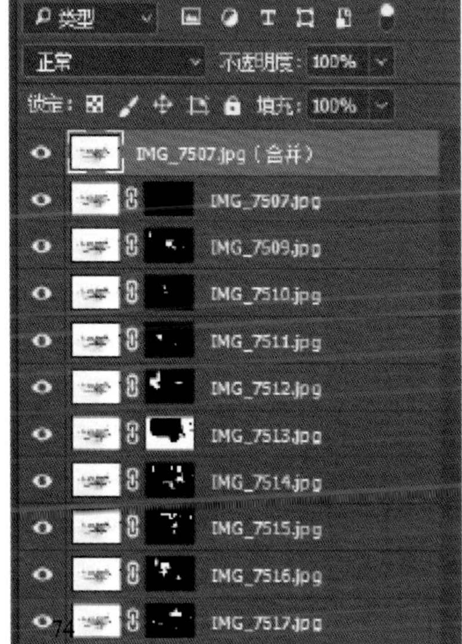

74

75

在 Photoshop 中进行后期处理：

①选择“文件－脚本－将文件载入堆栈”命令，随后点击浏览，在计算机中选中之前拍摄的照片（如图 70）。

②勾选“尝试自动对齐源图像”选项，单击确定按钮，照片就被载入 Photoshop 了。在图层中可以看到这些照片都被自动调整好大小，堆叠在一起了（如图 71、图 72）。

③按住 <Shift> 键，在图层中用鼠标左键选中所有图层，之后选择“编辑－自动混合图层”命令（如图 73）。

④经过一番计算后，计算机会自动生成一张非常清晰的图片，如果有计算错误的地方，可以利用蒙版进行手工调整，详细操作见本书配套视频。之后剪裁多余的画面并另存成 JPG 格式，景深堆叠的操作就完成了（如图 74~ 图 75）。

注：有些相机对焦点没有那么多，无法覆盖整个模型，这时可以改用手动对焦模式进行拍摄。

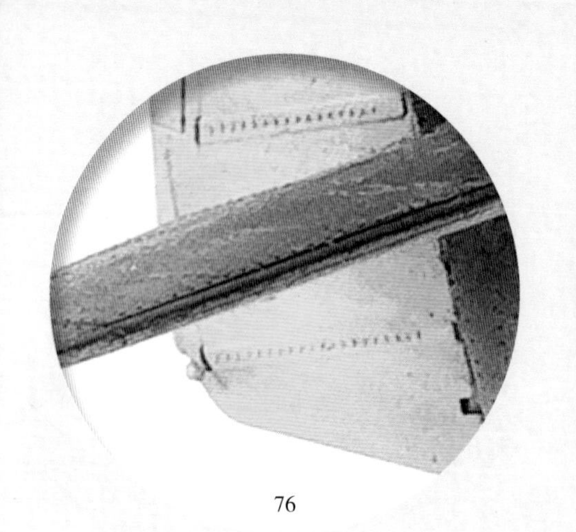
76
尾翼细节表现到位

77
距离镜头最近的机翼前缘对焦准确

78
铆钉刻线拍摄得非常锐利

这架 Bf-109 G6 战斗机模型使用的是牛魔王套件，比例为 1: 48。套件内带有彩色蚀刻片，全铆钉，细节锐利。如果拍摄不好的话，铆钉刻线细节就可惜了。

这是一张利用景深堆叠技术拍摄的照片，由 10 张焦点不同的照片叠合而成，景深非常大，模型的每个地方都是清晰锐利的。照片像素很高，经剪裁后依然够用，可以说是把相机的性能充分发挥出来了（如图 76~ 图 80）。

79

距离镜头最远的翼梢也对焦准确

80

螺旋桨掉漆细节清晰可见

80D 35mm 1/15 秒（f/14）ISO100 景深堆叠

81

3.1.3 歼 -15 战斗机

这架 1/72 的歼 -15 战斗机模型完工后没有注意防尘，表面有很多尘土。面对这种情况最好不要使用纸巾暴力擦除，那样不但会越擦越脏，还容易掉件。正确的做法是用除尘刷和气吹一点点清理（如图 81~ 图 84）。

为了让模型上的瑕疵显得不那么明显，笔者把视觉的焦点转移到模型表面若隐若现的反光质感上。此时对角布光策略更为合适，主光源位于模型后上方，略微偏向模型，提供反射光。次光源位于模型前方，消除模型上的死黑（如图 85）。

之后调整镜头和主光源位置，寻找最佳的反光效果。因为是辽宁舰上的试验机，笔者希望照片能表达出舰载机正在准备起飞时的感觉，所以选用半鸟瞰的视角，让人既能看到事件的全貌，又尽可能多地展示模型细节。相比之下鸟瞰视角身临其境感会比较差（如图 86、图 87）。

为了与主题呼应，照片应当有些科技感。于是后期加了一点蓝色滤镜，还给反光部分添加了微弱的柔光效果。

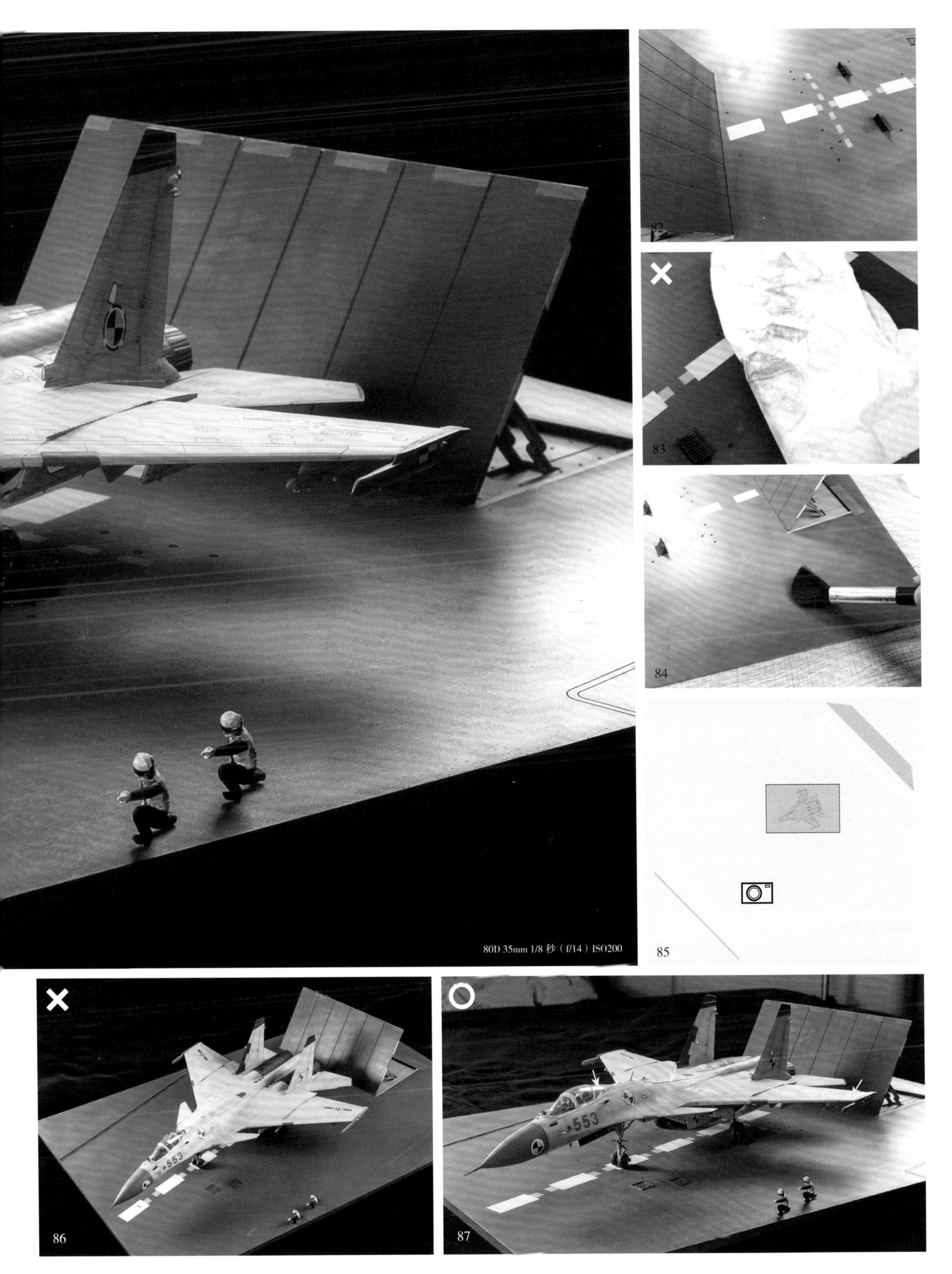
80D 35mm 1/8 秒（f/14）ISO200
82
83
84
85
86
87
553

80D 35mm 0.6 秒（f/14）ISO200

实线箭头为主光源，虚线箭头为次光源

对于战列舰这种比较长的物体，一个比较小的光源不容易照亮整个模型，所以要增加光源进行补光。

主光源在画面左侧、次光源在画面右侧。虽然船体的细节都表现了出来，但是立体感不太好，还需要对光源角度进行调整。

让主光源从上往下照亮船体。从左侧箭头处可见，船体上表面与侧面的明暗对比更加明显，立体感更强。

3.1.4 金刚号战列舰

船模的特点是身材狭长、细节丰富，拍摄时需要兼顾整体和细节。由于船很长，当船模与镜头呈现一定角度时，其需要的景深会很大，因此尽量使用小光圈来拍摄，有条件的话可以使用景深堆叠技术。

船身长还会带来另一个问题，那就是船体的亮度不均匀。以点光源为例，距离越远，光衰减越厉害，照射到的物体就会越暗。不过也可以通过合理的布光，把劣势转化为优势。具体的布光策略见这一组五张照片（如图 88~ 图 94）。

继续调整主光源，让光线从更加偏向船体正前方的角度打来。炮塔转角的两个面的明暗关系，也比之前的照片更加清晰了。

布光思路还可以再大胆一些。比如把主光源放在船体的右前上方，半逆光拍摄模型，可以获得更加戏剧性的效果。

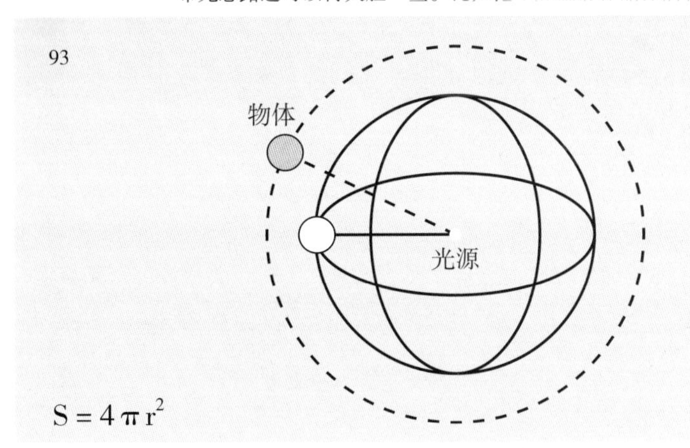

光线衰减与光源的关系，强度与距离成平方反比

拍摄过程仅使用了两个手持补光灯，黑色背景布，下方用白纸略微补光

布光其实还可以再大点，比如将其中一个光源调为暖光，从船体侧后上方照射模型，让船舰建筑出现金灿灿的轮廓，有种在夕阳中航行的感觉。相应的，这张照片选择平视的视角进行拍摄，有点像从另一艘船上眺望的效果（如图 95、图 96）。

鸟瞰也很适合拍摄船模，但是需要的景深较大，务必调小光圈。因为如果虚化效果过强的话，看起来会不像真船。而且一般从飞机上拍摄的影片素材，也不会有太重的虚化效果（如图 97）。

3.1.5 黄蜂级两栖攻击舰

这艘 1/350 的模型是友人三金哥制作的，船体非常巨大，接近一米长，近距离观察实物颇为震撼。但这也给拍摄带来了些许困难，大船需要大摄影棚，背景布尺寸较小，取景时经常会超出边界，只好通过后期处理来解决了。拍摄思路借鉴了田宫的产品手册，选用经典的蓝色背景布并对远处进行降调处理，光源为三盏闪光灯（如图 98~ 图 100）。

100

98

99

101

102

5DSR 50mm 1/80 秒（f/20）ISO250

103

由于使用闪光灯作为光源亮度有保障，即使使用 f/20 这样的小光圈，也可以把快门速度控制在 1/100 秒以上，保证照片不会因为手抖而糊掉。而且手持拍摄相比三脚架拍摄，构图要灵活很多。

闪光灯的缺点是比较占地方，且不像常亮光源那样所见即所得，对于初学者来说学习成本略高。所以建议大家先从普通光源学起，再根据具体需求来考虑是否有必要升级为闪光灯。

首先只打开顶部的闪光灯，光源水平布置且略微偏向船体，照亮船的顶部和船身。整体来说船体的明暗关系还不错，不过在船艏部分，由于飞行甲板的遮挡出现了死黑区域，还需要补光（如图 101）。

接下来在画面左侧增加了一盏闪光灯，光源从船后打亮船体，勾勒出轮廓。虽然整艘船变得挺拔了，但是死黑问题仍然没有得到解决（如图 102）。

继续在画面右侧增加一盏闪光灯，亮度略暗于之前的两个光源。船上的细节都被照亮了，让模型更加有看点。船艏死黑区域也得到了缓解，照亮的同时又不破坏明暗关系，保留了模型的体积感。在 Photoshop 中对背景进行修饰、除尘，最终得到满意的照片（如图 103~ 图 105）。

5DSR 50mm 1/100 秒（f/20）ISO125
MARINES
MARINES
MARINES
104

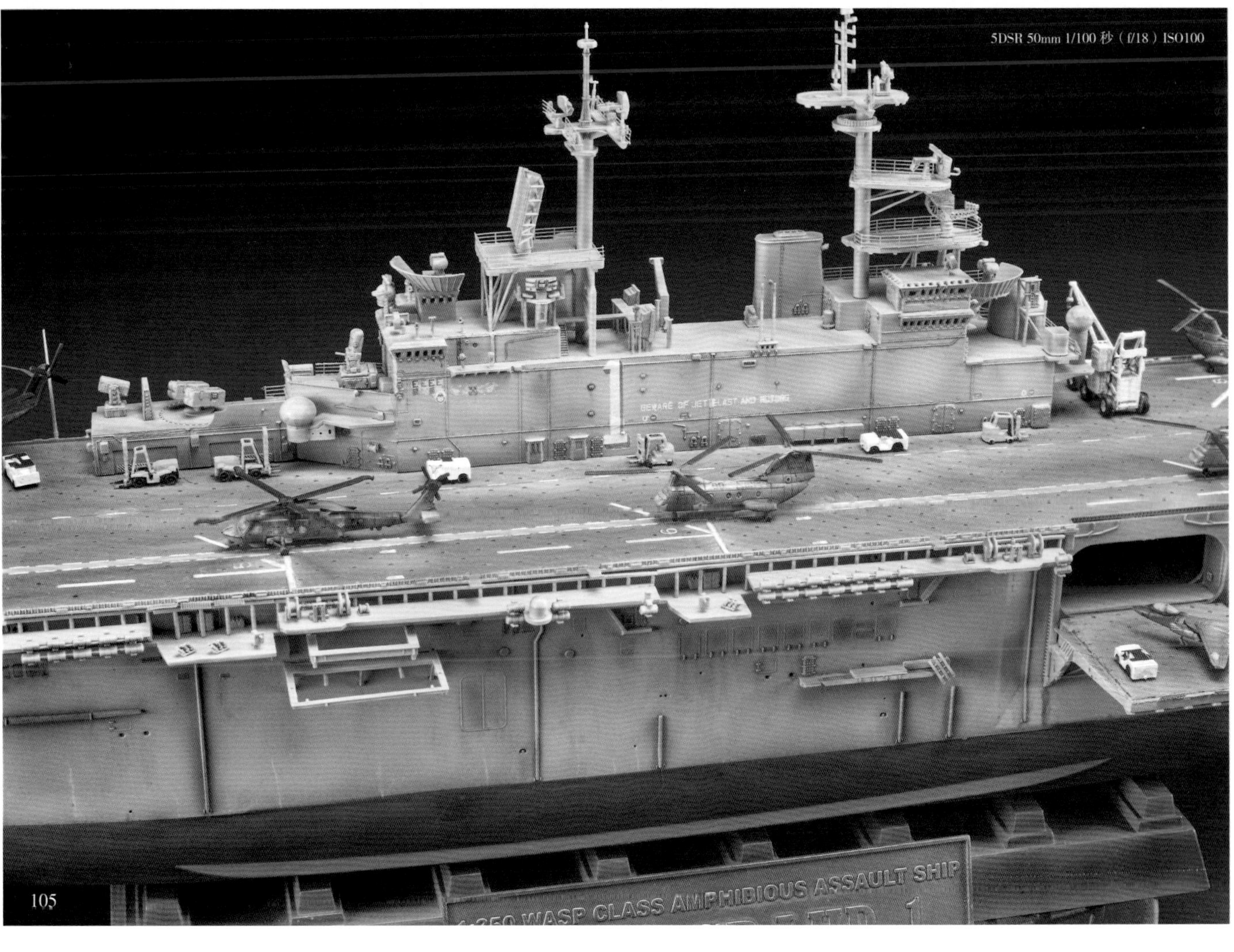
5DSR 50mm 1/100 秒（f/18）ISO100
BEWARE OF JET BLAST AND ROTORS
105

3.2 科幻模型拍摄：色彩演绎机械风格

相比于军模，拍摄科幻模型时，对整体氛围的把控更加重要。毕竟很多机甲角色本身就是自带剧情的，单纯展示细节并没有什么用，能把相应的感觉拍出来才最考验功力的。具体的拍摄难点体现在以下三个方面：

* 角色定位：对角色背后的故事有足够的了解，才能拍出氛围正确的片子。

* 敢于隐藏：不要迷恋于展示细节，适当隐藏反而更有利于突出主旨。

* 彩色光线：灵活运用各种颜色的光线，烘托气氛。

106

550D 92mm 1/200 秒（f/5.6）ISO100 手持拍摄

107

108

二战德国陆军冬季装扮

109

伦勃朗自画像，主光源位于人物右侧

110

电影《教父》，主光源位于人物左上方

3.2.1 白色食人魔高达

扎古这种机体无论是外观还是作战方式，都有二战德国陆军的味道。如头部曲线与德军的头盔很相似，胸部和裙甲造型也能看到德军军服的影子。这台白色食人魔高达是万代MG级别的模型，与德军冬季装扮很像。因此笔者用发胶掉漆技法制作了冬季迷彩，还添加了一些战损效果，让这台高达看起来更加写实（如图 106~ 图 108）。

自然光属于最写实的光线，只要运用得当，效果优于一切人造光源。这次拍摄是在自家客厅窗前完成的，背景使用的是密度板，颜色更加贴近自然，在冬季还能微微带来些暖意。具体的布光过程如下：

当冬季的阳光侧斜射入室内时，开始准备拍摄。把模型置于板子上，让光线打亮模型的一侧，另一侧呈现出富有戏剧效果的阴影（借用了的伦勃朗光的原理）。为了让模型后部背景暗下来，可以利用窗帘调整光线的范围，使模型恰好处于阳光中即可。高达机体效果如图 111~ 图 116。

伦勃朗光：依靠强烈的侧光，使被拍摄者的面部呈现出强烈的光影对比，特征是脸部的一侧呈现出倒三角形的亮区（虚线所示处）。其布光与伦勃朗的人物肖像画类似，因而得名。伦勃朗光立体感强，叙事性好，很多戏剧和电影中都会用（如电影《教父》），本书后面的一些例子也会用到其原理（如图 109、图 110）。

111

550D 64mm 1/800 秒（f/5.6）ISO100 手持拍摄

上图：550D 135mm 1/500 秒（f/5.6）ISO100

下图：550D 55mm 1/160 秒（f/7.1）IS

图：550D 67mm 1/500 秒（f/5.6）ISO100　　下图：550D 113mm 1/800 秒（f/5.6）ISO100

116

3.2.2 红异端高达

喷涂后的高达模型塑料会发脆，还容易掉漆，不太适合平时把玩。所以摆姿势时最好一步到位，以减少损坏的概率。笔者通常会在网上事先搜索相应型号模型的照片或插画，寻找灵感。特别是红异端这种近战风格的机体，姿势稍一不对就会显得不自然，此时参考图的重要性就体现出来了。

这次拍摄用到的红异端高达看起来很像日本武士，是万代 MG 级别的模型。套件内还配有两把电镀材质的武士刀，成了模型的标志性武器。下面是对布光过程的分析（如图 117~ 图 123）。

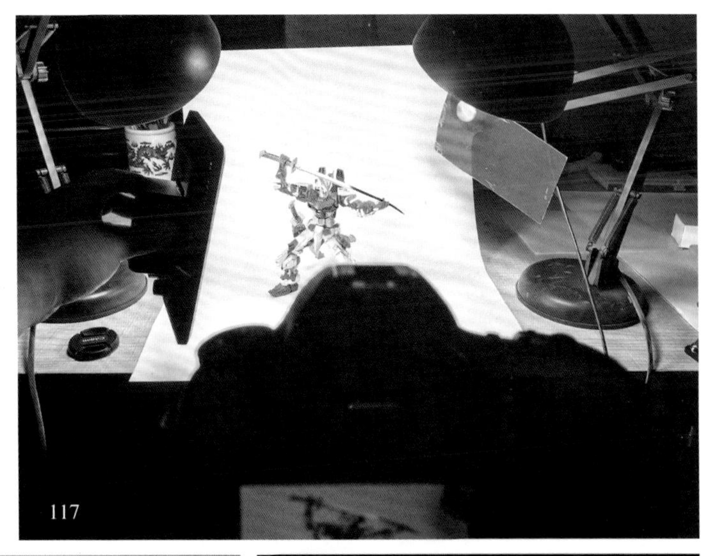

117

118

仅打开左右两侧的背景灯

119

仅打开画面左侧的主光源

120

仅打开画面右后上方的聚光灯

121

打开所有光源后，背景被照亮为纯白色。高达的明暗关系很好，立体感强。其身上略微泛起红光，好像正处于觉醒状态。

122

对布光方案进行简化，仅打开左侧主光源和聚光灯。主光源提供明暗关系和刀上的反光，聚光灯提供轮廓光，不足之处是背景发红。

123

对简化过的布光方案进行改进，去掉聚光灯的滤片，让轮廓光变为白色，画面整体色调更加和谐。

5DSR 50mm 1/50秒（f/14）ISO64

124

DSR 50mm 1/25 秒（f/14）ISO200

为了让两把角度不同的武士刀都能反射出好看的光线，笔者用了两盏补光灯。一盏位于上方，为高达左手的刀提供反射。另一盏位于画面左下方，为高达右手的刀提供反射。为了不让顶部光线太抢眼，笔者特地削弱了上方的补光灯亮度（如图 124~ 图 128）。

125

126

武士刀为电镀材质，刀上的反光其实是手持补光灯的镜像。这张图中的补光灯位于画面左侧偏下的位置，刀戟处出现的眩光混淆了刀的几何形状，需要对光源位置进行调整。

127

这张图中补光灯的位置向上微调了一下，消除了刀戟上的眩光，只有刀刃反光。刀的几何形状表达得很清晰。但是反光面积有点小。这是由补光灯长方形的形状决定的，稍微旋转一下角度，反光的面积就会增大。

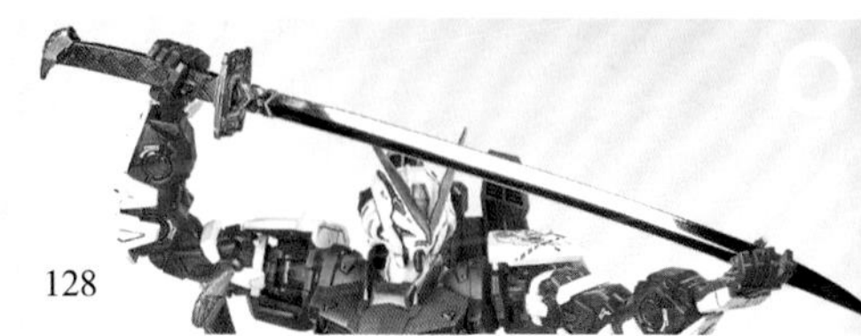

128

旋转补光灯后，获得了完美的金属反射效果。一般来说，布光时依靠反射定律和经验只能对光源位置进行大致判断，最终还是需要根据镜头效果一点点调整。

129

130

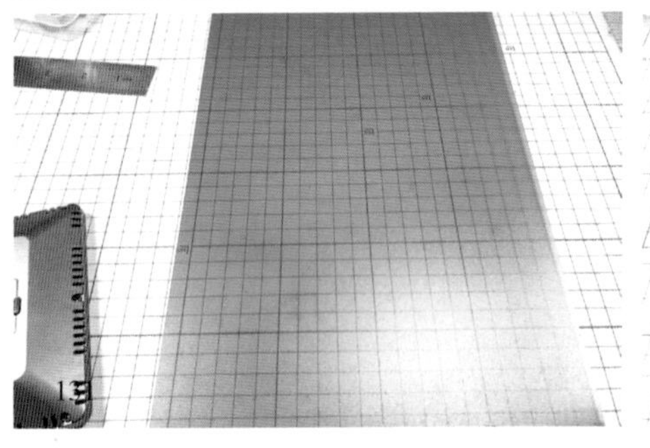
131

132

133

3.2.3 大黄蜂

这个案例中使用了两台大黄蜂模型，第一台在友人的主题餐厅中，第二台在另一位友人的家中。餐厅主人给手办定制了 LED 展示盒，灯光效果很好，直接拍摄就能出很好看的片子。遗憾的是不便于取出，布光的自由度不高。

很多科幻电影经常使用绚丽的蓝光来营造未来科技的感觉，受到电影的启发，笔者使用彩色光源（手持补光灯加装半透明彩色 PVC 片）对模型进行了补光。光源在左，镜头再右，二者形成 90° 夹角，最终得到完美的蓝色轮廓光（如图 129~ 图 134）。

在另一位友人家中的大黄蜂模型，布光的自由度更高些。我们找到一面白墙还有一台空气净化器，净化器顶部的风扇还是挺有科技感的。光源是便于携带的手持补光灯和 PVC 滤片。由于在暗室中拍摄，所以必须使用三脚架。具体布光过程如下：

134

角色右上方的光源打亮轮廓

角色下前方的光源补光，并把轮廓光改为蓝色

首先要在心中给角色构建一个恰当的场景。笔者希望营造的画面是一束光打到地上，大黄蜂从黑暗中迎面走来出现在灯光下。这是一个极具舞台感的场景，要求背景必须是黑色的，所以笔者在墙上固定了黑色背景布，并把模型远离背景一段距离，让黑布更暗。光线从上方洒下，仅仅照亮角色面部和前胸。由于离背景有段距离，背景布不会出现反光（如图 135~ 图 137）。

接下来要兼顾一下细节。原作《变形金刚》本来就不是一部画面阴沉的电影，相反汽车人身上华丽的细节都清晰可见。所以要在正面对大黄蜂进行补光，照亮更多细节。此外为了增强科幻效果，笔者还把轮廓光改为了蓝色（如图 138）。

照片整体画面亮度过于平均，没有视觉重点，于是笔者又对灯光进行了微调，略微削弱前方光源并略微前移后方轮廓光，让角色的头部和前胸更亮（如图 139）。

80D 35mm 1秒（f/9）ISO100

139

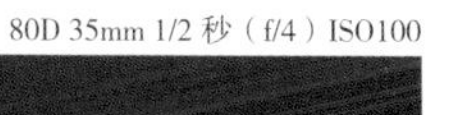
80D 35mm 1/2 秒（f/4）ISO100

140

80D 35mm 1/50 秒（f/4）ISO3200 手持拍摄

另一张照片布光与之前类似，光源位于角色右上方。值得注意的是，拍摄大黄蜂时光圈不宜开得太大。过强的虚化会显得像玩具，而且也与原作的镜头语言不相符。角色后部的强光是后期合成的（如图 140~ 图 142）。

此时，如果已经厌倦了普通的视角，拍摄剪影也是个不错的选择（如图 143）。

141

142

143

3.2.4 钢铁侠

这个钢铁侠胸像也是在暗室内拍摄的，其自带发光机构，看起来非常炫酷。钢铁侠另一个特点就是漆面非常闪亮，于是正确表达漆面与发光机构，成了拍摄此模型的根本要务。

继续沿用彩色轮廓光的思路，这次用红、蓝两种对比强烈的光来勾勒钢铁侠的轮廓。具体布光策略如下：

光的运动轨迹以及速度需要反复尝试，才能得到一张光效满意的照片。最终画面中只有炫酷的灯和盔甲闪亮的金边，很有科幻的感觉（如图 144）。

使用三脚架在暗室中进行拍摄，包括黑色背景布，两个带滤片的手持补光灯。一开始仅用一个红色光源，布置在角色左上方，但是角色正面得光较多，显得不够硬朗。于是又微调了光源的位置，让其在角色正左方，于是得到了一张不错的照片（如图 145、图 146）。

继续在角色右侧添加蓝色光源，得到的样张有个小问题，那就是钢铁侠额头两侧的反光有点不明确。原本是切角，但是反光有点像圆弧。解决的策略是把两盏灯一起向后移动，最终得到了轮廓更加锐利的照片（如图 147、图 148）。

光绘：通过延时摄影的方法，用一个光源持续照亮模型。期间光源位置可以移动，哪里被照的时间长，哪里就会变亮。此时，光就像摄影师手中的画笔，想让哪里亮就让哪里亮，光源的数量和大小不受限制。

通过移动，光绘可以让小光源也能照射很大的范围。于是笔者使用手机闪光灯进行光绘，很多手机的闪光灯是冷暖两个 LED 灯珠，在画面中呈现为金色。具体光绘过程如下：

快门速度调到 4s 以上，把手机闪光灯设为常亮模式并关闭屏幕（防止屏幕的光污染）。按下快门后，迅速用闪光灯照射模型。照射区域主要集中在钢铁侠的左侧和后侧，勾勒出一条细细的金边。

144

80D 35mm 1 秒（f/10）ISO100 光绘

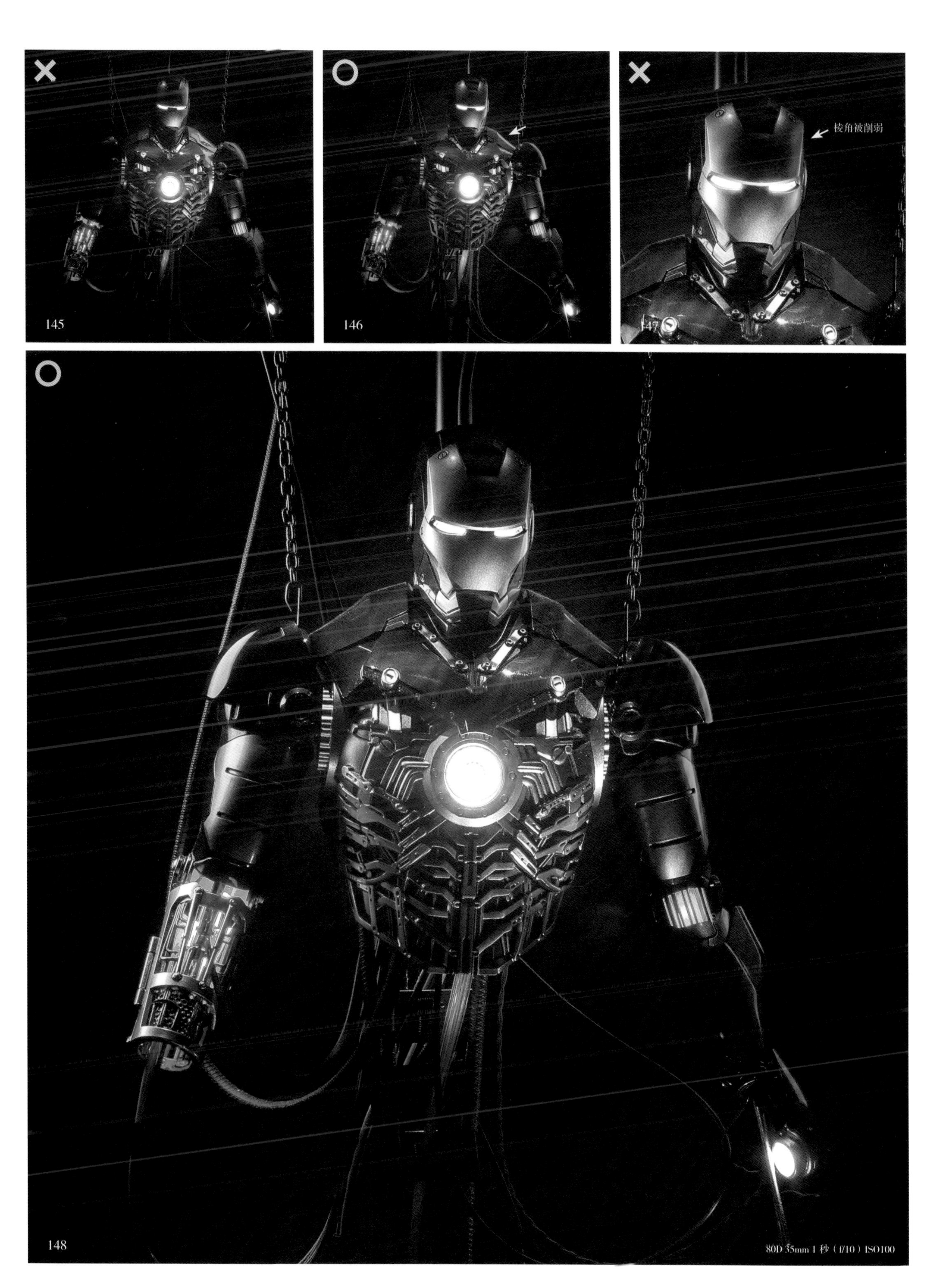
145
146
棱角被削弱
147
148
80D 35mm 1 秒（f/10）ISO100

3.3 手机模型拍摄：光影暗示角色性格

手办摄影很接近人像摄影，需要了解相关背景知识。不同的是手办通常会自带故事，能将其表现出来的照片才是好照片。具体的拍摄难点体现在以下三个方面：

* 角色性格：拍摄前要学会察言观色，照片风格要尽量符合角色的性格以及人物设定。

* 衣着身份：手办一般是不带场景的，但是角色的衣着可以暗示其所处的环境，从中还可以窥探此刻角色的心境。

* 拍摄环境：拍摄环境可以是人工的，也可以是自然的，但是要综合考虑以上两点。

80D 35mm 1/250 秒（f/4）ISO200 手持拍摄

149

150

151

152

3.3.1 初音未来手办

红色和服装扮的初音非常引人注目。拍摄时正好临近北方的秋天，树叶略微有些发黄，远处的绿色也分出了层次，与和服的红色更为搭配。此外，大学校园内有一些日式风格的建筑，作为背景与初音的人物形象也很和谐。

拍摄前，笔者希望营造的是夏末，一个女子在湖边散步的画面。期间可能会路过一些有符号性的建筑，用来烘托氛围。为了让小手办融入大环境，笔者选择了大光圈进行拍摄，使人物主体清晰、身后背景虚化。

拍摄时用到了三脚架和手持补光灯。因为在逆光拍摄时，背景亮度高，而手办相对较暗，不补光的话人物会显得黑（如图 149 ~ 图 152）。

153

154

未补光

155

补冷光

156

补暖光

这张照片拍摄地点位于湖边的树荫下，属于背景比较亮但是主体较暗的情况，所以需要在画面右侧用手持补光灯进行补光。当时手办置于湖边的石栏杆上，南侧（画面左侧）是湖面。虽然是阴天，中午的阳光还是暖暖的，直接用白光补光会使手办偏冷，难以融入环境。略微调高光源色温后，画面变得协调多了（如图 153~ 图 156）。

80D 35mm 1/250 秒（f/4）ISO100 手持拍摄 157

158

159

160

161

带补光灯　　不带补光灯

这张照片是日本少女与西方多立克柱式的结合，其中太阳光来自画面左侧。拍摄环境的光比并不大，加之人物是45° 面向阳光的，并不会出现主体过暗的情况。此处使用补光灯的目的不是提亮暗部，而是强化主光源。

于是把暖色补光灯置于画面左上方，模拟阳光洒下的感觉。同时也弥补了阴天光源方向感不强的问题。

此外，有些情况下使用补光灯会被记录到画面内。这时只需要在同一角度拍摄一张不带补光灯的照片，后期在 Photoshop 中利用蒙版命令进行合成处理就解决了（如图 157~ 图 162）。

80D 35mm 1/250 秒（f/4）ISO100 手持拍摄

80D 35mm 1/60 秒（f/5）ISO800 手持拍摄

164

5DSR 50mm 1/8 秒（f/11）ISO640

165

5DSR 50mm 1/100 秒（f/3.5）ISO400 手持拍摄

166

3.3.2 EVA 真希波

拍摄真希波手办时使用计算机屏幕作为背景，背景图片来自于 EVA 剧场版。其好处是不需要打印，可以使用任意图片作为背景拍摄，而且大小和亮度可调整（如图 163）。具体拍摄过程如下：

为了防止屏幕反射产生眩光，使用了光束比较集中的聚光灯作为主光源。角色背对镜头，光束从其右前上方打下，照亮角色肩部和头部的轮廓。另外一盏手持补光灯位于角色左后方，提供微弱的补光。

光线的颜色需要尽量与背景图片一致。如上图背景为绿色，故在聚光灯上增加绿色滤片。使角色身体的轮廓被淡淡的绿光勾勒出来，加之背部较暗，看起来像是被屏幕照亮的（如图 164）。另一张图片背景为暖色，故使用白色聚光灯和暖色补光灯，使整体色调协调（如图 165、图 166）。

3.3.3 项羽塑像

西楚霸王项羽是青艺微像艺术工作室出品的一款 54mm 历史人物，起初造型设计上是右手举鼎，左手握戈，仰天长啸。经多次修改，最后才定格为现在的动作。表现出项羽在乌江决战沙场，虽败犹荣的英雄气概。青艺出品的人物，更注重的是人物内在的感染力。

这个布光案例主要是想分析不同方向的光到底会对角色产生什么样的影响。拍摄时使用黑色背景布，三脚架和一盏手持补光灯（如图 167~图 180）。

光源位于画面左侧。一侧面部和身体后部位于阴影中。立体感强、细节尚可，比较适合叙事性的镜头。

光源位于画面右侧。一侧面部和身体大部分位于阴影中。立体感强但细节欠佳，而且感觉有些像反派。

光源位于正前方。顺光拍摄没有阴影细节。所以拍摄模型时，一定不要直接打闪光灯，立体感会很差。

光源位于上前方。有一定的明暗对比，但是人物的立体感不强，略显扁平。

光源位于上方。光影关系更强烈，细节表现得更加清晰，人物立体感强。

塑像官图，光源位于上方。涂装时就把光影关系做到角色身上了，而且进行了适当的艺术加工，利用色差来实现更丰富的层次。

光源位于前上方，略微偏左。树脂发簪比较容易损坏，用ab补土和铜棒进行了自制。由于没有喷补土的缘故，塑像看起来会比左侧的照片温润一些。

80D 35mm 1/6 秒（f/10）ISO100

173

塑像作者：青艺
涂装作者：韩冬
174

光源位于画面左侧。面部身体细节表达尚可，适合拍摄侧面特写。

光源位于画面右侧。面部和前身都隐藏在阴影中，画面重点在背后的斗篷。

光源位于画面右上方。面部和身体细节都很好，整体光影关系也不错，很适合这个造型。

光源位于画面左上方。面部立体感不错，但是人物主体较暗，适合面部特写。

改成特写镜头后，身体过暗的问题就迎刃而解了。

光源位于上方，略微偏左。视觉重心在面部和持剑的手臂，主次分明，画面均衡。

对于某个具体的人物角色来说，没有万能的布光策略。布光必须综合考虑角色的性格、身份和所属状态。而且角色姿势和相机摆位对布光的影响也很大，每次更换位置后，都得重新调整布光策略。

有些布光方式乍一眼看上去不太优秀，但其实很适合拍摄局部的特写。还有，即使是顺光拍摄这种效果很糟糕的布光（图 170），也是有其价值的。如在使用多个光源布光时，顺光可以作为补光手段。

利用白模对单一光源的各种布光方式进行反复尝试，可以帮助模型摄影初学者迅速积累大量实践经验，在以后的拍摄中少走弯路。

181

183

80D 35mm 1/80 秒（f/3.2）ISO200 手持拍摄

182

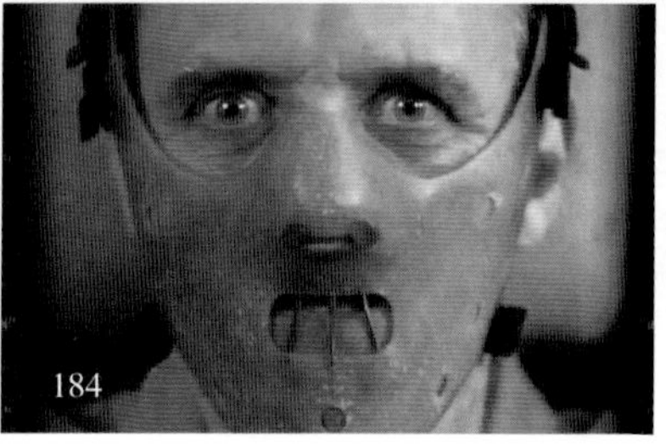

184

185

3.3.4 汉尼拔头雕

电影《沉默的羔羊》中，汉尼拔是一位智商超群的食人狂，常年被关在精神病院里。其狰狞的眼神是很多人当年的噩梦，不过这枚胸像的表情比较和蔼，第一次拍摄时竟然像个慈祥的老爷爷，与角色定位很不相符（如图 181）。

拍摄环境位于餐厅内，室内光线比较杂乱，主要光源来自画面右侧的玻璃门。显然这与电影中的布光相去甚远，为了增加恐怖气氛，用两盏手持补光灯置于其头顶上方，强调出额头上的高光。而且还给角色戴上了面罩（如图 182~ 图 185）。

186

187

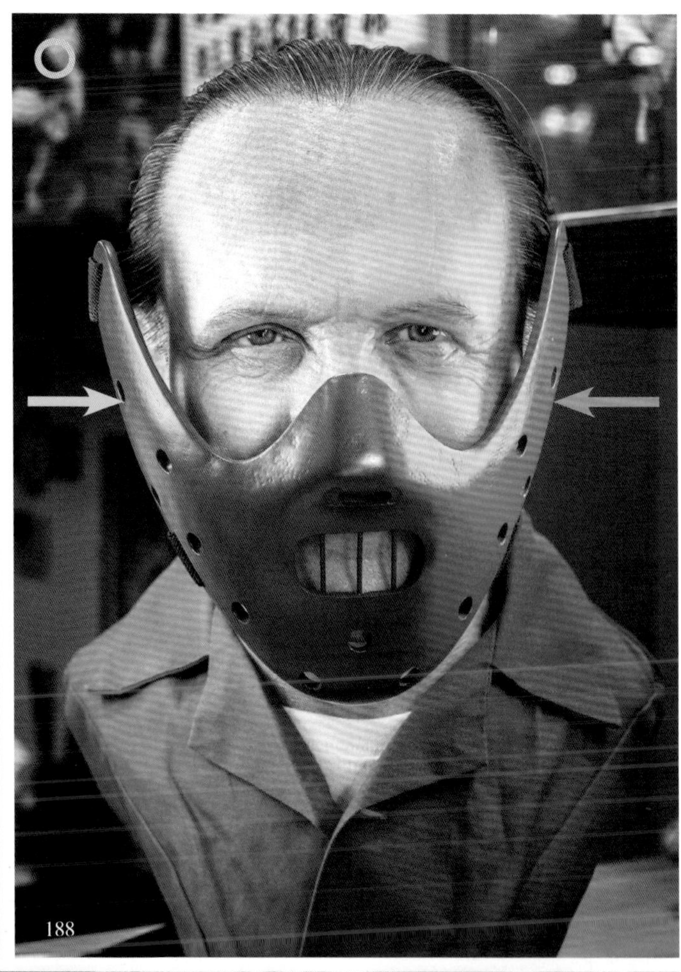
188

后来笔者又尝试了彩色光源，把加了滤片的补光灯放在角色两侧，斜向上打亮胸像。但是颧骨和面罩上出现的红蓝色高光总是让人联想到电影里的警车，看起来像警察。更重要的是，光线太低使得角色的眼睛反射不到光源，看起来有点暗淡。而电影中的两个镜头，都把角色眼睛中闪烁的光点（眼神光）作为重点进行了表达（如图 186、图 187）。

于是笔者对光源进行了调整，让光从左右两侧水平照向角色。如此一来面部的反光就柔和多了。仔细观察眼睛，可以看到来自左右光源的两个高光点，显得生动了很多（如图 188）。

最后的调色工作是在 Lightroom 中完成的。主要是给画面高光部分添加了青色色调，相应的，给暗部添加了青色的互补色 - 橙色，以增强明暗对比。同时经过个别颜色修正，缓和了蓝色和红色的关系。完成调色后，又给照片添加了一些胶片质感（如图 189）。

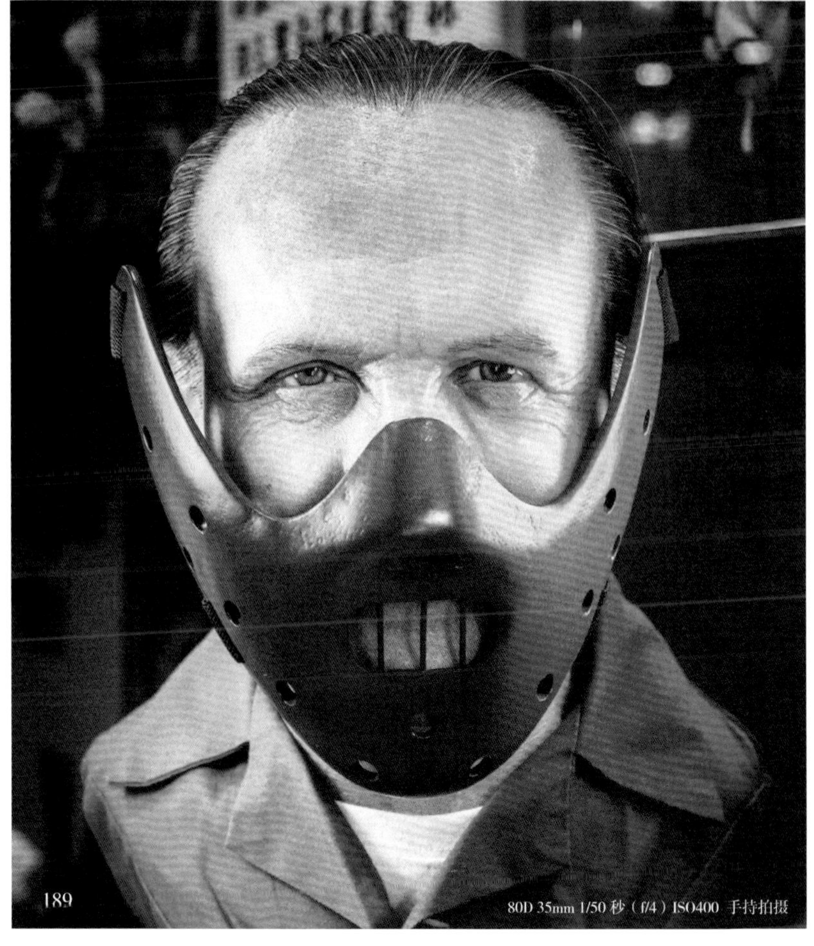
189 80D 35mm 1/50 秒（f/4）ISO400 手持拍摄

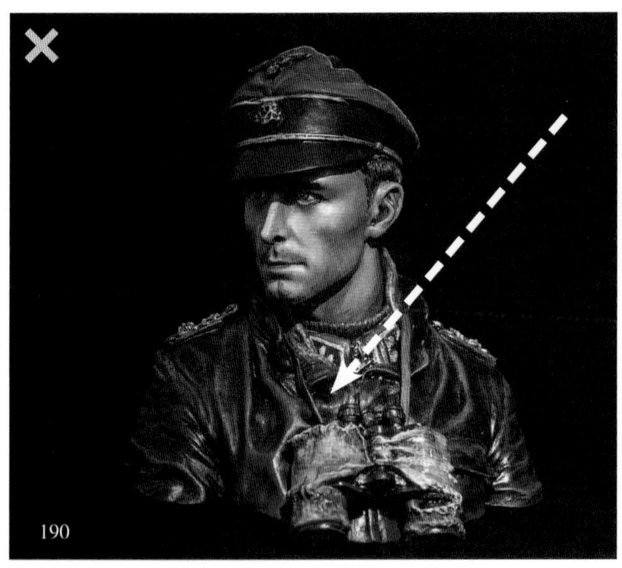
190

3.3.5 派普胸像

约阿希姆·派普是凶悍的德国武装党卫军军官。为了展现出角色性格，笔者希望他的脸看起来是阴晴不定的。利用手电筒布光，从画面右上方打下来，照亮角色的半张脸。同时让帽檐产生的阴影正好遮住眼睛，增加一些阴暗的感觉。最后在画面左侧用一张白纸进行补光，照亮角色右脸细节并打亮皮外套的轮廓。用同样的手法笔者还拍摄了施瓦星格扮演的终结者（如图 190~ 图 193）。

191

192

193

80D 35mm 1/40 秒（f/8）ISO400 手持拍摄

3.3.6 萨拉丁胸像

萨拉丁是伊斯兰世界的英雄，为了彰显他的伟岸，最好选取仰视的视角进行拍摄。可能是头盔的缘故，这个胸像从正面看略微有点斗鸡眼，侧对镜头时会好一些（如图 194、图 195）。具体布光过程如下：

因为胸像加了底座，于是笔者把补光灯立起来，从两侧进行补光。双侧打光还有个好处，就是可以避免头盔前部护板在脸上产生难看的阴影。目前的光效依旧不够完美，底座铭牌显得太亮了。这是由于补光灯斜放在桌面上，上下两端到胸像距离不同的缘故。于是笔者将画面右侧的灯举起，从斜上方打亮角色。之后把画面左侧光源亮度降低，色温也适当降低，让金属盔甲泛出一点寒光（如图 196~ 图 198）。

在最终的样张中，对于底座而言，画面左侧的面出现了高光反射，让底座的棱角变得更显眼。而且减少画面右侧的光照后，铭牌上的拉丝也更加清晰了。对于胸像而言，因为主光源位于画面右侧，距离镜头较近的脸颊比较暗，离镜头较远的脸颊比较亮，使得角色看起来更瘦更干练（如图 199）。

远处脸颊较亮
SALADIN
Salah ad-Din Yusuf ibn Ayyub
199
80D 35mm 1/5 秒（1/8）ISO200

3.4 民用模型拍摄：反射再现材料质感

拍摄民用模型最重要的是漆面要好看，技术难点体现在以下五个方面：

* 反射问题：民用模型漆面多为镜面效果，车灯、后视镜等零件也都是反射强烈的材质，需要通过合理布光来体现出其光泽质感。

* 细节问题：汽车不像坦克那么棱角分明，在布光时需要注意对转角细节的表达。

* 除尘问题：民用模型漆面和透明件上的灰尘会显得格外显眼，拍摄前一定要做好除尘工作。

* 角度问题：绝大部分的汽车在设计时是有最佳欣赏角度的，拍摄模型要尊重这种视角。

* 背景问题：民用模型经常会有很亮的白色和黑色，而白背景拍白物体、黑背景拍黑物体是最考验摄影技术的。

MICHELIN
5DSR 50mm 1/250 秒（f/16）ISO100

3.4.1 保时捷 911

保时捷 911（Porsche 911）是德国斯图加特的保时捷公司制造的跑车，由亚历山大·保时捷（Ferdinand Alexander Porsche）设计。自 1964 年演变至今的保时捷 911，因其独特的风格与极佳的耐用性享誉国际，可以称得上世界最长寿的跑车车系。名称和外观上保时捷 911 的款式，从入门的小型跑车到专业化的赛车都有，但现在最多的是中、高档或超级跑车。

不过无论保时捷 911 如何进化，由金龟车（Volkswagen Beetle）延续至保时捷 997 的后置发动机传统从来没有被舍弃过，连空冷发动机也一直坚持到 1999 年才在全新的保时捷 996 上改用水冷发动机。

案例中使用的模型是保时捷 911 成品合金车模，由 AUTOart 公司出品，比例为 1/18。

在拍摄时最好选择一个贴近地面的视角，这样跑车的视觉冲击力会更强。把模型放在桌子边缘拍摄会方便些，因为这样可以把镜头压得更低，而不用在意镜头庞大的尺寸。由于是白色款保时捷 911，用白色背景会不太显眼，所以选用了一张深灰色渐变背景纸。而且后期还为地面增加了一些金属纹理，与跑车光滑的漆面产生反差。

拍摄这张照片时使用了一灯流，即从头到尾只用了一盏手持补光灯。光线从上方照亮模型，同时压暗了背景的亮度。具体的布光分析如下：

80D 35mm 1/10 秒（f/14）ISO100

200

一盏手持补光灯置于模型上方，在不使用其他道具的情况下，仅通过改变与车的相对位置和夹角，就可以产生很多种有趣的光影变化。

①光源在车的右上方，略微偏向模型，让光线照亮其轮廓。虽然车的轮廓感、转角细节等表达得很到位，但是面向镜头的面全部是黑的。这种布光方式丢失细节较多，更适合艺术照（如图 200）。

201

②光源在车的前上方，略微偏向模型，让光源的镜像出现在玻璃上。虽然照片有很好的方向感，玻璃质感和漆面反射表达得也淋漓尽致，但是尾部细节丢失太多，比较适合局部特写，不太适合整体展示（如图 201）。

202

③光源在车的左上方，略微偏向模型，照亮模型的左侧。视觉焦点在驾驶员车门附近，主次分明，尾翼金属支架的质感表现也很到位。美中不足的是车身上的转角线表达不清，已经糊成了一片，说明光源旋转角度还需要微调（如图 202）。

203

④光源在车的后上方，水平放置、未偏向模型。画面最亮的位置在中心偏右的黄金分割处，增强了整体构图的稳定感，各种小细节的光影关系也都表现得很好。经过简单调色处理后，就是开篇的那一张照片了（如图 203）。

简单总结一下，前两张照片属于逆光拍摄，模型的反射效果和形体关系表现到位，但是暗部欠曝。后两张属于顺光拍摄，不容易出现过暗的情况，但是反射效果表现得会稍弱些。还好跑车的表面是起伏多变的，在整体明暗关系明确的情况下，微调光源角度让车灯等小细节出现好看的反光，是更讨巧的做法。

204

一灯流还有个变种，就是光绘，在之前的钢铁侠案例中已经有所涉及。下面介绍一下光绘常用的三种光源：

①手持补光灯光绘。快门速度调到 4s，把补光灯亮度调低，按下快门后立即用补光灯环绕照射模型一周，把各个面都打亮。光绘其实很简单，就是想让哪里亮，哪里就多照射一会儿；想让哪里暗，哪里就少照射一会儿。多试几次后，就能得到一张明暗关系令人满意的照片了（如图 204）。

205

②手机屏幕光绘。在手机里打开一个纯白色图片，把手机屏幕亮度调到最大，充当柔光灯使用。这种方法拍出来的跑车光影更加柔和细腻，但是塑料玻璃反射出一些彩色光斑。可能是屏幕的像素点所致，看起来有些异样，不太适合有大面积透明件的模型（如图 205）。

206

③手电筒光绘。操作方法与之前类似，但是手电筒光源面积很小，可以得到比较硬的光影。手电筒划过时留下的光带非常靓丽，与保时捷跑车的旗帜很搭。不过这张照片中的光线有些杂乱（如图 206），经过多次试验后才得到比较满意的照片（如图 207）。

注：案例中使用的不是普通的手电筒，而是珠宝行业使用的高显色性 LED 手电筒，亮度可调节，能还原出模型的真实色彩。

207

80D 33mm 4 秒（f/14）ISO100 光绘

208

209

210

211

212

前期做好除尘工作会给后期处理减轻不少
力。常备一些小工具，拍摄过程中随时发现随
清理。但是最重要的是保证拍摄环境干净，如
台面上有土，模型越吹越脏。还有，移动模型
一定要带手头套，否则这种漆面很容易留下指
（如图 208~ 图 212）。

213

5DSR 50mm 1/200 秒（f/14）ISO100

214

如果用白色背景纸，其实也是能拍出灰色
变背景的。通常情况下，三盏闪光灯全开会把
个背景纸和模型打亮。模型和纸的亮度相似，
然都是白色的（如图 213~ 图 214）。

215

5DSR 50mm 1/250 秒（f/16）ISO100

216

正确的做法是只保留一个顶光。背景纸与
源距离不同，会呈现出灰色到白色的渐变，自
就把主体凸显出来了。两侧加的白盒子是用来
侧面补光的，同时可以把白色倒影反射到车灯
（如图 215、图 216）。

217

218

开闭车门时尽量使用竹签之类不易刮坏漆面的工具。细小的划痕虽然肉眼难以分辨，但是在照片中会很明显（效果如图 217~ 图 219）。

219

3.4.2 野马跑车

这是一辆Maisto出品的野马金属跑车，比例为1/18。其表面为磨砂材质，不能套用之前保时捷911跑车的布光方式（如图220）。

220

在白背景中拍摄黑物体，如果布光不当，会显得被摄物发黑，黑到看不清细节。这时如果强行拉高曝光度，会使得照片里白色不白、黑色不黑，破坏其真实性。

打光的目的是把模型照好看，而不是照亮。所以把黑跑车照白是没有意义的，重要的是利用光线诠释出其材料的质感。就这辆野马跑车来说，不妨利用漆面上的高光渐变来化解黑与白之间的矛盾。

具体的布光过程如下：

一开始把柔光灯置于跑车上方，效果比普通的对角布光好很多，但是黑色仍然显得不够高级，有些地方依然没有光感（如图221~图223）。受到汽车摄影棚的启发，笔者把跑车用白色绘图纸包围了起来，让顶部的光线不断反射，在磨砂漆面上形成好看的高光效果（如图224~图241）。

225 拍摄前做好除尘工作

226 用白色绘图纸环绕模型一周

227 切掉壁纸过高的部分，并把缺口挡住

228 把柔光灯置于壁纸之上进行拍摄

224 商业汽车摄影棚

221 光线不足，细节不清

222 补光后，磨砂金属质感没有体现

223 增加顶光后效果还不错，但黑色仍然显得不够高级

229

常规对角布光，车身有些地方过暗，有些地方则过曝。

230

使用自制摄影棚打光，磨砂漆面的质感得到了很好的诠释。

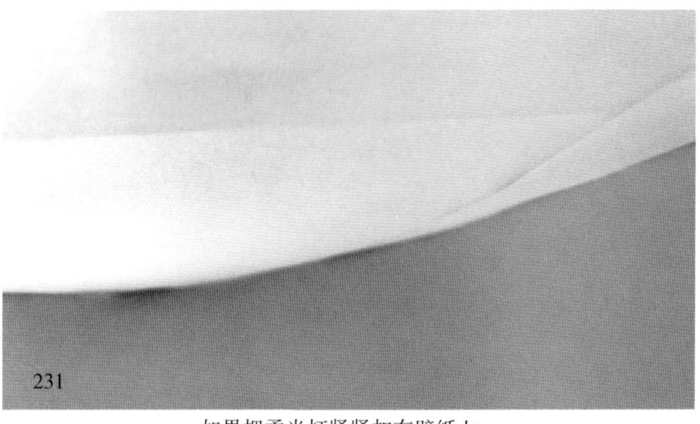

231

如果把柔光灯紧紧扣在壁纸上。

232

挡风玻璃上的高光反射会不太明显。

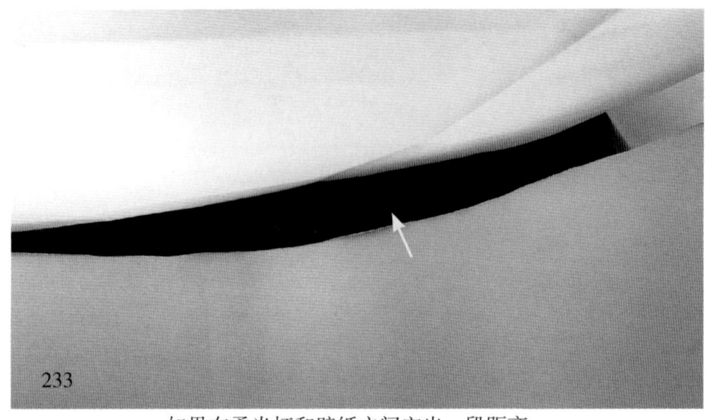

233

如果在柔光灯和壁纸之间空出一段距离。

234

挡风玻璃上出现黑色的倒影，高光反射会更明显。

235

80D 35mm 1/60 秒（f/5.6）ISO200 手持拍摄

236

80D 35mm 1/60 秒（f/5.6）ISO200 手持拍摄

237

238

239

240

241

拍汽车模型时经常会遇到这样的问题，总是没有一种布光方式能兼顾所有的细节。以顶光为例，虽然画面的稳定感得以保证，汽车引擎盖、挡风玻璃等处光感很好，但是侧面其他细节就顾及不到了。这时如果想让车灯里出现好看的反射光，就必须加灯或者反光板。每加一个灯就意味着需要更多的支架和电池，一般的模型爱好者很难做到。

那么有没有一种方法用灯少，又能兼顾到跑车的各个细节呢？答案是肯定的。

这张照片使用了光绘 + 合成技术，在同一角度用光绘拍摄 8 张布光不同的照片，后期进行合成（如图 243~ 图 250）。

每一张照片的布光都有着重要表达的部位，如轮胎上的高光、汽车的轮廓光、引擎盖上的高光以及车灯里的反光。通常情况下若想一次把这些效果都拍下来可能需要十盏灯，可是现在利用光绘，一盏灯就足够了。只需要后期在 Photoshop 中利用蒙版把它们合成在一起就可以了，具体的操作过程见本书配套视频（如图 251~ 图 254）。

242

243 244 245 246

251

252

253

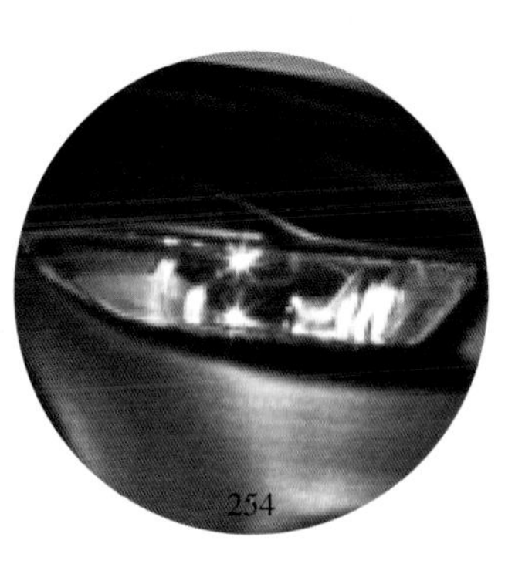
254

247

248

249

250

255 顶部布光拍摄

80D 35mm 1/30 秒（f/14）ISO20

256 光绘合成

下图虚线标识处为光绘时着重表达的区域

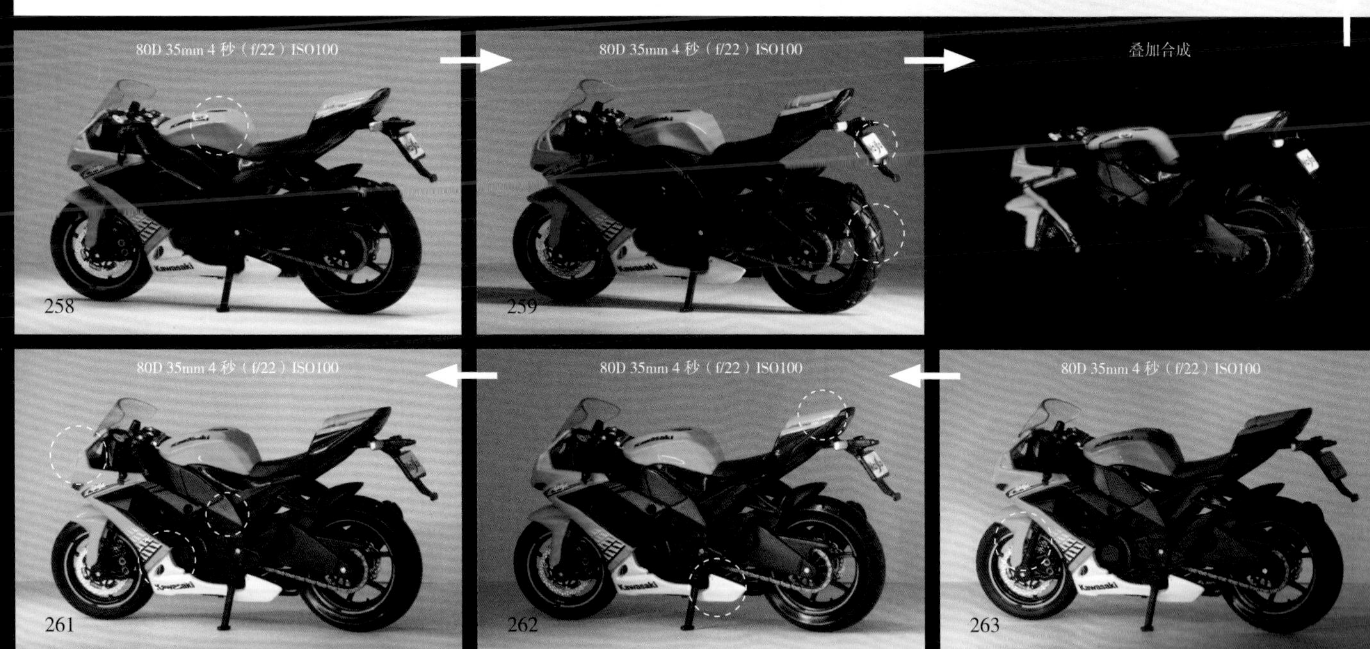

3.4.3 川崎摩托

这是一辆 Maisto 出品的川崎 ZX-12R 摩托，比例为 1：18。拍摄它时也用到了光绘 + 合成技术。由于摩托的尺寸比较小，光绘光源为手电筒（如图 255、图 256）。

对比常规布光和光绘合成的照片不难发现，后者摩托车的各个细节表现得更到位。笔者在常规布光得到的照片中，对不足之处进行了标注，其中①－③属于转角光影关系不明确，光绘时只需要换个角度打光就可以出现转角阴影了；④－⑧属于高光反射效果不明显，光绘时需要耐心寻找合适的角度，让光反射到镜头中；⑨属于过曝问题，光绘时注意不要在某一处照射过长时间即可。

经过分析后，对光绘路径进行合理规划，拍摄多张照片后期进行合成处理。由于操作比较复杂，详细操作见本书配套视频（如图 257~ 图 263）。

第 4 章

气势恢宏

109
八一

4.1 灯光特效：俄罗斯 T-90A 主战坦克

T-90 主战坦克改良自 T-72，但采用 T-80U 的火控系统。T-90A 主战坦克是俄罗斯陆军的焊接炮塔版，于 2005 年进入俄军服役，正逐步取代 T-72 主战坦克和 T-80 主战坦克成为俄罗斯陆军的中坚力量。T -90 主战坦克装备 V-92S2 引擎和 ESSA 热像仪，也称 T-90 Vladimir 或 T-90M。

该坦克主炮是 2A46M 125mm 滑膛炮，比欧美国家常用的 120mm 火力更强。NSVT 12.7mm 防空机枪是副武器，每分钟 20 发到 210 发，射程达 2km，10.5kg 重的 PKT 7.62mm 同轴机枪装在炮塔内，一次可装 250 发，而且车内另有备弹 7000 发。

T-90A 主战坦克车身同时混合了传统钢板、复合装甲、爆炸反应装甲（ERA）三种防御，炮塔装有 Kontakt-5 爆炸反应装甲以不同角度安插成蟹壳型。顶部也有 ERA 装甲防止近年流行的攻顶导弹。

还装有 Elektromashina 生产的 Shtora-1 反抗套件，此系统包含两具红外线干扰器被安装在炮塔正面，四具被动激光警报器，两具 3D6 烟幕弹发射器，全部链接到一台计算机来自动控制。Shtora-1 可以在坦克被激光定位型的武器锁定时发出警告，还会自动将炮口对准威胁来源，TShU1-7 EOCMDAS 红外线干扰器可以干扰许多反坦克武器的线性瞄准系统，烟幕弹可以即时自动发射，挡住许多激光锁定系统或光学装置（如图 1~ 图 5）。

2

3

5

4.1.1 LED 呼吸灯制作

MENG 出品的 T-90 主战坦克套件中含有红外辐射仪的 LED 发光机构，但是 T90A 套件中并没有给出，只好用电子元件自制。为了增加戏剧性效果，笔者把常规 LED 灯改造成了呼吸灯。所用电子元件都可以在网上找到，成本不到 10 元。

呼吸灯闪烁线路板连接方式如右图，电路板上安装的电阻阻值越大，闪烁周期越长。使用电源为 3V 的纽扣电池，灯为 3.5mmx3.5mm 的 LED 红色强光灯珠，额定功率为 3W，放入红外辐射仪零件中，尺寸正合适（如图 6）。

Shtora-1 光电干扰系统安装在 T-90 主战坦克上时，完整的系统包括炮塔前部的两台 OTShU-1-7 红外辐射仪、炮塔两边的两台 OTShU-1-7 调节器、炮塔两侧的 3D17 烟幕发射器、炮塔前顶部两台 DT.TShU-1M 高精度激光传感器、炮塔后部和侧面三台 DG.TShU-1M 激光传感器及车内的控制机构。

控制系统可以根据危险源的情况，自动释放烟幕干扰，距离从 75 米至 90 米，高度大约 15 米至 20 米，保证覆盖车辆。对于激光红外复合制导的反坦克导弹，可使用 OTShU-1-7 红外辐射仪对准危险源，通过发送经调制的强红外辐射脉冲，以破坏和降低红外导引头截获目标的能力，或者是破坏其观测系统，并破坏其跟踪状态（如图 7~ 图 12）。

阻值	390K	550K	680K	1M	2M
周期	2.0S	2.6S	3.5S	5.0S	5.8S

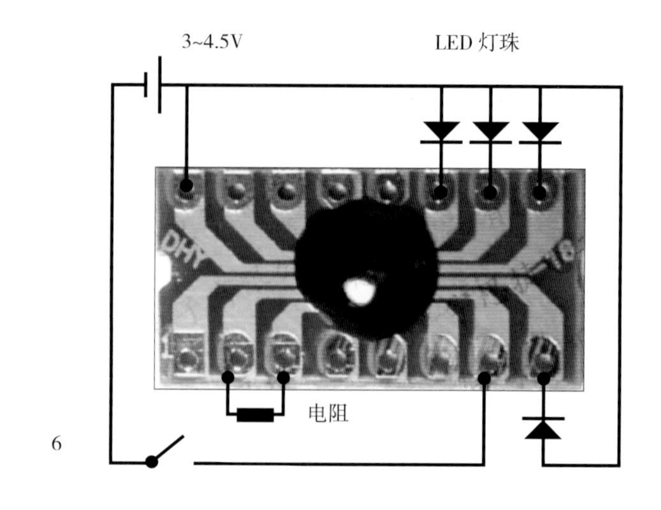

6

危险源方位显示面板

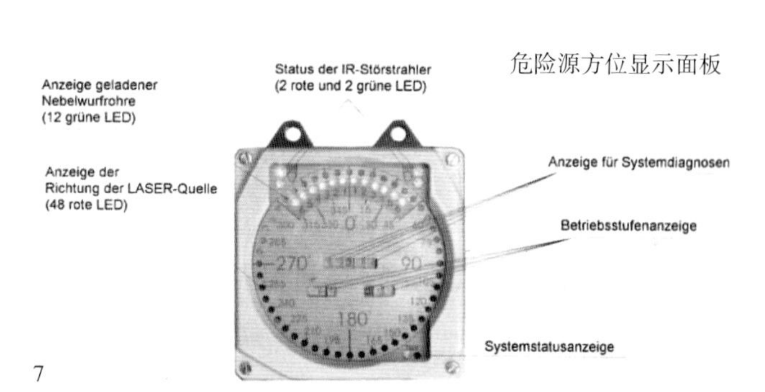

7

8 红外辐射仪

9 DT.TShU-1M 高精度激光传感器

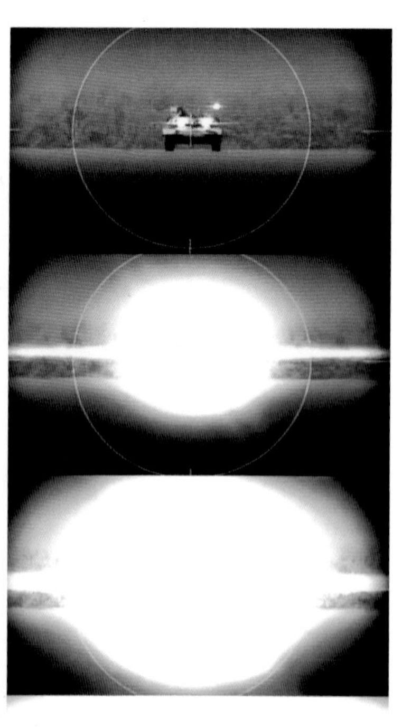

10 红外辐射仪开启效果

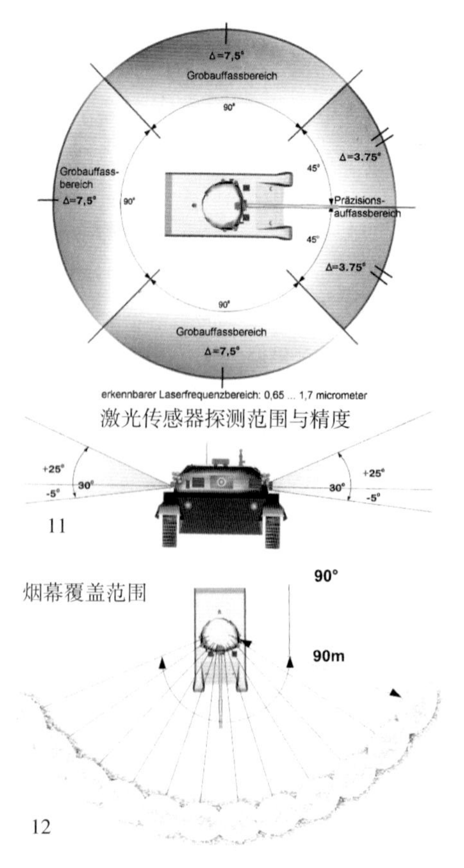

12

13

14

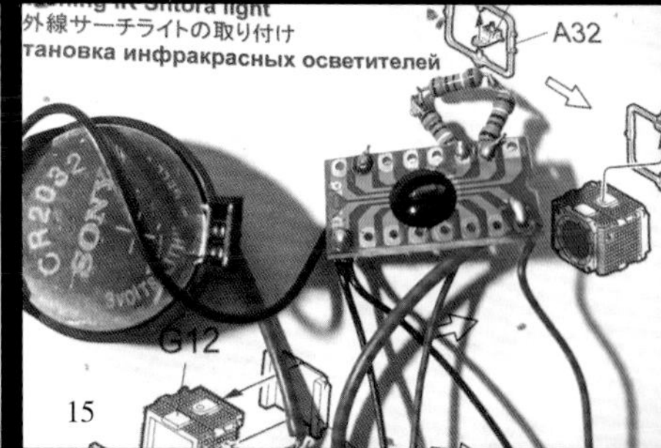

15

按照电路图把电子元件焊接到位，之后把 LED 灯珠放入红外辐射仪中并固定，让灯对准塑料孔。LED 灯珠焊接比较考验手艺，其尺寸非常小，加热过久就会融化损毁。正确的做法是先在导线端部镀上一层焊锡，用电烙铁将其加热熔化后迅速贴到灯珠金属接口上，锡会立即冷却凝固将二者焊在一起。

16

17

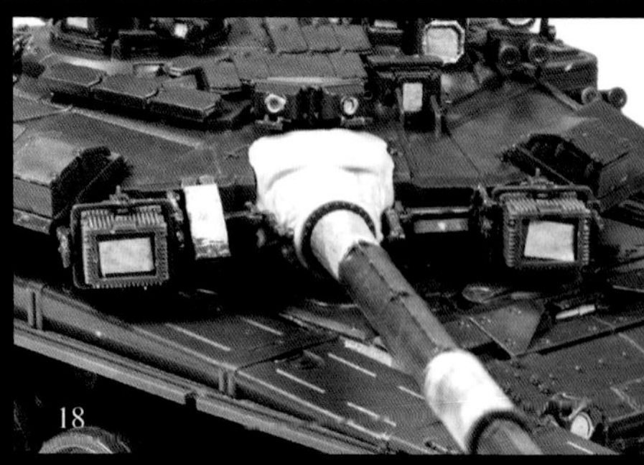

18

在炮塔前方开洞，让电线穿过装甲，把电路塞入炮塔中。为了不让油漆弄脏 LED，涂装前要用遮盖纸对红外辐射仪进行遮盖（如图 13~ 图 18）。

19

20

用黑色珐琅漆把红外辐射仪透明件喷涂成透明黑色。这样可以降低 LED 的亮度，防止拍照时过曝（如图 19~ 图 22）。

关闭状态

21

22

半亮状态

全亮状态

4.1.2 模型制作过程记录

在模型制作过程中，随手拍下过程照片是个很好的习惯。过程照片记录最重要的是拍照方便不耽误操作，画质相对次要。可以把手机放到稳定的金属支架或摇臂上，通过录像再截图的方式获得连续动作（如图 23 ~ 图 26）。

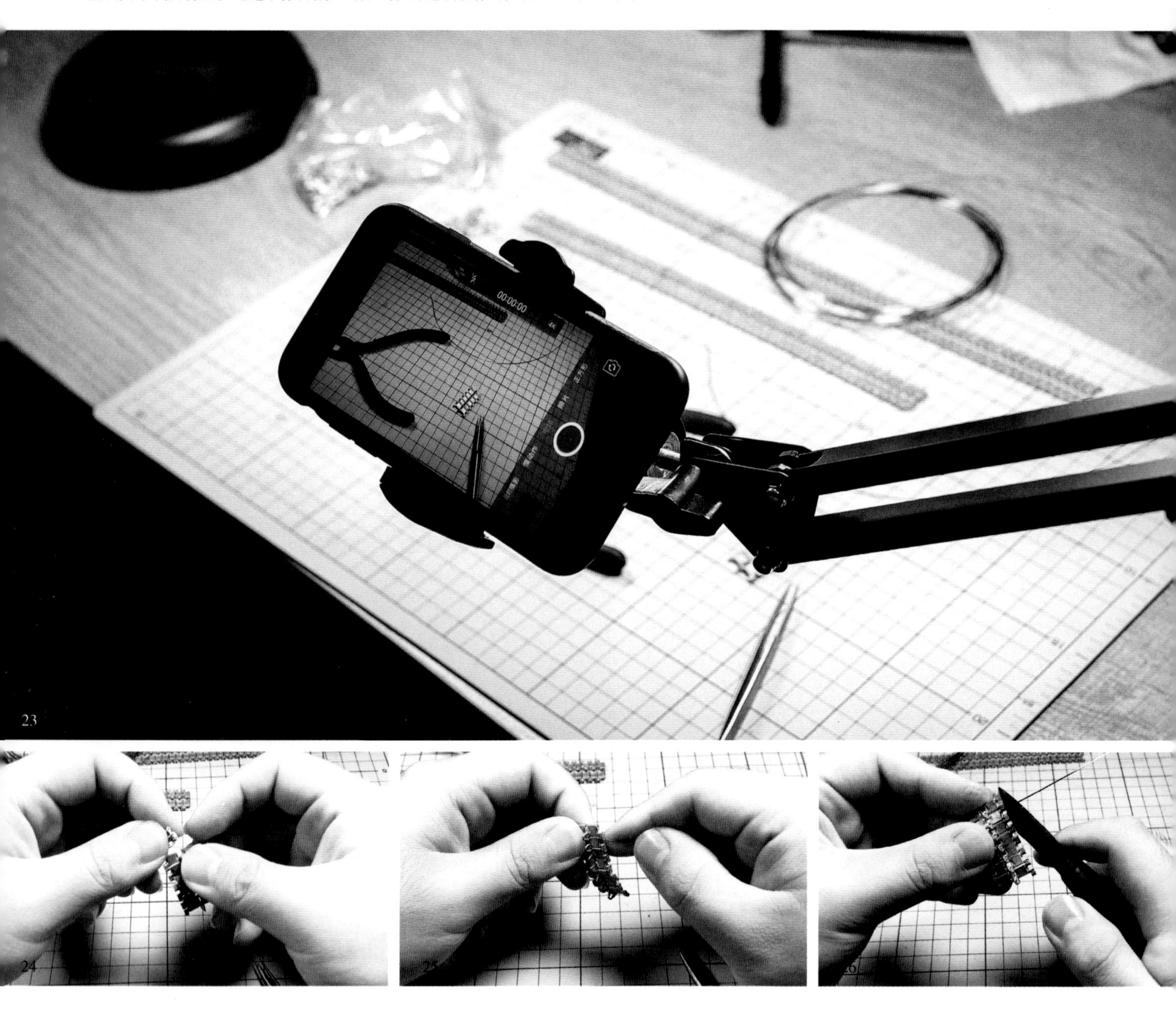

23 24 25 26

优点：目前大部分旗舰机型都开始支持 4k 视频录制了，也就是说可以从视频中获得 4000 像素宽的截图，即使画面经过裁剪，图片的分辨率也足够用。而且拍摄视频可以解放制作者的双手，自由度相对较高。

缺点：4k 视频会产生巨大的文件，几分钟的视频通常就有几个 GB 大，后期时会给计算机硬盘和处理器带来巨大压力。即便如此，视频截图的画质也远远比不上手机拍照的画质。后者记录的信息更多，有更大的后期调整空间。

对于一些比较重要的节点，最好还是使用手机拍照功能进行记录。

弱光环境下拍照是最有损画质的。绝大多数用户的使用习惯是手持相机进行拍照，为了防止“手抖”让照片糊掉，厂商想出了很多应对策略。比如加入防抖功能，减弱抖动带来的影响。采用更大光圈的镜头，增大进光量，以缩短快门时间。即便如此，在光线不足的时候，还是需要提高感光度（ISO）来保证快门速度。高感光度意味着噪点增多，为了弥补这一问题，手机会对照片进行降噪处理。于是照片会出现涂抹感、清晰度差、画质下降等毛病。

因此笔者平时使用两盏 45w 的 LED 柔光灯作为工作光源。相比之下，常见的 LED 台灯功率只有 10w 左右，显然用后者拍照，照片质量不如前者。手机拍照的具体操作细节如下（如图 27~ 图 39）：

27

28

对于普通物体，在制作过程中可以利用台灯双侧布光。

气吹和美术橡皮泥可以用来清除模型表面的灰尘。

31

32

33

手机拍摄需要充足的光线，一般在左右布置。

使用系统相机直接拍摄，画面会比较暗。

对焦后手动调整曝光，背景恰好变成白色为宜。

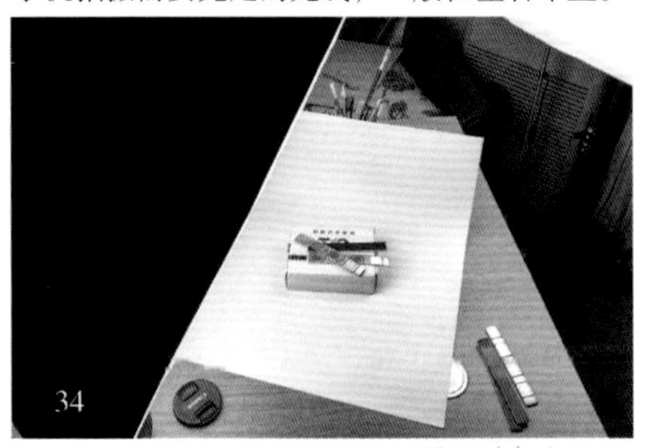

34

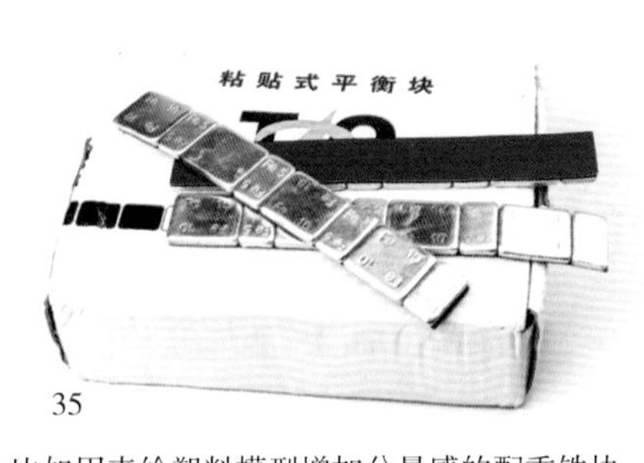

35

36

如果拍摄一些有反射的物体，可以对角布光。

比如用来给塑料模型增加分量感的配重铁块，用对角布光的方式拍摄，金属质感会更加到位。

37

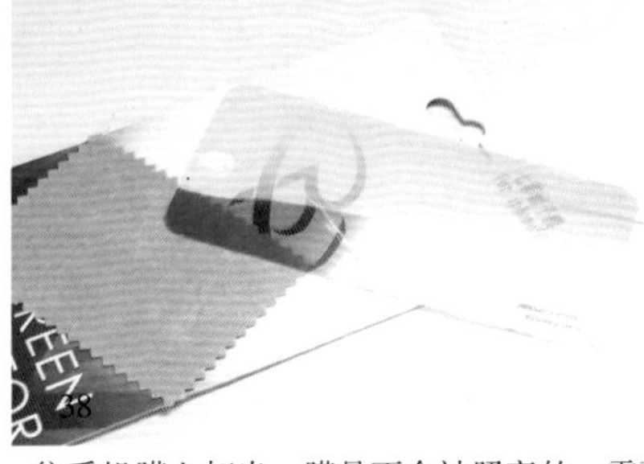

38

还有一些强烈反光的物体，拍摄方法比较特殊，往手机膜上打光，膜是不会被照亮的。需要移动主光源，让膜反射的光线恰好照入镜头中。

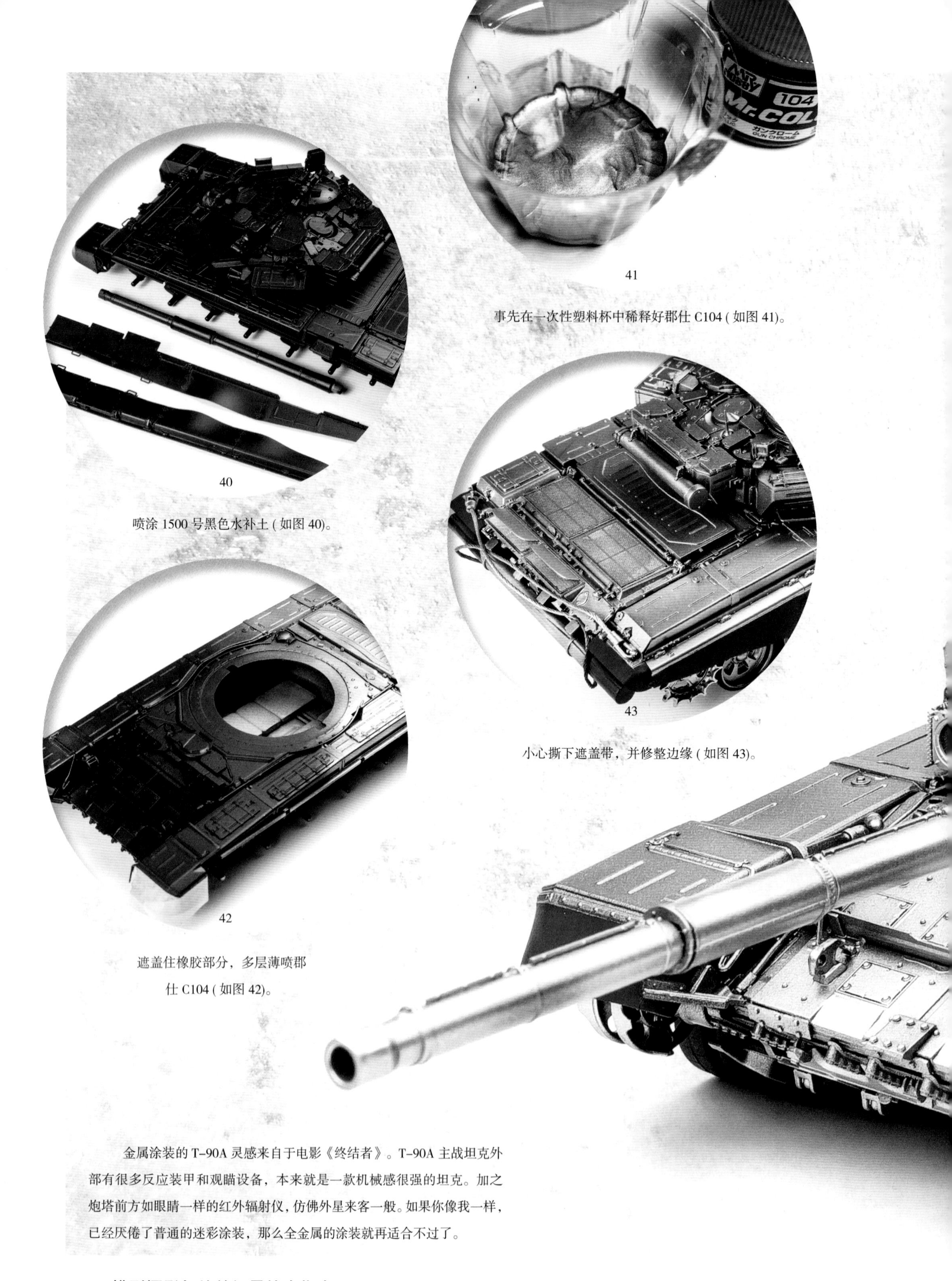

41

事先在一次性塑料杯中稀释好郡仕 C104 (如图 41)。

40

喷涂 1500 号黑色水补土 (如图 40)。

43

小心撕下遮盖带，并修整边缘 (如图 43)。

42

遮盖住橡胶部分，多层薄喷郡仕 C104 (如图 42)。

金属涂装的 T-90A 灵感来自于电影《终结者》。T-90A 主战坦克外部有很多反应装甲和观瞄设备，本来就是一款机械感很强的坦克。加之炮塔前方如眼睛一样的红外辐射仪，仿佛外星来客一般。如果你像我一样，已经厌倦了普通的迷彩涂装，那么全金属的涂装就再适合不过了。

44

45

46

T-90A 主战坦克金属涂装

和之前拍摄有反光的物体一样，直接给金属涂装的模型打光是不能将其完全照亮的。需要把光源对角布置：先在前侧布光打亮整个环境，然后在后侧布光，寻找最佳角度，让其光线通过漆面反射入镜头中（如图 44~ 图 46）。

金属色覆盖力强，喷涂起来相对容易。气压需要稍大一些，1.5~2bar 为宜，喷枪最好使用 0.3mm 或以上的，这样雾化效果更好，漆面更均匀。有些金属漆是出厂就稀释好的，有些需要制作者自己稀释。可略微多加一点点稀释剂，多层薄喷效果更佳。

POCAБPO
47

48

49

50

51

52

现代坦克观瞄设备上都有镀膜，一开始笔者用银色打底、薄涂蓝色透明珐琅漆的常规手法进行表现，但是效果不佳。既然蓝色与银色不搭，于是改用了手机彩虹贴膜，剪裁好后用啫喱胶固定。

这种膜在不反光时是蓝色的，与实车照片颜色一致。反光时为金色，金银相配露出一丝邪恶的气息，与 T-90A 主战坦克的气质非常协调（如图 47~ 图 57）。

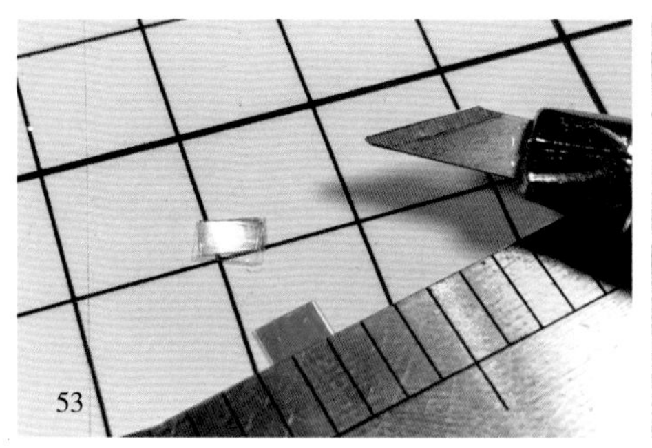

53

54

55

56

57

4.1.3 完成照快速拍摄

一般来说，刚刚完成不久的模型处于最佳状态。因为如果裸露放置时间过长，空气中的尘埃和污染物会破坏漆面，紫外线照射也会让漆面褪色。另外，要是有展出任务的话，零件损毁的概率也会大大增加。所以模型做完后，要尽快拍摄定妆照。此照片非常重要，是模型最佳状态的最佳记录，丝毫不得马虎。下面就以 T-90A 主战坦克拍摄流程为例：

①防尘：在完成制作后迅速打扫战场，把桌面用水彻底擦干净。拍摄过程中不要抖动衣服布料等灰尘和绒毛多的东西，因为粉尘碎屑不但难看，还有可能损伤镜头镀膜。有些人拍照时，模型表面、背景纸上总有脏东西，而且越擦越脏，基本都是不当的防尘习惯导致的。

②背景：一般来说白色或黑色背景纸最适合拍照存档，而且也便于后期抠图。背景纸不用太大，刚刚充满镜头即可。对于 1/35 比例的坦克来说，A2 的绘图纸就可以胜任了。

③布光：经过多次试验后发现，两侧布光和对角光都不太适合这辆 T-90A 主战坦克，总是会显得漆面发黑、阴影杂乱。 相比之下，顶光更为合适（如图 58~ 图 61）。

光源面积越大，柔光效果越好。光源面积越小，柔光效果越差。当光源距离物体无限远时，就会像太阳光那样照出很硬的阴影。因此把光源从上方尽量压近模型，让它成为一个面积巨大的柔光灯。这样做有两个好处：

其一，模型表面的阴影非常柔和，而锐利杂乱的阴影会损害金属的渐变质感。

其二，光源足够近、面积足够大，让每个金属面都有机会反射到，从而产生漂亮的渐变。

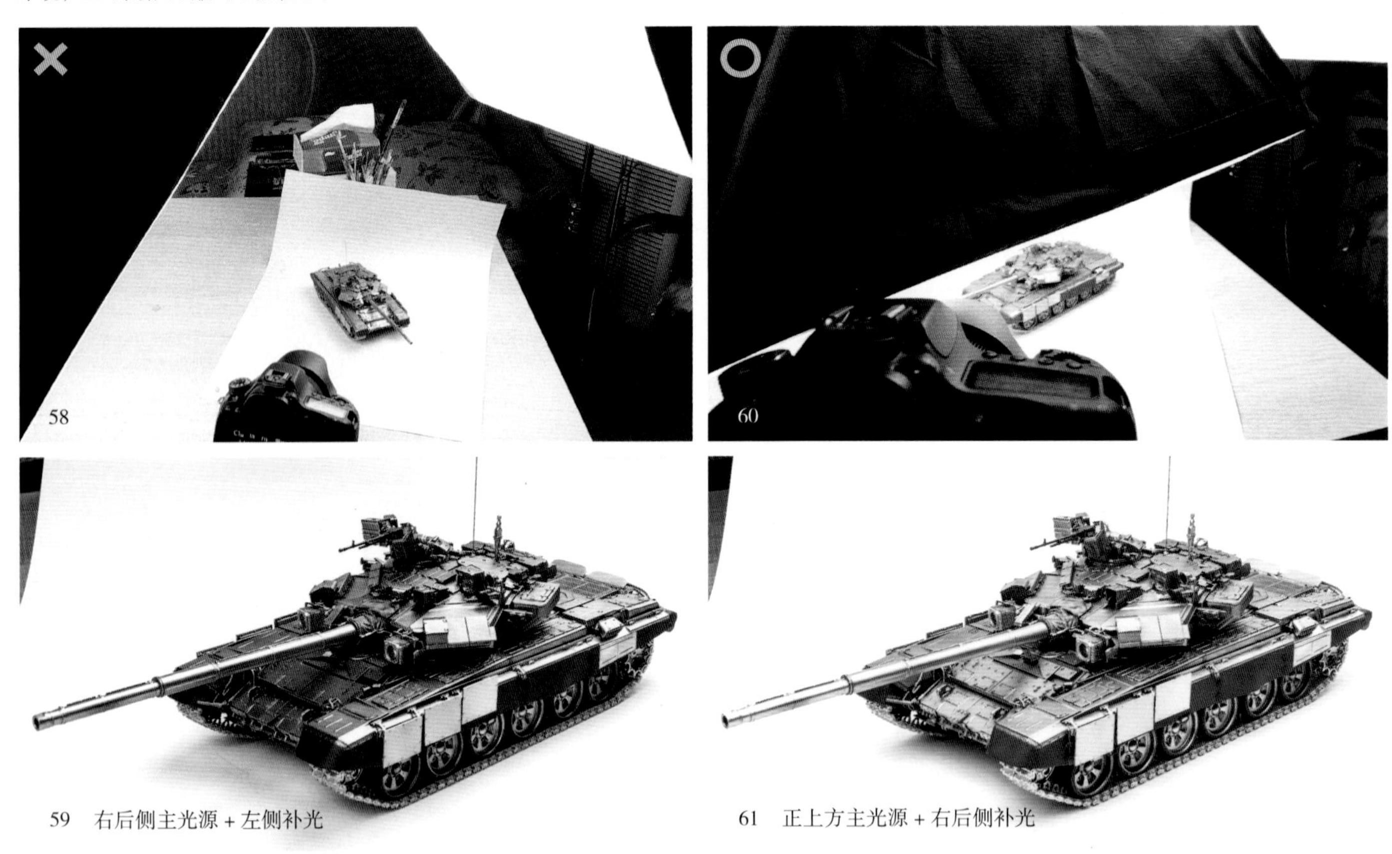

59 右后侧主光源 + 左侧补光

61 正上方主光源 + 右后侧补光

④设备：佳能 EOS 80D 机身 +35mm F2 定焦镜头 + 三脚架

⑤参数：光圈 f/16 快门 1/8 秒 ISO200

拍摄模式为手动挡，自动对焦，延迟 2 秒拍摄，关闭镜头防抖功能。

虽然使用了三脚架，可以防止相机抖动。但是这次的光源是手持的，并没有用支架固定。为了防止光源晃动产生的不良效果，略微调高了感光度，使快门时间缩短（如图 62）。

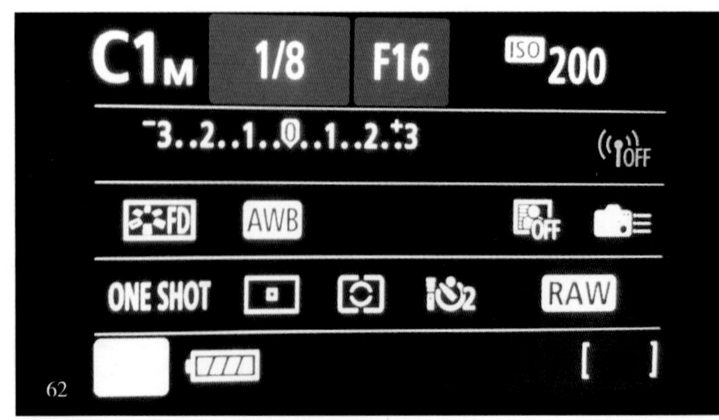

T-90A 主战坦克各角度效果如图 63~ 图 75。

63

80D 35mm 1/8 秒（f/16）ISO200

64

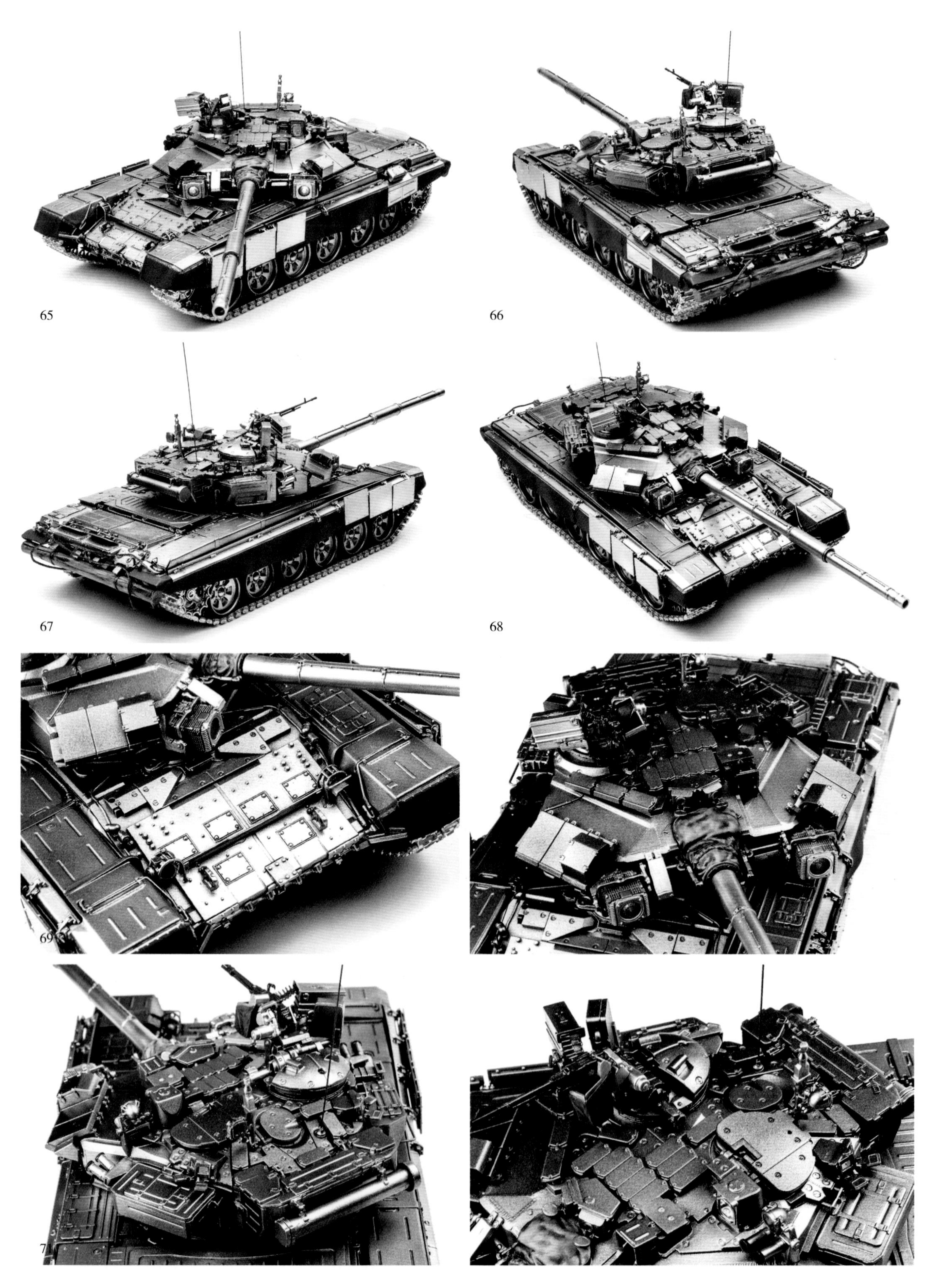
65
66
67
68
69

80D 35mm 1/8 秒（f/16）ISO200

73

80D 35mm 1/50 秒（f/14）ISO800

74

75

4.2 光影特效：中国 59 式中型坦克

59 式中型坦克是中国国产第一代主战坦克。中华人民共和国在 1956 年获得苏联 T-54A 坦克技术资料后，在苏联援助下进行仿制生产，通过技术引进，实现坦克国产化，初步建立起中国自己的坦克工业体系。59 式中型坦克及其改进型生产了超过 1 万辆，中国人民解放军装备过的数量在 6000 辆以上。

车体为轧制装甲钢焊接结构。车体前装甲厚约 100mm，车体侧装甲厚 80mm。驾驶舱在车体左前侧，其右车体空间为弹药架及燃料箱，车首上装有挡水板。驾驶舱后方的战斗舱位于坦克中部，安装有半蛋壳形铸造炮塔，为不等厚截面的铸造件，前装甲厚约 220mm，炮塔顶用 2 块装甲钢板对焊在一起。

安装 100mm 线膛坦克炮是仿制 D-10 型坦克炮，此炮身管为 53.5 倍径，前端装有抽烟装置。发射穿甲弹的直射距离为 1070m，发射破甲弹的直射距离为 1000m。火炮装有液压式高低向稳定器。车顶配 1 挺 12.7mm 高平两用机枪，备弹 500 发，1 挺 7.62mm 同轴并列机枪，以及 1 挺 7.62mm 航向机枪，备弹 3000 发。

发动机为 12150L 型 12 缸 V 型水冷四冲程直喷式柴油机，额定功率为 520 马力，额定转速 2000 转 / 分。传动装置和操纵装置为机械式，采用直齿轮式传动箱，摩擦式离合器，固定轴式变速箱。行动部分采用扭杆式独立悬挂装置，车体每侧有 5 个双轮缘大直径负重轮，诱导轮在前，主动轮在后，并带有单销式金属履带（如图 76~ 图 82）。

76 77 78 79 80 81 82

83

80D 35mm 1/4 秒（f/16）ISO100

84

80D 35mm 1/4 秒（f/16）ISO100

85

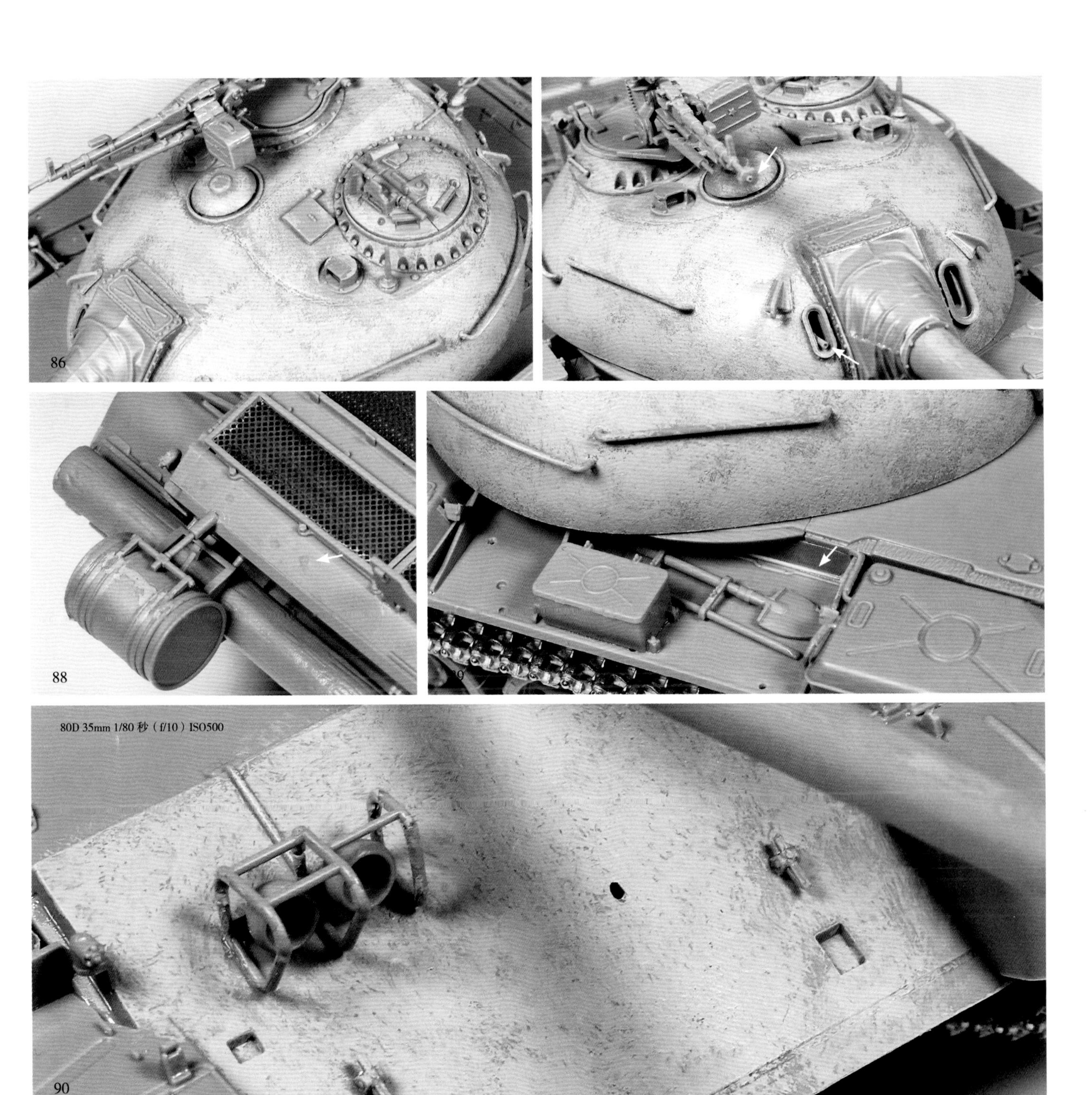

4.2.1 组装与改造

这辆坦克使用三花出品的59、69式坦克二合一套件，国内目前已经断货了。三花的细节不错，笔者仅进行了一些小改动：三花的底盘悬挂有些偏低，笔者进行了加高。把位置过高的诱导轮降低，防止卡履带，用笔刀钻出了机枪孔，用ab补土填缝，还用牙膏补土加强铸造感，并按照说明书用胶棒在右侧车体增加了一条管线（如图83~图90）。

履带部分笔者抛弃了套材中的拼接履带，改用创奇出品的金属履带。这款履带配有双侧销钉，细节和组合度都非常好（如图91）。

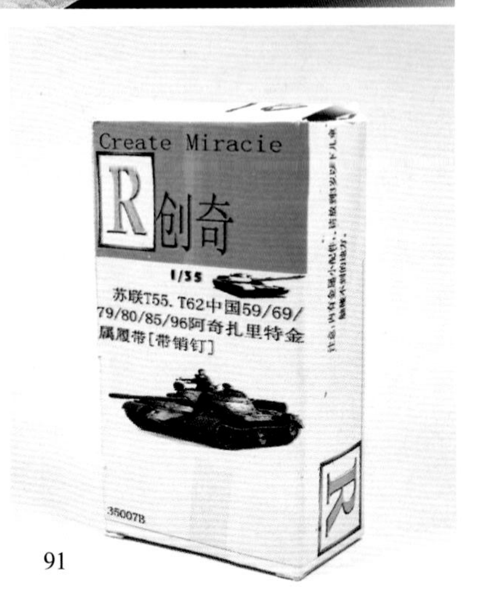

91

4.2.2 CM 技法解析

有个问题一直困扰大家，那就是在摄影棚里很好看的模型，拿到别的地方可能就不好看了。特别是在光照情况较差的展会或者自家客厅，费尽心血制作的模型在杂乱的灯光下黯然失色。

问题 1：为什么我的模型不好看？

可能是欣赏的方法不对。真实世界与模型世界的比例不同，假如把一个 1/35 比例的模型放在普通房间的桌子上，欣赏模型时会出现两个不自然之处：

其一，按照正常人的欣赏视角，如果一个成年男子视高 1.7 米，桌子高 0.8 米，放大 35倍后就变成了站在十层楼的窗口俯视模型。这与真实世界中人对坦克的认知也相差很远（如图 92）。

其二，如果把屋顶的光源按照 1/35 比例放大，普通的灯管会有几十米长。这样的灯可能有好几个，而且置于 70 米的高空中。这在真实世界中肯定是不可能的，常见的太阳光和人造光都不会如此。所以这种灯的光效无疑是不和谐的（如图 93）。

问题 2：那我的模型还有救吗？

没有，不好看的模型怎么都不好看。然而有一种方法可以缓解这个问题，那就是近年流行的 CM 技法（Color Modulation 中文也称色调调节技法）。使用 CM 技法时通常事先假定一个光源，通过涂装等方法把高光与阴影直接涂装到模型上。自带光影关系的模型不受灯光条件的影响，其立体感更强，更夺人眼球。不过简单模仿不能得到 CM 技法的精髓，这一切还是要从光影开始讲起。

92

93

94

95

问题 3：适合模型的光影效果是什么样的呢？

从很多艺术作品还有商业广告的布光中受到启发，面状光源从顶部打亮模型，画面稳定感最强，也最便于涂装操作。笔者用 Vray 渲染了一张 59 式坦克的黑白图片，以便于观察光影的分布。光源为一盏悬浮于空中的面灯，面积略微比坦克小一些。像舞台上的聚光灯一样，把坦克从漆黑的背景中烘托出来。眯起眼睛粗略观察不难发现，坦克炮塔顶部最亮，越往下越暗（也可以说越接近光源越亮）（如图 94、图 95）。

假设光源来自物体正上方偏左，通过分解法可知，物体顶面受到的光照最多，因此最亮。左面稍暗，右面更暗，底面最暗（如图 96)）。

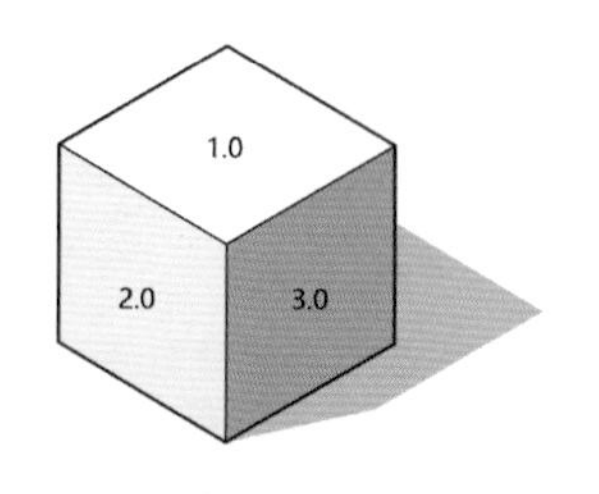

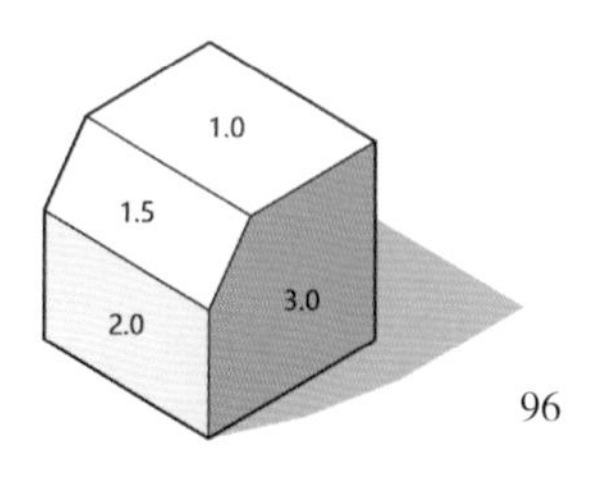

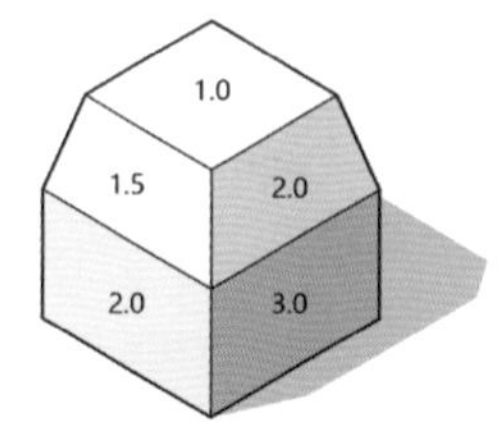

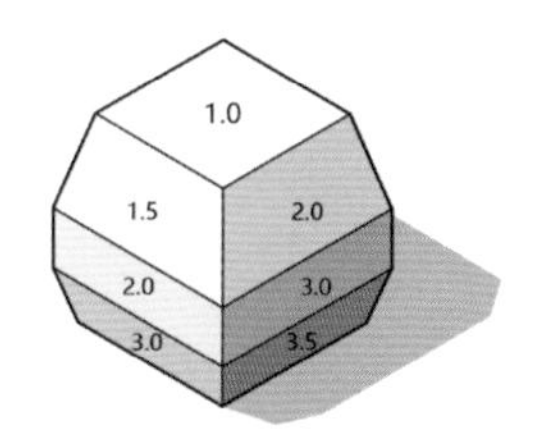

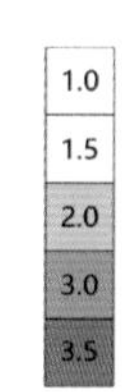

96

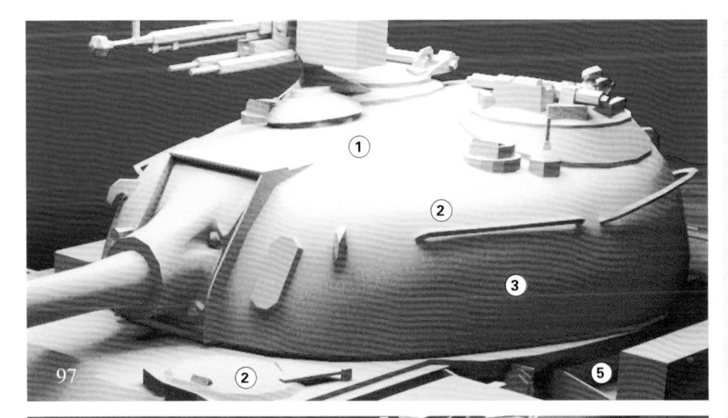

97

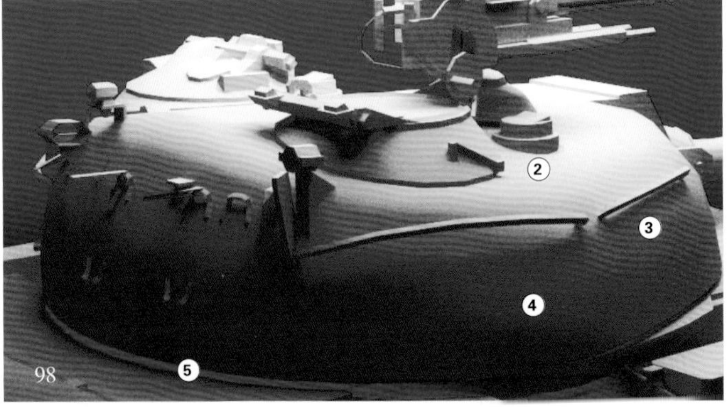

98

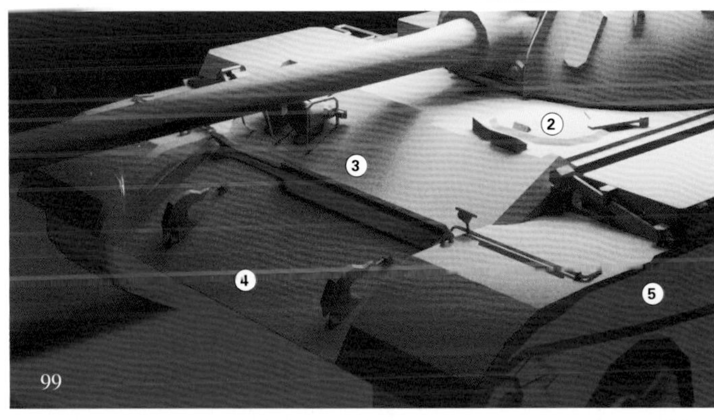

99

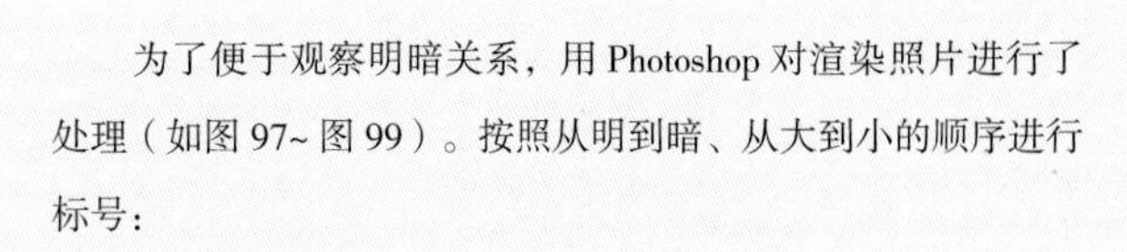

为了便于观察明暗关系，用 Photoshop 对渲染照片进行了处理（如图 97~ 图 99）。按照从明到暗、从大到小的顺序进行标号：

①图中白色部分最亮，出现在炮塔顶部。

②黄色部分次亮，出现在炮塔上部区域，以及车体上表面。

③橙色部分又次之，出现在炮塔侧面、首上装甲上部。

④红色较暗，出现在炮塔侧后面、首上装甲下部。

⑤紫色部分最暗，为阴影遮挡区域。

至此完成了对顶部布光的坦克明暗关系的梳理，为喷涂工作提供了参考。接下来笔者会对高光阴影的成因做简要分析，这样在没有渲染图的情况下，也能区分出明暗面来，一共分成四步。

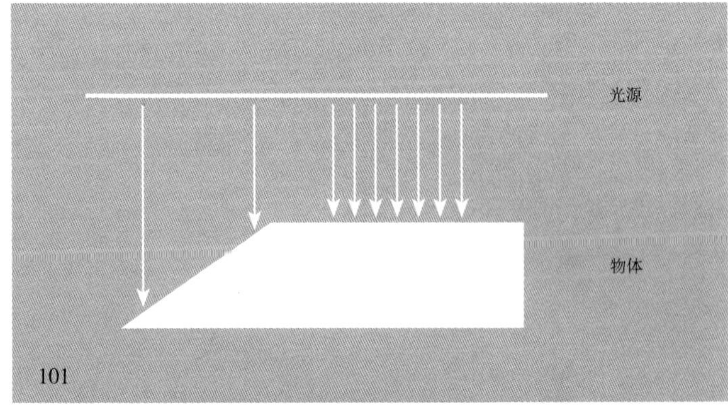

101

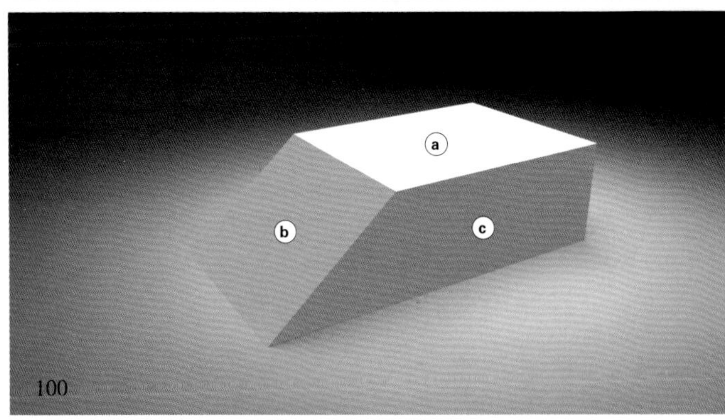

100

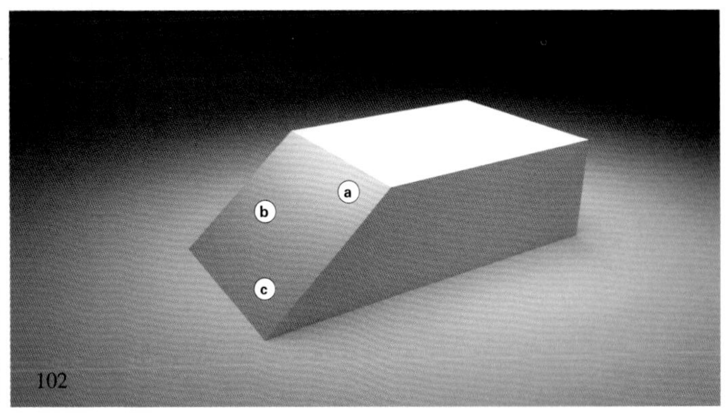

102

第一步，区分整体明暗关系。依然以顶部布光为例。一般来说，在不考虑环境光的情况下，被光直接照射的区域亮度最高。如果光线成一定角度照射到物体表面上，入射角越大，表面越暗。如果物体表面与光线平行，那么它会更暗。如果物体表面背对光源，那么就处于阴影中了。以光线的入射角为线索，可以快速区分出一个形状复杂物体各个面的明暗关系（如图 100）。

第二步，单独对某个面的明暗过渡进行分析。以斜面为例，由于光在传播过程中会逐渐向四周扩散和衰减，距离光源越远，光线越弱。因此坦克首上倾斜装甲，通常上部比下部要亮些（如图 101、图 102）。

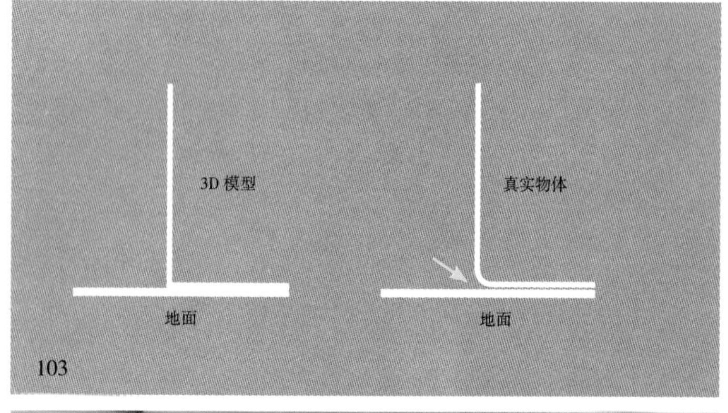

103

104

第三步，增强转角阴影。渲染器中有 Ambient Occlusion 选项，即“环境光遮蔽”。开启这个效果后，物体转角处就会出现一道阴影。这是一种人工算法，本来是用来缓解建模缺陷问题的，但确实可以增强渲染模型的视觉效果。

3D 模型在建模时，几何物体的边缘都无比锐利。如果把物体放在地面上，地面无限光滑，物体转角又无限锐利，渲染时物体会与地面连在一起。显然真实世界不是这样的，很多物体的边缘都是圆滑的，地面微小的落差也会让物体与地面之间产生缝隙，看起来会有一条细细的阴影。

为了弥补 3D 建模的不足，渲染器会在这种转角处增添一道阴影线，模拟出真实世界的样子。增加转角阴影后，模型立体感会更强（如图 103~ 图 106）。

105

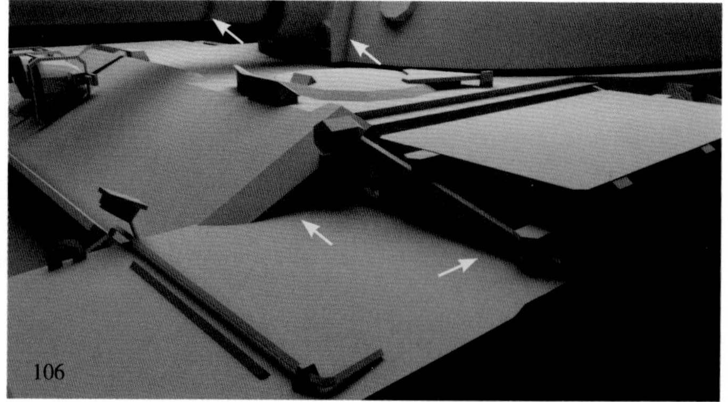
106

环境光遮蔽算法背后其实是有严谨的物理学原理的。凹陷的缝隙会产生阴影，这是显而易见的，其实只要是转折面就会出现阴影。在分析图中列举了三个物体的横截面，其中左侧两个物体为直角转角，右侧物体为锐角阴角。

绘制出辅助线后不难发现，A 点可接受的环境光照范围最大。B 点比 A 点更靠近转角处，可接受的光照范围略小。显然，B 点会比 A 点稍暗一些，所以在转角处，越靠近转折线，阴影越强。而 C 点可接受的光照范围更小，故转角越强烈，转角阴影越强（如图 107）。

在模型中，人为喷涂出这种转角阴影，可以增强模型的立体感，其实就是常说的预置阴影、细线阴影之类的技法。转角阴影的渲染通道已给出，可作为预制阴影的参考（如图 108）。

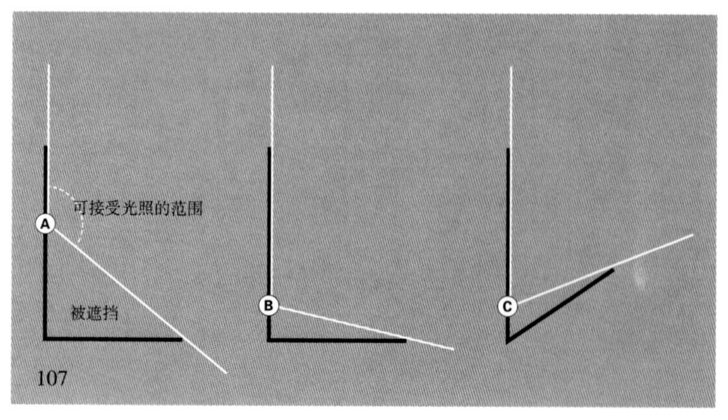

107

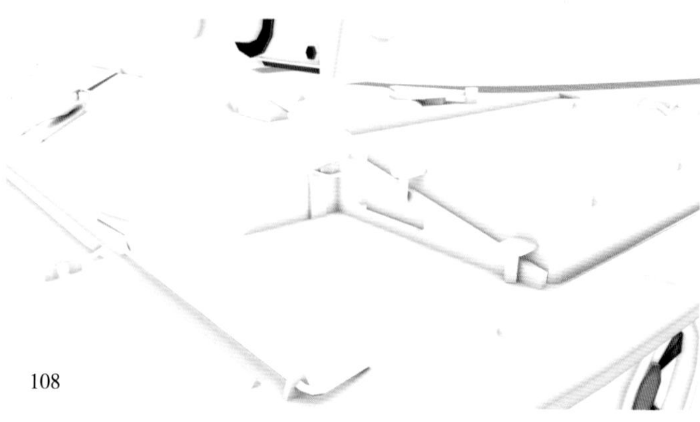
108

109

110

111

第四步，增强高光细节。在素描中经常会提到，越小的影子越黑，越小的高光点越亮。这种口诀其实也是有现实依据的。

观察真实照片不难发现，同样的颜色，一些小的面反而更亮。这是由于在某些情况下，这些凸出的物体的受光面与光源的夹角更小，相比背景可以反射更多的光线，因此它们显得更亮些。在模型上为了凸出这些细节，需要人为涂上高光加以强调（如图 109）。

至此，高光与阴影的分析就完成了。在没有真实照片或渲染图作为参考的情况下，凭借以上四步也可以得到准确的光影关系。最后再来回顾一下顶部布光时，59 式坦克的渲染图（如图 110~图 111）。

4.2.3 CM 技法实操

之前已经对模型的光影分布有了全面认识，现在要讲解如何通过喷涂技巧把它落实到模型上（如图 112）。

112

80D 35mm 1/4 秒（f/16）ISO100

113

涂装前需要给模型整体喷涂一层补土，这样不但可以增强漆面的附着力，还可以统一底色（如图 113）。接下来用深色田宫水性漆预制了一些阴影，有以下几点需要注意：

* 避免使用纯黑色作为阴影，那样会拉低上层漆面的饱和度，使模型显得呆板。通常深褐色更为合适（如图 114）。

* 经过之前的光影分析，我们知道预制的阴影需要出现在距离光源相对远的位置，即装甲靠近下部的地方。接缝处、转角处由于自身对环境光的遮挡，也会出现阴影（如图 115）。

* 喷涂阴影最好选用 0.2mm 的喷笔，这样更有利于细节的表现。喷细线的时候稀释剂比例可以略微大一些，气压为 1.5bar 左右。喷涂动作要行云流水干净利落，如果在一处停留过久，漆料来不及干燥会出现堆积（如图 116 ~ 图 121）。

* 上层漆面如果比较薄，可以隐约透出底层预制阴影的颜色，但是太厚就看不到了。不过不用太担心这一点，因为像画油画前要起铅笔稿一样，预制阴影的另一个目的就是为接下来的喷涂工作提供参照。

114

115 116 117 118 119 120 121

基础色

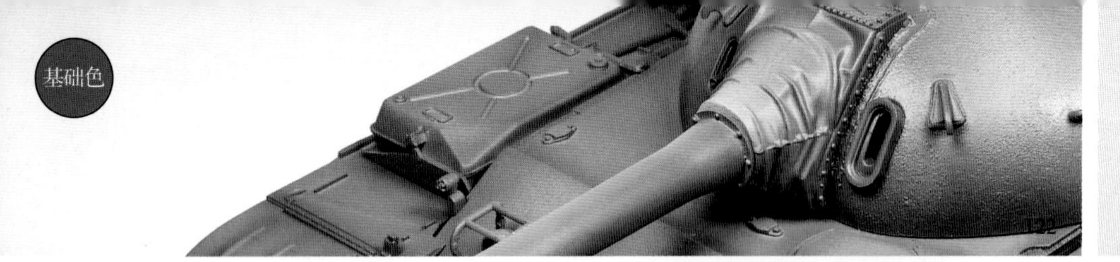
122

使用微客中国陆军橄榄绿（MA290）作为基础色。

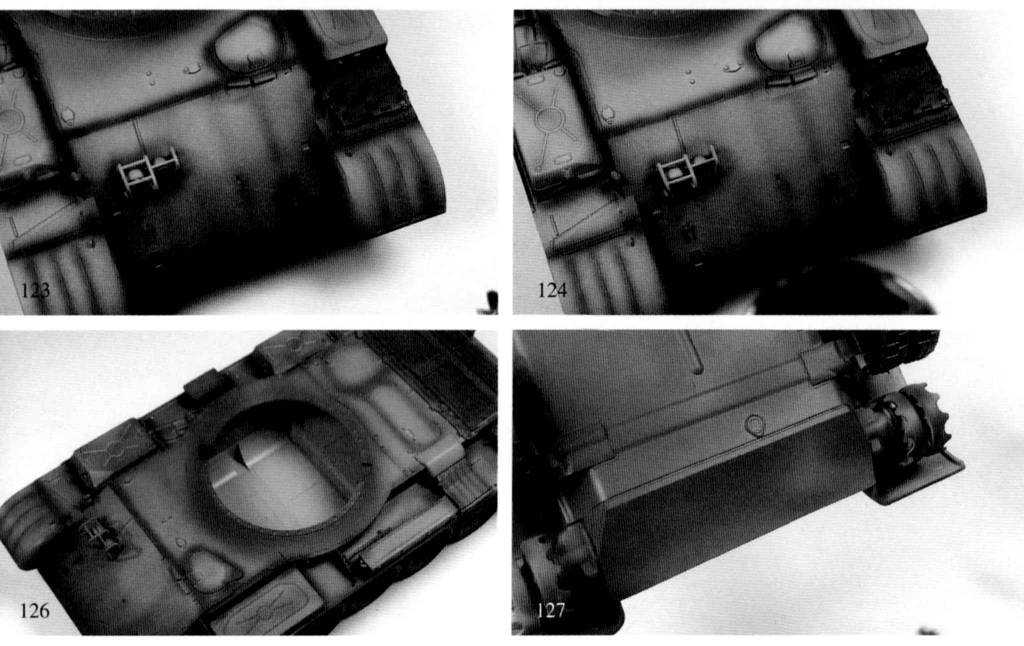
123 124 126 127

125

128

129

在预制阴影的基础上，薄喷多层基础色。这步操作比较简单，但是注意不要喷得过厚，那样会把阴影遮挡住，淡淡地笼罩一层基础色即可。注意不要有遗漏喷涂之处。

案例中使用的是 0.2mm 的郡仕 PS270 喷笔，大面扫喷和细节喷涂都能兼顾（如图 122~ 图 130）。

130

131

把中国陆军橄榄绿（MA290）、白色（MA002）、中国陆军黄绿色（MA293）按所示比例混合，制成高光1。

132

133

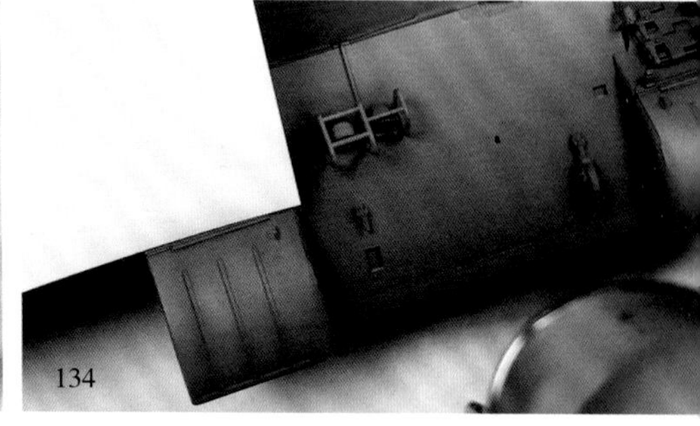

134

135

136

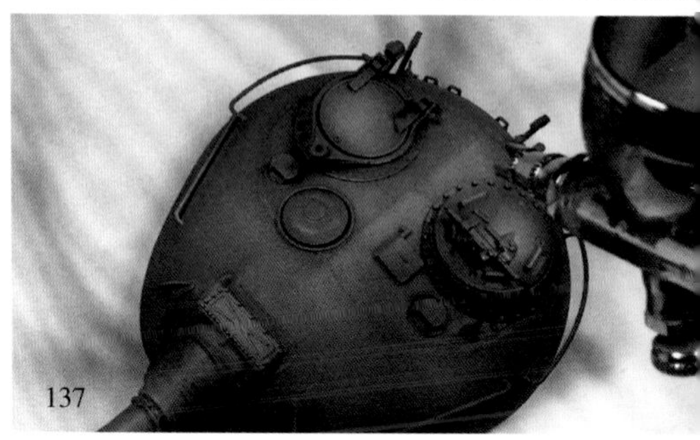

137

138

喷涂高光需要借助一张硬卡纸或薄塑料片，以喷涂出硬边效果。一定不要用软纸或复印纸，其吸水后会褶皱变形，不利于遮盖。

用卡纸遮住首上装甲上缘，从上至下喷出高光褪晕效果。注意要先喷到卡纸上，再把喷口缓慢移动到模型表面，防止出漆瞬间飞溅出的漆点弄脏漆面。

遵照此法对所有高光面进行喷涂，一些舱盖的中心部分也可以适当添加一些高光（如图131~图139）。

139

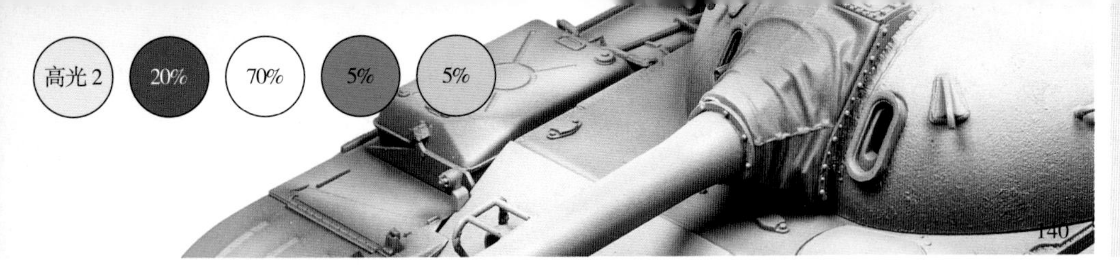

把中国陆军橄榄绿（MA290）、白色（MA002）、中国陆军黄绿色（MA293）、黄色（MA008）按所示比例混合，制成高光 2。

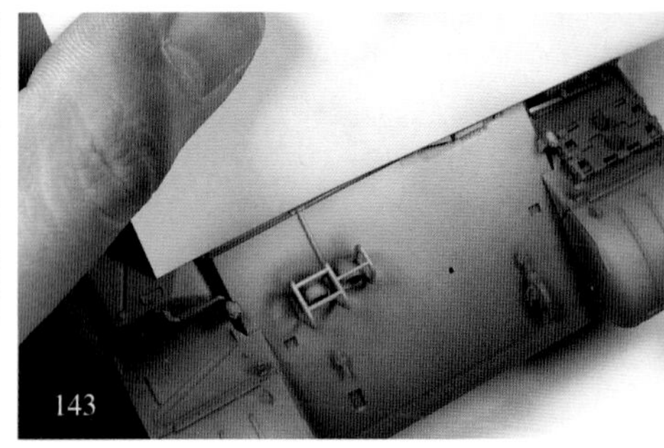

高光 2 比高光 1 更亮，同时还加入了少量黄色，增加了色彩过渡层次。

高光 2 的喷涂区域与高光 1 类似，不过范围有所收缩，更贴近模型最亮的部位。

这两层高光色喷涂时都要注意，不能把基础色和阴影覆盖掉，要有所避让（如图 140~ 图 148）。

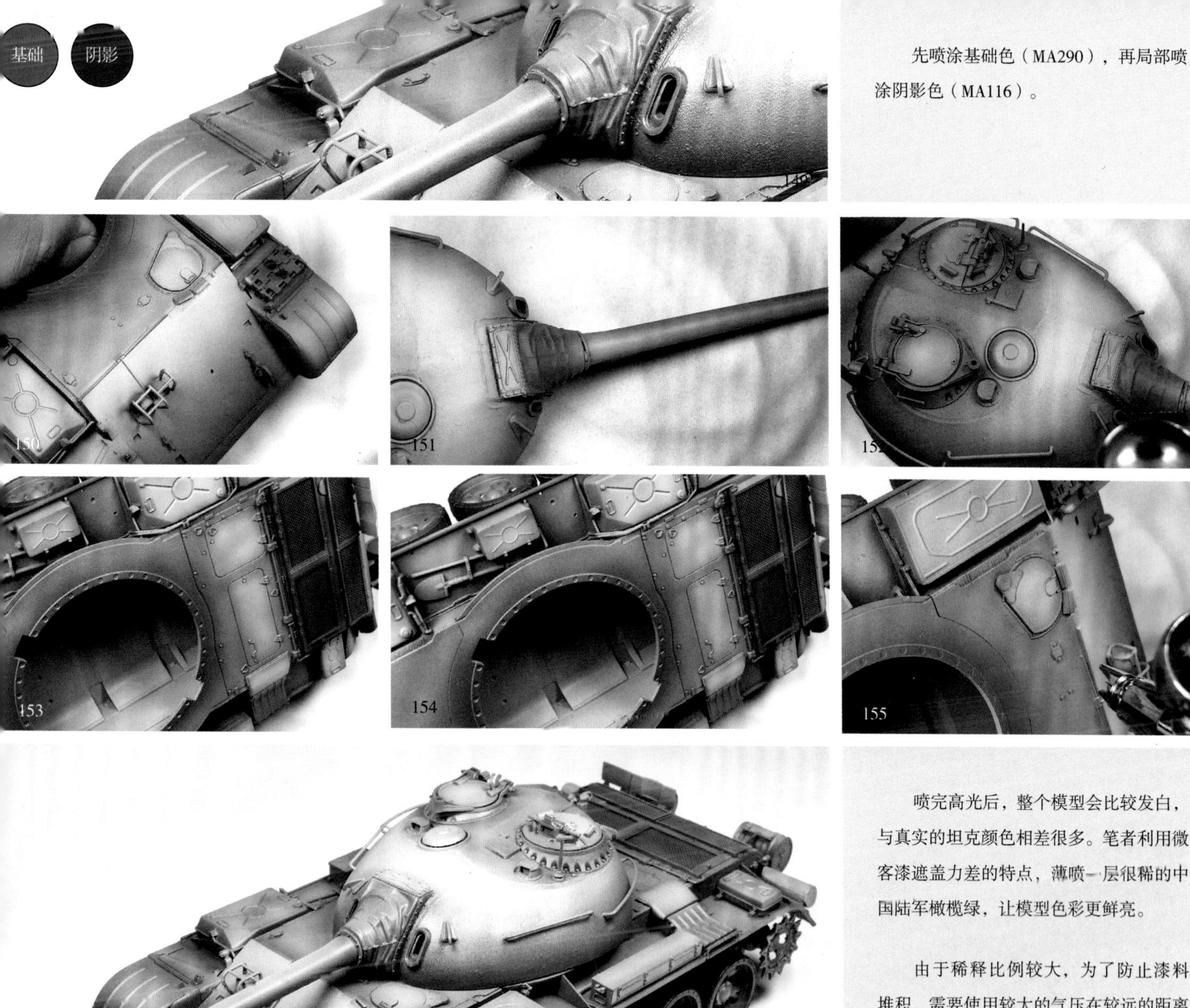

先喷涂基础色（MA290），再局部喷涂阴影色（MA116）。

150 151 152 153 154 155 156

喷完高光后，整个模型会比较发白，与真实的坦克颜色相差很多。笔者利用微客漆遮盖力差的特点，薄喷一层很稀的中国陆军橄榄绿，让模型色彩更鲜亮。

由于稀释比例较大，为了防止漆料堆积，需要使用较大的气压在较远的距离喷涂。案例中这一步使用的是 0.15mm 的 infinity 喷笔，雾化效果极佳。

在阴影与高光之间的区域进行罩色，可以让高光阴影过渡更加自然。另外，薄喷基础色会压暗高光，所以要尽量避开模型最亮的区域——炮塔顶部。

用大比例稀释的掉漆色，勾勒一下阴影和缝隙，最后用半消光透明保护漆进行保护，CM 涂装工作就算完成了（如图 149~ 图 157）。

157

158

分色和水贴做好后，用深褐色（ABT002）油画颜料对坦克进行局部渍洗，让细节变得更显眼（如图158、图159）。

159

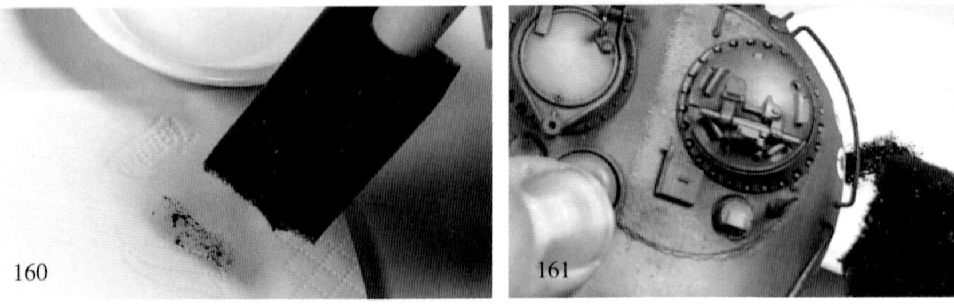

160　161

162

颜料太稀的话很难把掉漆点画锐利，而AV手涂漆够浓稠，很适合绘制掉漆效果。找到一块海绵，把其端部抠烂，这样掉漆效果会更随机一些。蘸取少量AV掉漆色（70822），先在纸巾上戳两下保证颜料适量，再在坦克容易出现掉漆的位置反复轻戳（如图160、图161）。

面相笔可以绘制更细小的掉漆以及划痕，与海绵配合使用效果更佳。我军坦克保养状态尚好，掉漆一定不要画得太多（如图162）。

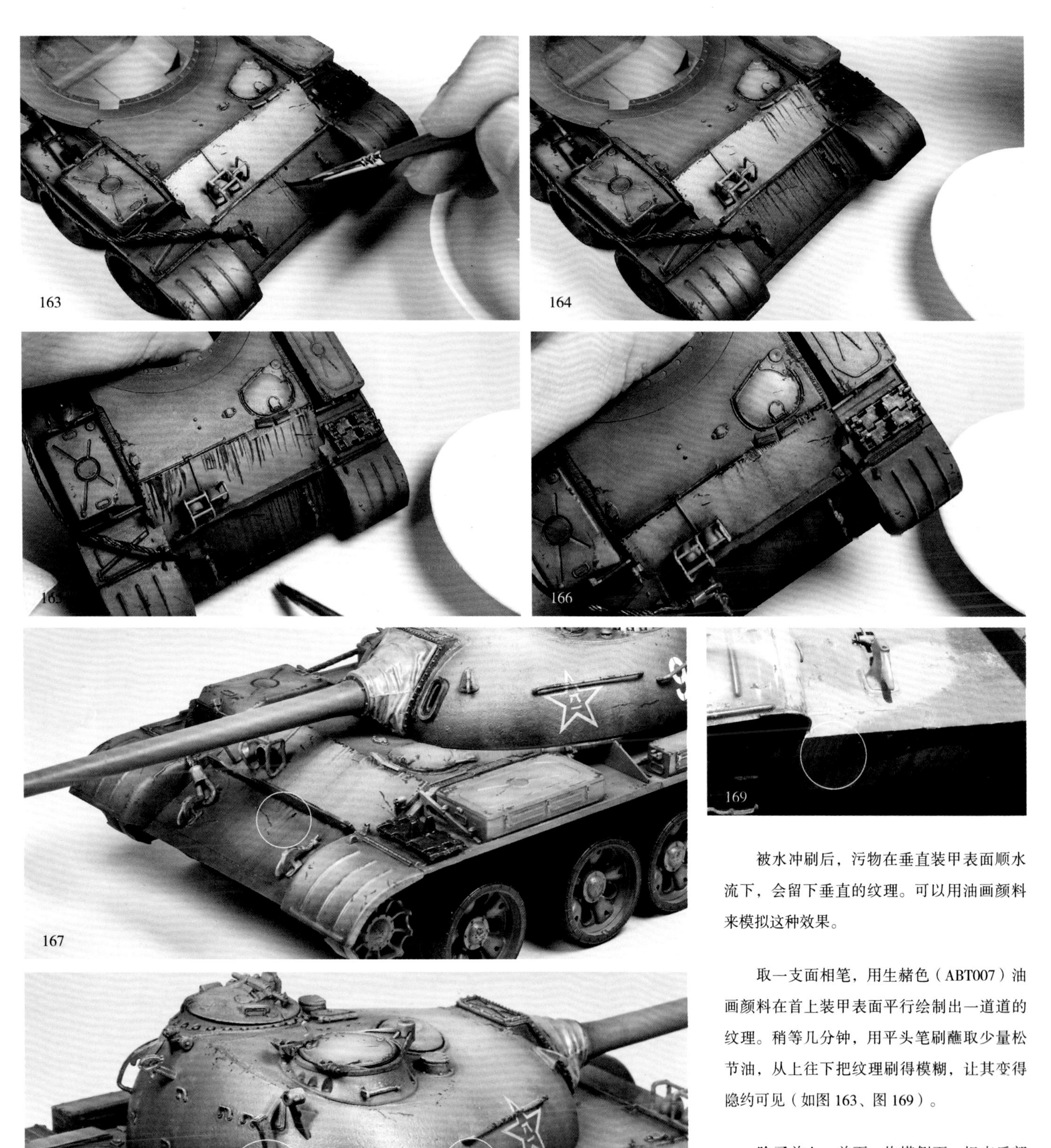

被水冲刷后，污物在垂直装甲表面顺水流下，会留下垂直的纹理。可以用油画颜料来模拟这种效果。

取一支面相笔，用生赭色（ABT007）油画颜料在首上装甲表面平行绘制出一道道的纹理。稍等几分钟，用平头笔刷蘸取少量松节油，从上往下把纹理刷得模糊，让其变得隐约可见（如图 163、图 169）。

除了首上，首下、炮塔侧面、坦克后部有垂直面的部位都可以添加垂纹。但是注意垂纹是有出处的，必须是水有可能流经之处。

4.2.4 天然土旧化

坦克在越野时，车体会沾染大量泥土，土的分布和状态与环境以及车速有很大关系。上图是展会照片，坦克在泥地里跑了几圈就脏成这个样子了。如果是长期作战的情况，坦克在复杂环境中长途跋涉后，表面泥土势必会更多（如图 170、图 172）。

不过总的来说，土主要集中在车体前部、后部、行驶部分，炮塔上有少量土，车体上表面有少量尘土。天然土和效果液可以帮助模友制作出坦克上泥土的效果（如图 173、图 174），使用耗材和具体操作方法如下：

170

171

173

174

在传统的观念里，天然土只能堆积、干扫和飞溅，但其实也是可以喷涂的。首先把天然土效果液和越南土色旧化土混合（如图175），用田宫X-20充分稀释（如图176）。喷涂前在模型表面喷一层掉漆液或发胶，然后用0.3mm的喷笔把效果液喷到坦克上。注意不要喷得太厚，薄薄一层土就好（如图176、图178）。等待十分钟左右，取一支平头笔刷蘸取清水在装甲表面垂直刷掉多余的天然土。水只会溶解天然土下的掉漆液，而不会破坏漆面和天然土层。这样天然土被局部剥离，产生斑驳感（如图179、图182）。

另外一招是泥土飞溅。选择颜色更深的新鲜泥浆效果表现液（AK016），用牙刷蘸取少量液体后，轻轻弹射到挡泥板上。注意液体不要蘸得太多，那样会弹射出一大坨效果液。使用前可以在白纸上预先弹几下，保证泥点大小适度。

175 176 177 178 179 180 183 184 185

186

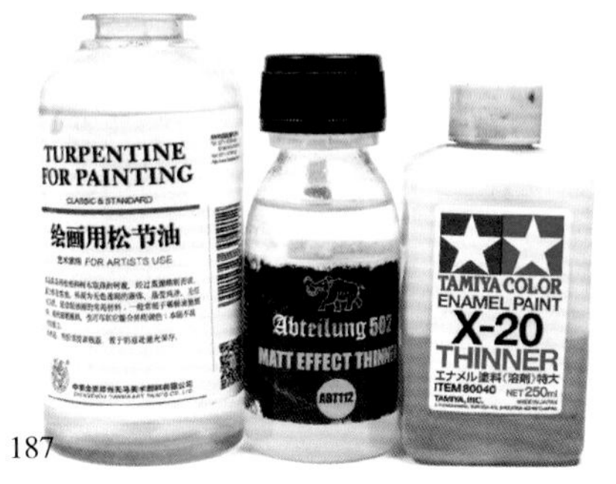

187

如果想要得到更细小的泥点，可以使用柔软的笔刷进行弹射。飞溅泥土不宜过多，在坦克前部、后部容易被履带溅到土的地方点缀几下就好。

若出现尺寸过大的泥点，可以用笔刷蘸取少量稀释剂清除。松节油、田宫X-20、502油画颜料稀释剂都能够溶解天然土（如图183、图187）。

188

189

190

图 188~ 图 190 是真实坦克效果
图 191~ 图 192 是坦克模型采用天然
土旧化完成后的效果。

191

5DSR 50mm 1/5 秒（f/16）ISO100

192

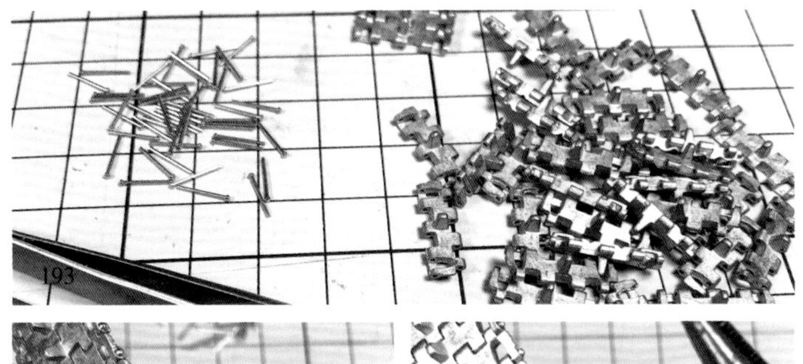

金属履带的着色有两种方法，一种是使用腐蚀性的发黑液让金属氧化变黑，另一种是使用油性漆直接喷涂上色。本案例中使用的是前者，其效果更自然、附着力更好，但是成本较高（如图 193~图 207）。

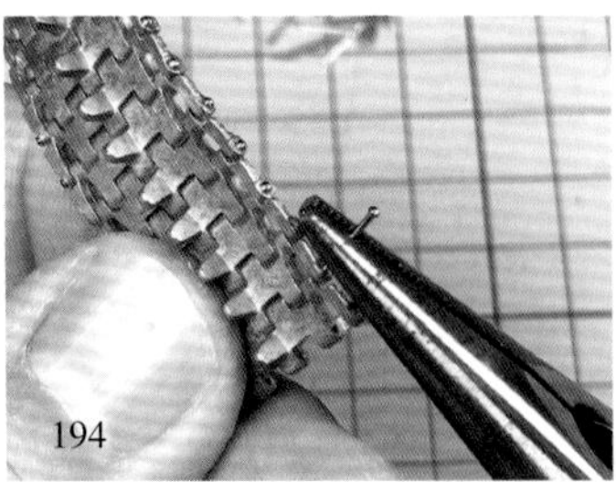

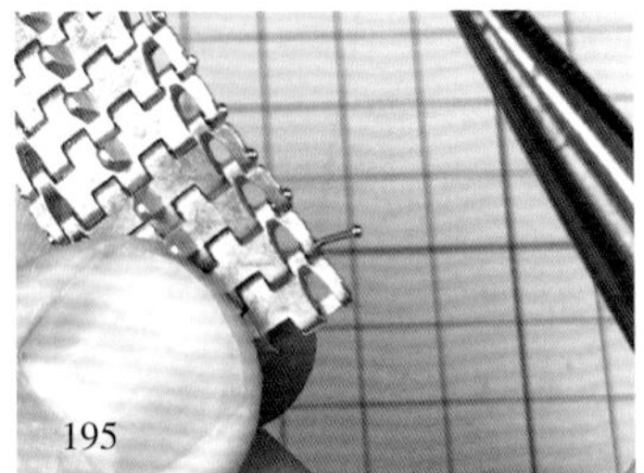

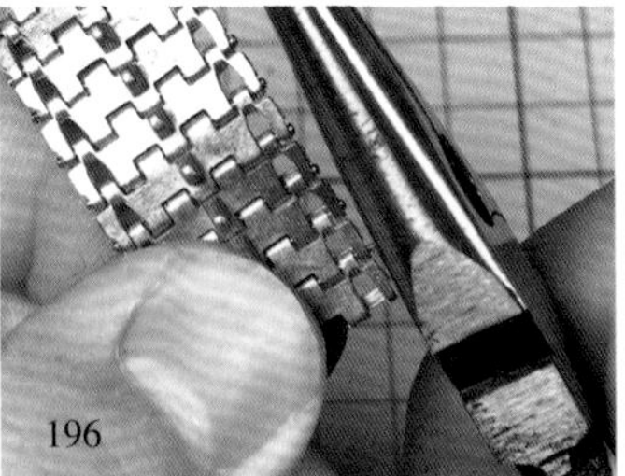

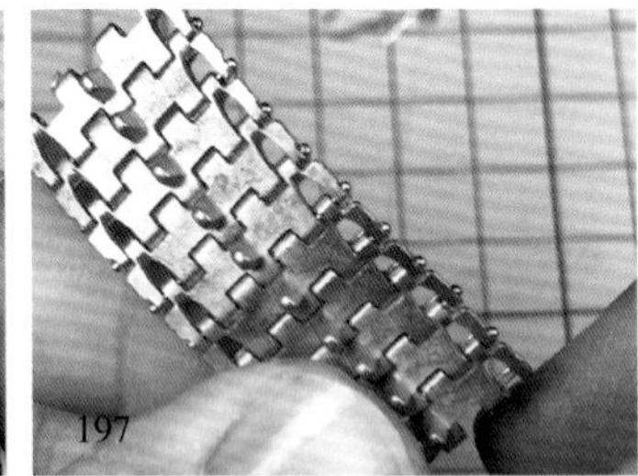

销钉不含固定结构，为了让其不脱落，插入一半销钉时先用尖嘴钳进行弯曲，再推进去。如此一来，弯曲的销钉挤在预留孔中，摩擦力大大增强。

把创奇履带发黑液倒入塑料容器中，用牙刷耐心刷蹭履带细节，让金属与发黑液充分结合，一段时间后履带就变成黑色了。

履带旧化使用到了泉微天然土，其性质类似色粉，不过价格相对亲民，可选的颜色也比较丰富。

把泉微天然土固定液涂抹在金属铝带表面。

在固定液干燥前，用旧笔刷把各种颜色的天然土随机刷到履带表面。

把天然土扫到履带内表面。

履带内表面会与主动轮、负重轮等发生摩擦，并会被蹭得乌亮。用海绵砂纸轻轻打磨履带内表面，微微露出原有的金属。

坦克长期在较硬的路面行驶，履带外表面也会被蹭亮。用海绵砂纸轻轻打磨，露出原有金属。至此金属铝带的基本处理就完成了，进一步的旧化处理会根据场景来进行调整。

用深褐色油画颜料加松节油制成渍洗液，对细节处进行二次渍洗。天然土较厚的地方会吸收渍洗液的稀释剂形成难看的水痕，用棉签及时擦掉就好了。

4.2.5 旧化细节调整

很多技法之间有相互冲突的地方，如天然土的覆盖力很强，会使之前的渍洗效果减弱，应对之策就是用油画颜料进行二次渍洗。还有干扫等操作，最好在上天然土之后再进行（如图 208~ 图 213）。

之后还为坦克绘制了水痕和油污效果，其表面会形成反光，跟天然土的消光质感形成强烈反差，为模型增色不少。不过我军对坦克保养普遍很重视，散落的油污有一点点就好（如图 214~ 图 217）。

真实坦克与模型坦克效果对比如图 218~ 图 221。

左侧为水痕效果液，右侧为引擎油污效果液。

用勾线笔在顶部易存水的地方绘制积水效果。

在挡泥板等容易有水流下的地方绘制垂直的水痕。

在引擎盖附近绘制油污效果，点到为止。

211 212 213

蘸一点蜡基金属银（AK458），先在纸巾上擦拭干净，再用笔上残留的一点银色对扶手、螺栓、油箱转角处等容易掉漆的部位进行干扫，以增加金属质感。

219 220

5DSR 50mm 1/4 秒（f/16）ISO100

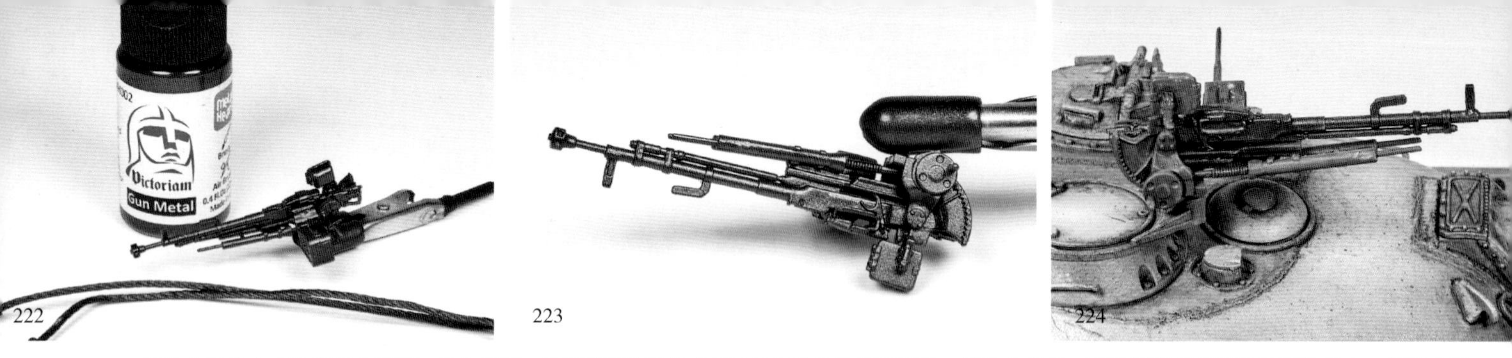

222 223 224

笔涂金属色会产生很厚的漆膜，损失细节，故用微客枪铁色（MH002）对机枪进行喷涂。笔涂分色后，再进行简单渍洗和干扫天然土，使其色调与坦克统一（如图 222~ 图 224）。

228 229

230

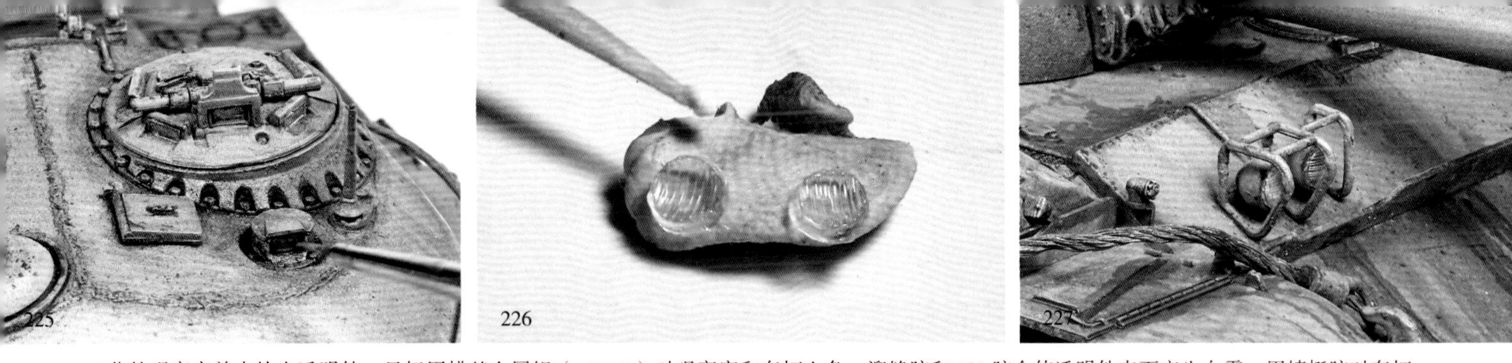
225 226 227

三花的观察窗并未给出透明件，只好用蜡基金属银（AK458）对观察窗和车灯上色。溜缝胶和502胶会使透明件表面产生白雾，用蜻蜓胶对车灯罩进行固定更为合适（效果如图225~图230）。

5DSR 50mm 1/5 秒（f/16）ISO100

4.2.6 兵人涂装

兵人涂装是场景制作者绕不开的话题，其后蕴藏的知识非常丰富。特别是人物面部处理，从光影到色彩，从绘画到人体，单独再出几本书都不为过。这节只是从光影的角度，简单介绍一下笔涂兵人的基本知识，希望能给读者一些帮助。

这组兵人使用的是与帆玩物出品的对越自卫反击战套装，其细节和造型都很不错，稍微加工就能做出很漂亮的场景（如图231）。不过最右侧的兵人由于身上细小的分模线较多，被笔者舍弃掉了。

231

232 233 234 235 236 237 238 239

涂装前要对兵人进行细致修模。树脂模型在翻模时会产生分模线，一般为凸起的线，用刀刮掉再打磨平整就可以了。还有一些分模线会留在细节较多的部位，如绑腿上，这就需要用笔刀耐心剔除了（如图232）。

肩膀处的接缝如果不深，可以用牙膏补土进行填补，如果很深，就得用ab补土填平了（如图233~图235）。

前期预制阴影可以为后期的光影刻画提供参考。先将兵人整体喷成黑色，然后用田宫白色水性漆，把喷笔置于兵人头上，从上往下喷涂，模拟光线从上方撒下来的效果。这样模型的上表面为白色，下表面为黑色，呈现出完美的光影过渡效果（如图236、图237）。

如此处理后，兵人身上的细节更加醒目，光影关系也更为明确（如图238、图239）。

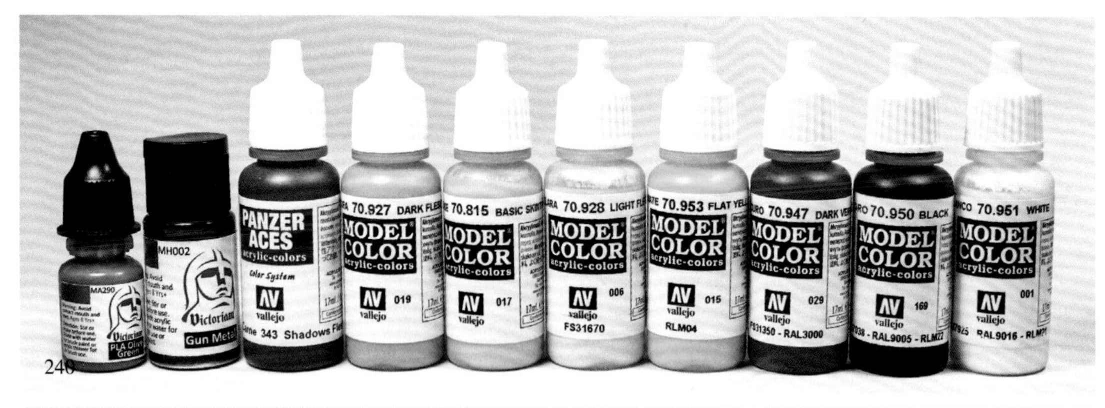

240

兵人涂装用到了AV手涂漆和微客漆。AV漆的消光效果很好，通常作为主力漆使用。微客漆可喷涂、可笔涂，但是干燥后漆面略显油光。案例中使用微客漆手涂，主要是因为其颜色准确。笔者会在其中加入AV漆来增强其消光效果（如图240）。

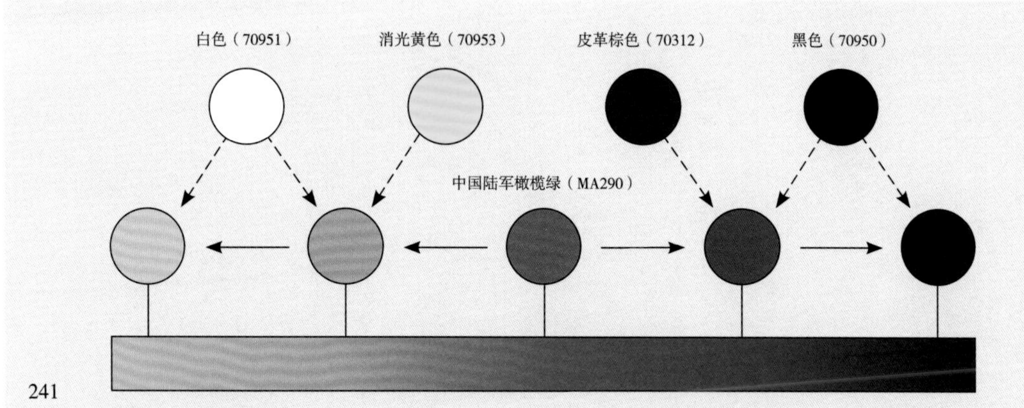

241

衣服涂装以微客中国陆军橄榄绿为主色，适当增加白色、黄色或棕色、黑色，来调制出明暗色调（如图241）。

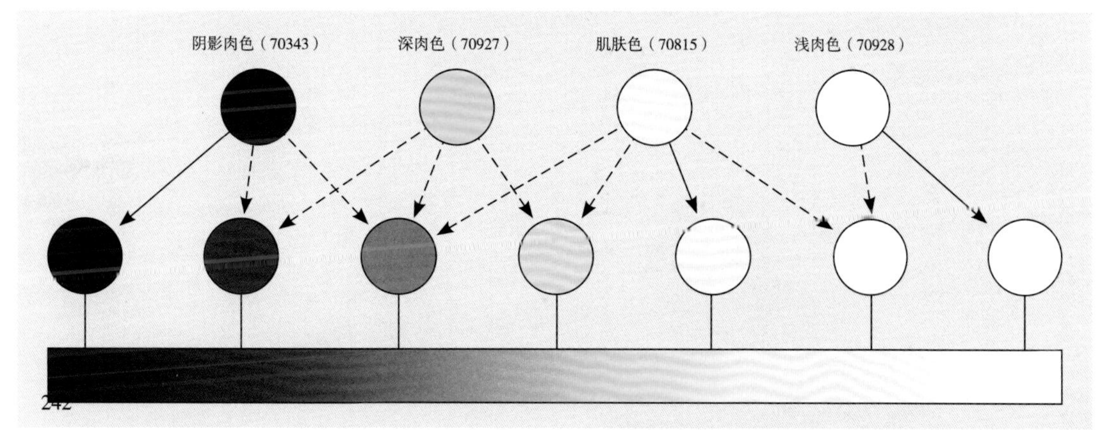

242

皮肤色调使用AV手涂漆进行调色，按照不同配比混合4个标准色，来获得由深到浅7个色调，让皮肤上的光影平滑过渡（如图242）。

243

相较于白模，预制阴影后的兵人呈现出完美的黑白灰关系（如图243）。

244

用柔软的勾线笔涂上一层较薄的颜料，隐约露出底色，保留之前做的阴影关系。注意用色要准确，为后期打好基调（如图244）。

245 80D 35mm 1/13秒（f/13）ISO100

在原有光影关系上，用更微妙的色调对兵人的细节进行刻画。叠加高光和阴影，非常考验制作者对颜料特性的掌握程度（如图245）。

先用肌肤色（70815）打底，再用阴影肉色（70343）勾勒面部轮廓细节（如图 246）。

新取出一支 000 号圆头勾线笔。用白色加一点肉色画眼白，用黑色加一点白色点黑眼珠（如图 247）。

用阴影肉色把眼睛的轮廓勾勒准确。注意眼睛一定不要留得太大，否则会像卡通人物（如图 248）。

用肌肤色挤出眼睛的轮廓线。简单给高光面进行着色（额头、鼻尖、鼻翼、脸颊、下巴尖等）（如图 249）。

用比较稀的颜料，在高光和阴影处进行罩染，增强明暗对比（如图 250）。

用较柔和的颜色继续罩染，让高光和阴影平滑过渡（如图 251）。

用黑色加少许及肌肤色，勾勒出眉毛（此眉毛略显淡定）（如图 252）。

对整个面部细节进行深化调整（如图 253）。

之前已经对头盔预制了阴影。其上部较亮，下部较暗，而且帽檐处也有一些高光。接下来要做的是用中国陆军橄榄绿进行罩染。微客漆本身比较稀，遮盖力较弱，又有自流平的特点，很适合这一操作。

用清水 1:1 稀释微客中国陆军橄榄绿，之后用柔软的笔刷在头盔表面薄薄罩一层颜料，放置在一旁等待阴干。罩的层数越多，遮盖力越强，光影关系越弱。注意一定要薄涂，否则干燥不均匀会产生水痕（如图 254~ 图 256）。

先后用深绿色和浅绿色对衣服褶皱细节进行强化处理（如图 257）。

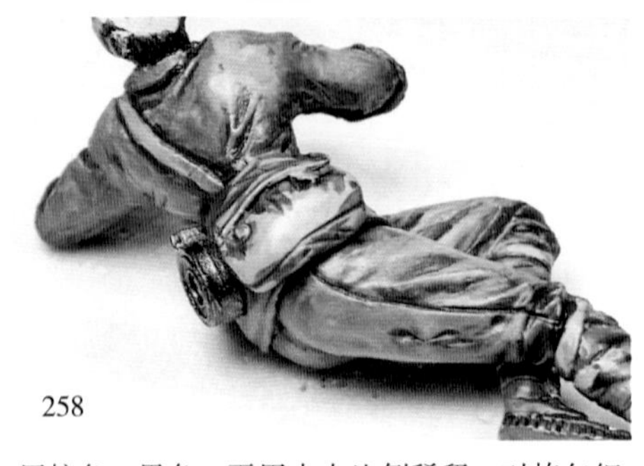

用棕色 + 黑色，再用水大比例稀释，对挎包细节进行渍洗（如图 258）。

用卡其色 + 白色对溢出的颜料进行修正，并强化背包的细节（如图 259）。

80D 35mm 0.1 秒（f/14）ISO100

虽然兵人不大，但是近距离拍摄时，卧姿使得头和脚至镜头的距离差别很大，需要用小光圈来适应景深。

260

261

AV 漆漆面比较粗糙，不喷保护漆的话不但容易蹭掉漆，还容易附着尘土。因此事后薄喷了一层田宫水性保护漆，消光与光油比例为 4:1。枪械可以不喷消光，一来金属漆本来附着力就比较好，二来消光保护漆会破坏金属的光泽（如图 260~ 图 264）。

262

套件中树脂机枪的准星断掉了，笔者用 0.1mm 的铜片进行了追加（如图 262）。

263

由于衍射现象，过小的光圈会有损画质，所以略微增大了光圈，并使用景深堆叠技术让前面和后面的人物都能对焦准确。 80D 35mm 1/20 秒（f/11）ISO100 景深堆叠

用很稀的 AV 泥土色对衣服容易被弄脏的地方进行了染色，进一步的旧化还需要在场景中根据环境色来调整。

264

4.2.7 丛林场景制作

场景的灵感来自于中国对越自卫反击战。当时中国部队使用的主要是 62 式轻型坦克，而 59 式中型坦克因重量较大，超过了越南北部很多道路和桥梁的承载能力，故使用得很少。不过我军还是装备了一些 59 式中型坦克，本场景就是希望还原出当时战场上的情形。

提到越南人们往往会想起各种好莱坞电影场景，战场中的植物多以棕榈树这样的热带阔叶植物为主。不过越南国土非常狭长，跨越的纬度很大，植被变化也大。加之对越自卫反击战发生在中越边境，那里的植被和中国西南地区的没有太大区别，所以本场景中不需要制作棕榈树。

地面部分的制作非常简单，使用泡沫塑料作为基础，用等高线法垫出高低起伏的地形。之后涂抹 AK 深色土地泥（AK8018），制作出泥土的质感，并用调色刀在地面上刮出车辆驶过的痕迹。在其未干燥时，在路边撒一些小石子和锯末上去增加一些细节（如图 265~ 图 268）。

完全干燥后，用田宫水性漆喷涂调整色调。岩石部分使用水粉颜料笔涂，并用浅灰色干扫突出质感。喷涂的另一个好处是给原本颜色不统一的石子重新统一了色调，使其不那么突兀（如图 269、图 270）。

265 266 267 268 269 270

接下来讲解如何种草。案例中使用了当下国外很流行的静电植草器，不但效率高，而且效果逼真。先把白乳胶涂抹在要植草的地方，如果草不是很密集，可以成点状布胶，这样种出来的草会更接近自然生长的状态。把电极插在地台上，之后在植草器中放入草粉，扣好盖子按下开关上下晃动，让草粉坠落到地面上。在静电的作用下，这些草粉会呈现出蓬松的状态。最后倒掉地面上多余的草粉，一颗颗草株就制作完成了（如图 271~ 图 276）。

草的分布也很有学问，一般来说路面上经常受到车辆碾轧，草会比较少。路边的草会密集一些。小石块下面，石缝下面，岩石周围也会有一些草出现（如图 277）。

使用干燥苔藓来制作丛林中的低矮植物。首先是棉藓，阴干的棉藓根黏在一起成块状。使用时剪掉根部，把绿色部分撒在石子空隙处，之后用白乳胶溶液进行固定（如图 278、图 279）。

另一种植物是万年藓，其成长条状，只取其绿色的端部。如果端部比较大，可以将其一分为二得到两株植物（如图 280、图 281）。

282

283

284

285

286

287

288

289

290

MIG 仿真植物可以起到画龙点睛的作用。在彩纸上激光蚀刻的叶片细节丰富，造型逼真，唯一的缺点就是太贵（如图 282）。

笔者找到了一些蕨类植物和花朵，裁剪下叶片后，用白乳胶按照片黏好即可使用。在等待地台造景泥干燥的空闲时间，可以多制作一些这样的纸模，最后整体组装（如图 283~ 图 289）。

黏好的植物用蓝丁胶暂时固定在切割垫上待用（如图 290）。

这个场景中，给树留下的空间只有狭长的一块路边空地。因此每棵树都不会很粗壮，相反，一排小树作为底景更为合适。

案例中树干使用的是浮力社的荷兰干燥花。使用前要用水泡一下，软化枝条后对其进行整形，让枝条状态更自然更接近真实的树木。注意不要太用力，否则会折断枝条。获得满意造型后，烘干定型即可（如图 291、图 292）。

案例中选用 Woodland 中的绿色草粉（粗）来制作树叶，这是一种类似海绵碎屑的物体，也可以用国产树粉进行替代。先把喷胶喷涂在枝条上，把树粉撒在枝条上，之后再喷一层胶水，继续撒树粉。重复操作两三次后，枝条上就附着上蓬松的树叶了。不过喷过喷胶的地方会很黏，而且透明度不高，最后可以用发胶对树粉进行定型（如图 293~ 图 295）。

如果树干颜色不够深，可以用黑色珐琅漆进行渍洗（如图 296~ 图 298）。

291
292
COARSE TURF
Medium Green
T64
• Colorfast
• Realistic color
• For any scale
• Blends naturally with other foliage
293
Super 99
HIGH PERFORMANCE
SPRAY ADHESIVE
绣花专用喷胶
NEW
SH
SUPER HARD
SET&KEEP SPRAY
GATSBY
294
295
296
297
298

299

300

301

因为之前喷涂过，所以地面略微带一些光泽，有点湿润的感觉。小水洼是用造水剂做的，其比较黏稠，倒入少量液体后，需要用牙签挑破气泡，并把液体边缘摊平。

305

306

307

地台的边缘处理考虑到了欣赏者的视线。从侧后方某个角度观察 59 式中型坦克不是特别威猛，相比之下从侧后方俯视要更霸气一些。因此对坦克尾部两侧的地台进行了加高，阻挡欣赏者的视线，迫使他们俯视坦克（如图 305、图 306）。从侧前方仰视和俯视 59 式中型坦克都很好看，为了延伸人们的视线，笔者削掉了坦克前方的部分地台（如图 307~ 图 309）。只有这样，才能称得上为坦克量身定制的地台（如图 310~ 图 316）。

308

309

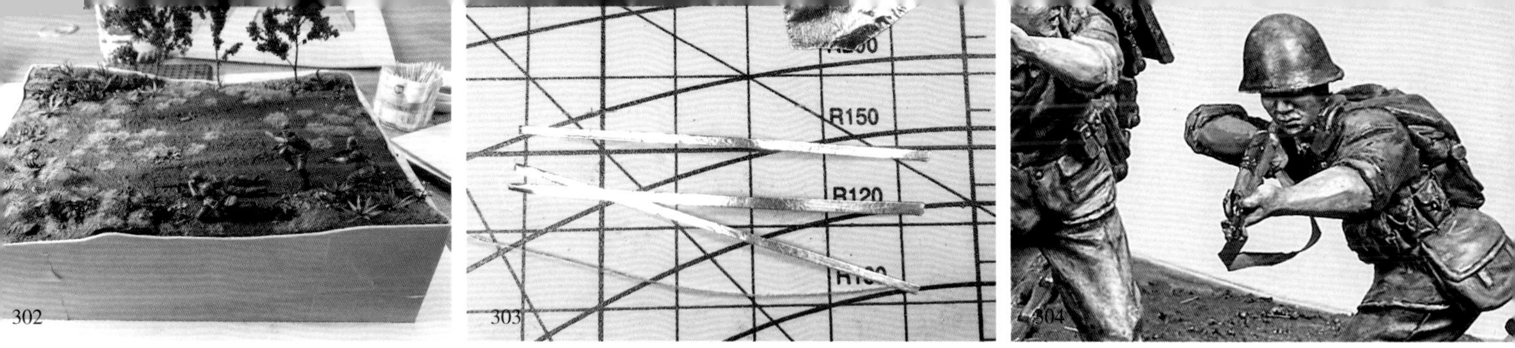

使用椴木板包边，依照地形裁掉上端多余部分。由于是直接用 UHU 胶黏在泡沫上的，为了防止变形，干燥过程中要用胶带固定。兵人的枪带则是使用铝箔纸自制的（如图 229~ 图 305）。

5DSR 50mm 1/3 秒（f/16）ISO100 景深堆叠

310

312

5DSR 50mm 1/2 秒（f/16）ISO100

313
314
315
316
906

4.3 疾驰特效：中国 96B 主战坦克

96 式主战坦克车体采用传统总体布局，战斗室位于车体中部，前部与驾驶室相通，其后是用隔板隔离的动力室，外形尺寸与 88 式坦克相似。96B 式主战坦克配备改进自俄制 2A46M–1 型滑膛炮的 ZPT–98 型 125 毫米滑膛炮，代替 88 式坦克的 105 毫米口径线膛炮，带吊篮式自动装弹机，配有分装式的次口径尾翼稳定脱壳穿甲弹、尾翼稳定空心装药破甲弹和多用途杀伤爆破榴弹，3 人制乘员。96B 式主战坦克采用焊接锻造炮塔取代 88 式坦克传统的苏式半球形铸造炮塔。96B 式主战坦克动力系统用 780 马力横置 V 型 12 缸柴油发动机。改进后的 96A 主战坦克的长处表现在火力和防护力方面，但突显的动力不够强劲的问题是先天缺陷，而 96B 式主战坦克则有一定改进。

96 式主战坦克基本型号因要求各种作战环境和地理条件而被限制了重量，其技术取向是较薄的主装甲可视情况配置附加装甲。车体首上和炮塔正面采用复合装甲，车体两侧挂有屏蔽裙板。96 式主战坦克装备高效灭火和抑爆系统探测装置，能对金属射流迅速做出反应，保护乘员和弹药。

在 2016 年 8 月 5 日进行的俄罗斯现代坦克两项大奖赛中，中国队两个车组最后成绩为 23 分 41 秒和 21 分 03 秒，创下了新纪录。不过 109 车在通过大搓板路时，左前方负重轮受损脱落。在这样的情况下车组还坚持跑了近一圈，坚持到换车完成比赛（如图 317~ 图 324）。

317

318

319

320

321

322

323

324

325

4.3.1 组装与改造

MENG 公司出品的这款 96B 主战坦克性价比很高，细节不错，制作过程也比较顺畅。整个坦克只进行了一点点改造，如用牙膏补土强化防滑层，追加金属管线和金属天线等（如图 325）。

为了防止侧裙受损后卡到履带里，这台 96B 主战坦克在比赛状态下并没有安装裙甲。侧面没有了遮挡，套材中自带的橡胶履带下垂感不真实的问题，自然就暴露无遗了。于是为其更换了金属履带。目前市面上好像只有黑桃的 96B 主战坦克金属履带，其细节尚可，减重齿也有镂空。但是活动性、组合度都不太好，飞边也比较严重，组装时要用锉刀逐个打磨。

左侧照片为防滑层细节、车灯线细节和负重轮脱落后坦克行走部分细节，下图为 MENG 公司官方涂装展示（如图 326~ 图 330）。

326

327

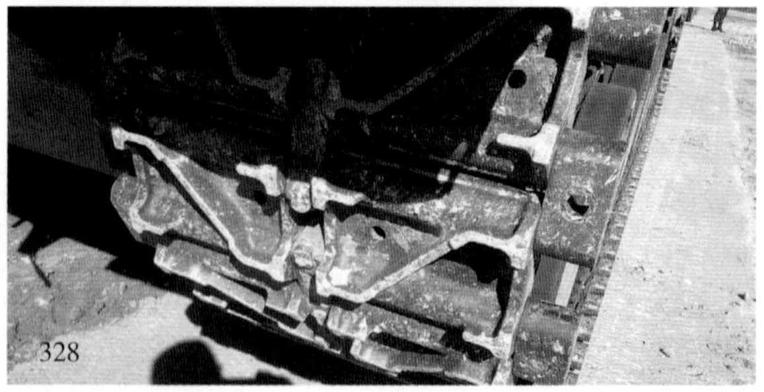
328

329

330

图 331 为素组后的效果。

331

332

333

334

MENG 公司的金属活动悬挂设计得很不错，美中不足的是在金属扭杆的拉扯下，轴卡得很紧，不能顺畅转动。解决办法就是先把轴的根部打磨短一些，再安装金属扭杆（如图 332）。

套材中给出的炮盾防雨布细节不错，但是有些偏厚，直接安装会显得比较鼓。解决策略是剪切炮盾固定件，并削薄防雨布的边缘，让炮管整体向下平移一些（如图 333）。

坦克表面有一些较大的定位孔需要填平，建议直接使用收缩率比较小的 ab 补土进行填补，待补土完全固化后，打磨平整即可（如图 334）。

335 素组完成后，整体喷涂郡仕 1000 号灰色补土（如图 335）。

4.3.2 数码迷彩涂装

在介绍涂装操作之前，必须先搞清楚迷彩的颜色搭配。目前市面上橄榄绿色和沙棕色有标准色，沙黄色暂时还没有，于是使用微客漆根据实物照片自行调色（如图 336~344）。

Coolorus 是一款常用的 Photoshop 拾色插件，吸取颜色后可以在色环中显示出色彩的情况。其中色环对应颜色的色相，三角区域则对应颜色的明度和饱和度。光圈越靠近三角形上方，则明度越高；越靠近三角形右侧，则表示饱和度越高。

笔者选取了 3 张 96B 主战坦克的照片进行色彩分析，对应编号 A、B、C。拾色部位相似，避免阳光直射和阴影的干扰。观察色轮不难发现：照片 A 颜色偏红，照片 B 颜色偏黄，照片 C 颜色偏绿。于是问题来了，同一辆车怎么会有三种颜色呢？

其实物体的色彩都是相对的，会受到多种客观因素的影响，如光源色温、空气透度、环境反射等。相机会对接收到的光线信息进行记录和加工处理，参数不同，照片的颜色也会有很大差别。回到这三张照片，也许当时太阳被云层遮住了，光源色温发生了变化，照片自然会发冷。也许相机的白平衡设置在自动挡，参数的波动导致了轻微的偏差。

毕竟赛场不是实验室，这些都是情理之中的事情。只能根据经验，尽量选取一个合理的色调。目前来看，照片 A、B、C 都比较符合人眼对色彩的认知，所以取其平均值（照片 B）作为调色参照。

336
337
338
339

一个极其重要的调色经验就是，尽量要从一个标准的基础色，增减其他颜料调制出新的颜色。沙黄色是一种略微偏红或偏绿的黄色，手头上的二战德国战车是深黄色的，正好可以作为基础色。不过其颜色比较浓郁，需要加大量白色来提高明度、降低饱和度。而且从色相上看，这种颜色过于偏红，需要加一点点绿色进行校正。

经过多次试验后得出的最佳配比为：MA0002、MA020、MA290 混合比例为 2 ∶ 1 ∶ 0.3。

之后用不同的设备拍摄了照片 D、E、F，其颜色也出现了偏差。在影棚里用单反相机拍摄的照片 D，颜色偏红；在展示柜里用手机拍摄的照片 E，颜色偏绿；在台灯下用手机录像又截屏的照片 F, 颜色严重偏蓝。

这起码验证了两件事：其一，同一个物体在不同的光源和相机下，出来的照片颜色是不同的；其二，手机录像颜色的准确度往往不高，还是用专业设备录像比较好。

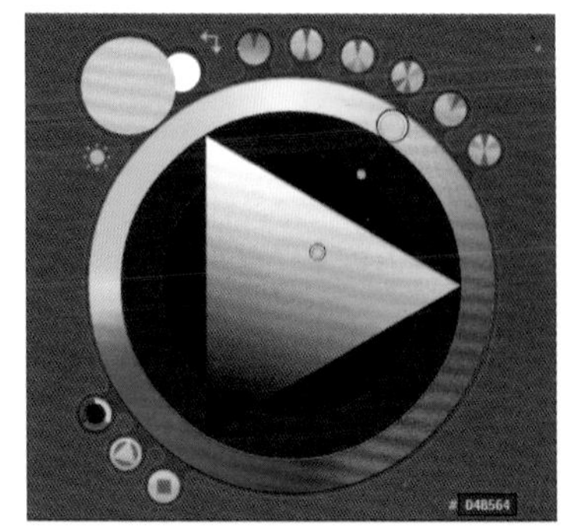

344 二战德军战车深黄色（MA020）

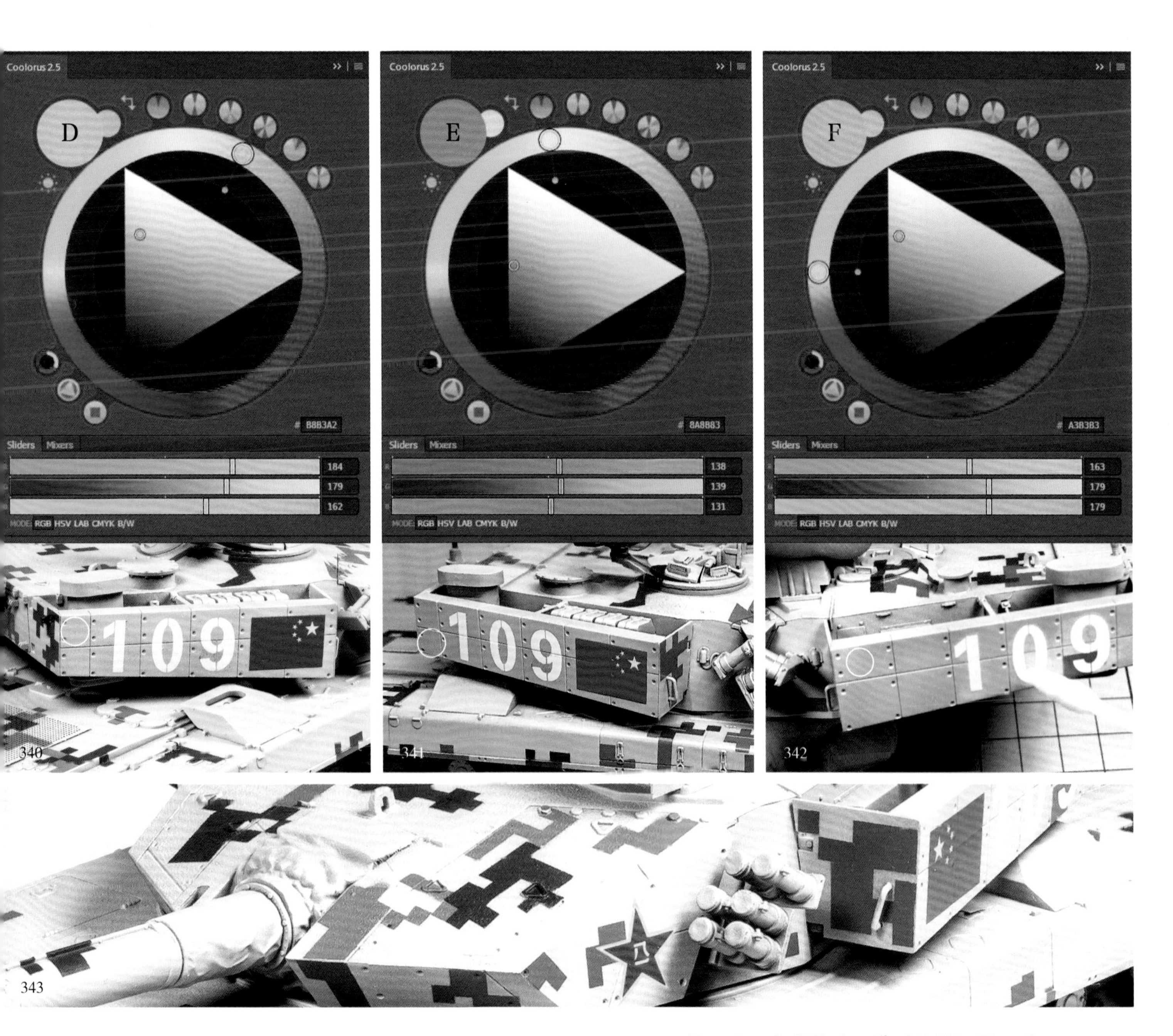

340 341 342

343

345

数码迷彩的喷涂使用到了星河数码迷彩遮盖纸（D35001）和微客水性漆。首先整体喷涂橄榄绿色，为了加深色调，在橄榄绿中加入了一些暗绿色（如图 345）。

346

之后把遮盖纸中对应沙棕色块的贴纸贴到模型表面，细节转角处一定要压实，否则会出现虚边（如图 346）。

347

接下来多层薄喷沙棕色，直到把橄榄绿完全遮盖。喷涂时切记不要一下把模型喷得水汪汪的，那样会使漆膜偏厚，撕下遮盖纸后，迷彩边缘落差感严重。而且未干的漆料还有可能渗入贴纸缝隙，形成难看的毛边（如图 347）。

348

继续贴对应沙黄色的遮盖纸，然后多层薄喷已经调好的沙黄色，直到完全覆盖之前的颜色（如图 348）。

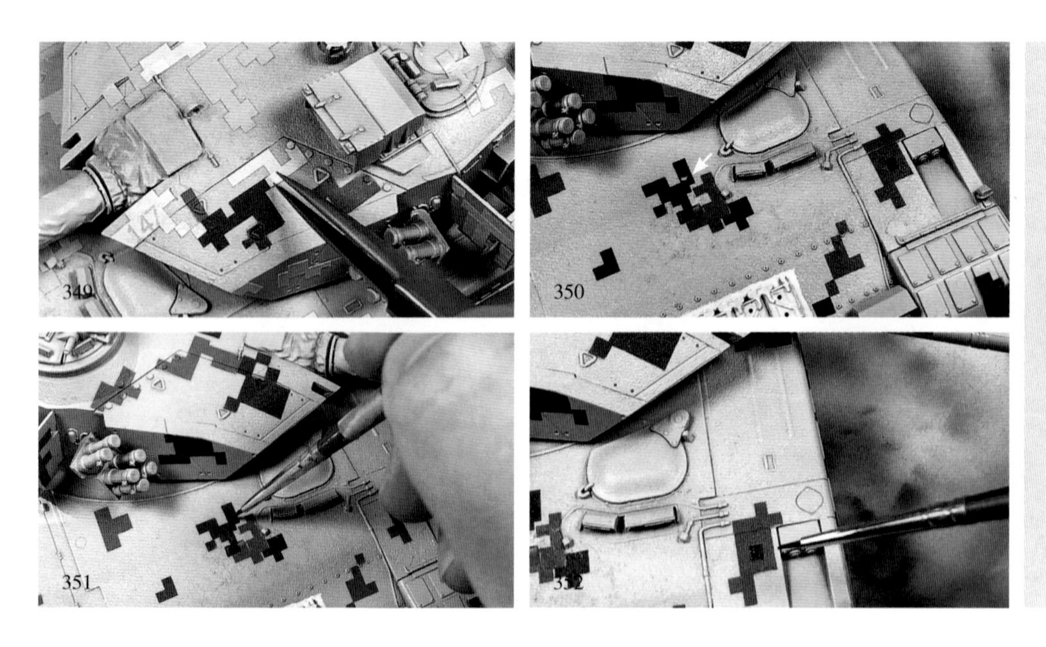
349 350 351 352

由于坦克表面不平整，遮盖纸难免有贴不严实的地方，喷漆后会产生虚边。

还有些地方漆面不够牢固，撕下遮盖纸的时候会有漆膜脱落。所以事后需要用相应的颜色笔涂补色，才能得到完美的数码迷彩（如图 349~ 图 352）。

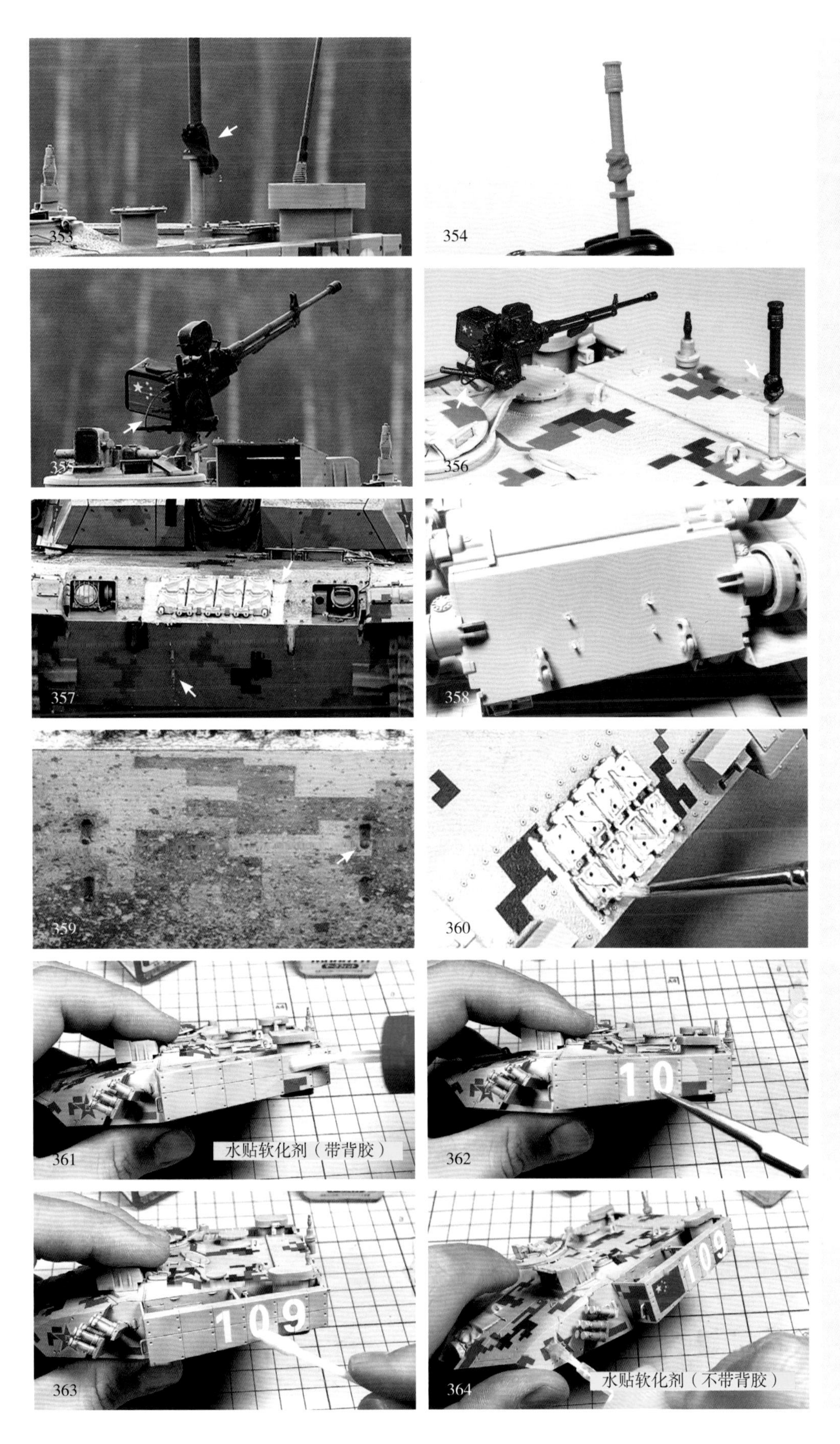

用ab补土自制了横风传感器上的防雨布细节，如果没有专用雕刻刀，褶皱细节也可用牙签尖端压出来（如图353~图354）。

用0.3mm的铜线追加了机枪管线细节，之后多层薄喷微客枪铁黑色进行着色（如图355~图356）。

用胶棒制作了首下装甲上的附加履带固定桩细节。照片中这里是空心的，但是笔者忘记开孔了，旧化后会笔涂出空心细节（如图357~图359）。

首上装甲的附加履带用田宫消光白水性漆，笔涂成白色（如图360）。

把水贴剪裁下来，放在清水中浸泡几分钟。贴之前先用带背胶的水贴软化剂涂抹在模型表面，之后把贴纸固定到位，并用干净的棉签挤出多余的水分。然后在贴纸表面涂抹水贴软化剂，让贴纸更加服帖。水贴前后都要喷涂半消光保护漆进行保护。前者是防止水贴软化剂腐蚀漆面，后者是防止旧化时水贴被破坏（如图361~图364）效果如图365~图366。

365

366

4.3.3 油画颜料旧化

1. 颜料选择

问题 1：要不要买高级油画颜料？

专业级和业余级油画颜料的差别不仅体现在价格上，还体现在颜料的纯度、稳定性、变色程度等方面。以变色为例：不同颜色的油画颜料由不同化学性质的物质组成，混合后容易发生化学反应，致使年久脱色。好的油画颜料化学性质比较稳定，即使放置几十年也不容易变色。而一些劣质的颜料放置多年后就会变色，这对于油画来说肯定是一场噩梦。不过模型不是油画，在博物馆里放 50 年恐怕塑料都脆化了。

一般来说，普通的温莎牛顿油画颜料就基本够用了。另外 502 油画颜料也不错，二者的差别主要在颜色方面。温莎牛顿是针对绘画开发的，颜色比较浓郁，使用前需要调色。而 502 油画颜料是针对模型制作开发的，有尘土色、机油色等专色，基本不需要调色就可以使用，非常方便。不过 502 油画颜料价格较高，市面上要 30 多元一支，因此笔者将两种颜料配合在一起使用（如图 367~ 图 369）。

问题 2：需要哪些常用色？

初学者可以从温莎牛顿或马利 12 色套装入手，这些标准色基本都很常用。已经接触过模型一段时间，对模型有偏好的模友，可以根据自己常做的题材选择一些 502 油画颜料的专色。另外，油画颜料用量很小，小包装的颜料就能用很久。

问题 3：需要搭配哪种稀释剂？

本书中的案例基本使用松节油作为稀释剂，这种油挥发较快，流动性好，味道也很小。502 油画颜料也有专用无味稀释剂，分为标准型、速干型和消光型。此外，也可以用珐琅漆稀释剂（田宫 X-20）稀释，其挥发速度更快，但是味道会大一些，使用时要注意通风（如图 370）。

油画颜料本身含有亚麻油等物质，这种油干燥很慢。如果含有过多亚麻油的话，会对其干燥速度和消光性能产生影响，所以使用前要把颜料挤在白纸上放置几分钟，让纸吸走多余的油。

367

368

369

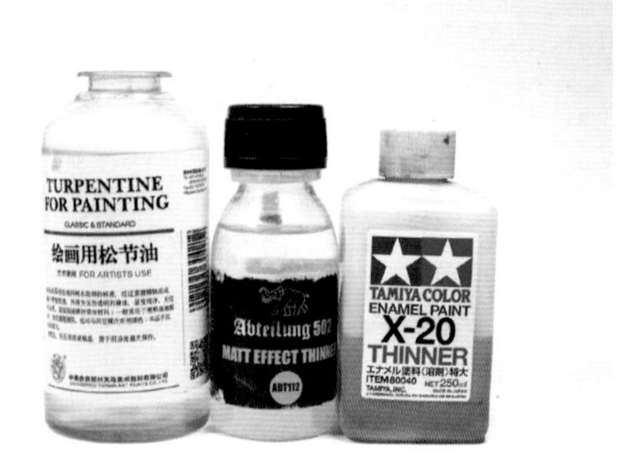

370

2. 颜料特性

a. 丰富性。在光环境复杂多变的真实世界中，坦克肯定不会只展现出一种颜色。例如靠近火焰的部位色调会偏暖，接近地面的部位会反射一些土地的颜色。油画颜料色彩丰富、发色浓郁，用其对模型进行色差处理，可以让模型更符合人眼对真实世界的认知。

b. 透明性。油画颜料有透明和不透明两种，即使是不透明的颜料，在大比例稀释的情况下，其通透性也很好。叠加在原有颜色上，可改变其色彩倾向。

c. 操作性。油画颜料干燥较慢，且不与硝基漆、水性漆发生反应，干燥前可以用笔刷反复修改，这为模型制作提供了很大的操作空间。使用特定的笔法，不但可以对油画颜料着色的浓淡进行控制，还可以制作出一些纹理效果。

d. 褪色性。用松节油作为稀释剂，其干燥后油画颜料的颜色会变淡一些。这是很自然的现象，比如湿了的土地颜色会变深，因为水与土结合后会改变其表面反射能力，而水干了以后土地又会恢复本来的颜色。油画颜料也是如此，所以油画颜料旧化也不是所见即所得，需要为褪色留出一些提前量。

e. 稳定性。油画颜料的干燥分为两步，先是稀释剂挥发，再是内部氧化。其中后者是不可逆的，完全氧化后即使用稀释剂也无法破坏（暴力剐蹭除外）。不过彻底干透要很久，有的油画作品完成后半年都不会干，即使很薄的颜料也可能需要数天时间才能干透。在这期间如果触摸过模型的话，很容易留下指纹。倘若真的来不及等它完全干透，可喷涂光油进行保护。

3. 颜料用途

油画颜料旧化技法有很多，最终效果可以总结为三种：

①增加对比度：增加对比度就是强化明暗反差。以右侧图片为例，调高对比度后装甲上表面更亮，下表面更暗，立体感增强。而低对比度时，上下表面明暗反差不强，立体感被削弱。 计算机对比度的算法很简单，提高对比度就是让浅色更浅、深色更深，降低对比度则与之相反。在模型制作中，适当提高对比度可以让模型立体感更强。原理是利用油画颜料透明性的特点，把颜料罩在漆面之上，以局部改变模型颜色。具体操作分为提亮高光和压暗阴影两步（如图 371~ 图 373）。

②强化色差：强化色差很好理解，油画颜料可选颜色丰富，而且罩在漆面上的薄厚可控制，可以让漆面更加斑驳，层次感更丰富（如图 374）。

③添加纹理：添加纹理是利用油画颜料操作性强的特点，用不同的工具和笔法制作出不同的纹理效果，模拟真实世界中污渍的质感（如图 375）。

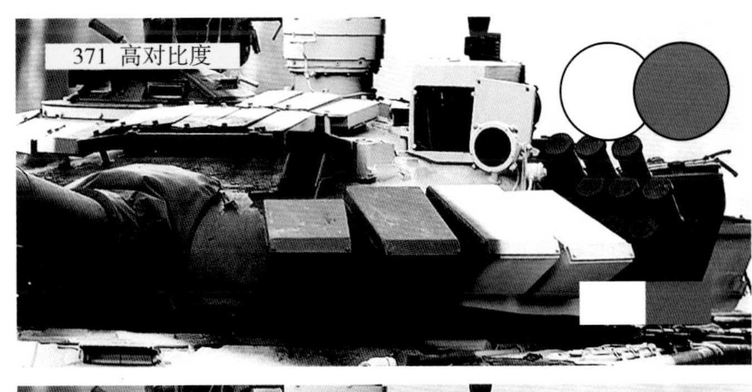
371 高对比度

372 对比度正常

373 低对比度

374

375

4. 用笔选择

油画颜料旧化技法对笔的要求很高，常用的笔有三种。

376

377

第一种是高档貂毛笔，推荐使用温莎蓝杆圆头水彩笔。其笔毛吸水性很好，柔软又有弹性，很适合笔涂水性漆。而且其笔尖聚锋性很好，兵人面部涂装，特别是刻画眼珠等细微操作必须要用到。缺点是价格较高，一支笔要十多元（如图 376、图 377）。

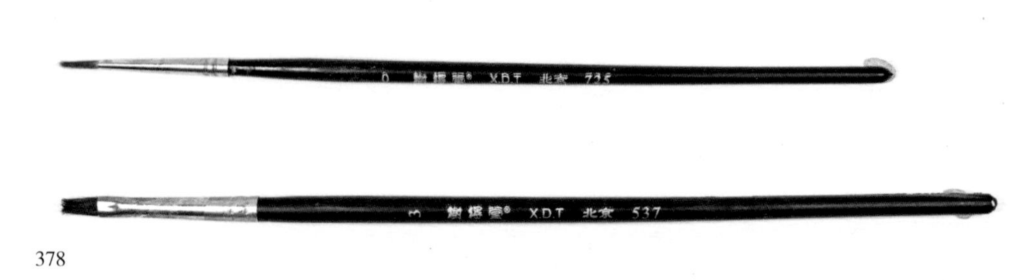

378

379

第二种是普通貂毛笔，推荐使用谢德堂水彩笔，圆头平头都会用到。其特性与温莎蓝杆基本相同，但是耐用度稍差一些，用过几次后笔锋容易弯曲，不过价格便宜很多。对于一些对笔锋要求不高的操作，如滤镜、流锈、简单的涂装等，可以使用这种笔（如图 378、图 379）。

380

381

第三种是尼龙笔，普通的美术笔就行，主要用的是平头笔。其笔毛吸水性差，又比较硬，比较适合干扫天然土等对笔的伤害比较大又不用太精细的操作，用过几次后就可以丢掉了（如图 380、图 381）。

382

383

384

385

刚开封的状态，笔锋尖锐，适合画眼珠等精细操作（如图 382）。

使用过一两次后，笔锋开始弯曲，可做一些简单的涂装（如图 383）。

长期使用后，笔毛分叉，只能干一些粗活（如图 384）。

平头笔对笔锋没有什么要求，旧笔刷做纹理反而效果更好（如图 385）。

5. 笔的养护

笔的使用情况复杂，一般来说水性漆对笔的伤害较小，一支笔可以使用很长时间。不过水性漆的一些操作对笔的状态要求较高，所以笔的养护很重要。这其中洗笔最为关键，恰当的操作可大大延长笔的寿命。而如果粗心大意，上色后不洗笔，用一两次后笔尖就有可能分叉。

洗笔不能简单用水冲洗了事，笔根部残留的颜料必须用酒精或者稀释剂彻底清除。洗净后如果暂时不用，需要用毛笔护理修复液对笔毛进行保护。下次再用时，用清水化开即可。

另外，硝基漆、珐琅漆、油画颜料等会比较伤笔，不过操作没那么精细，谈不上养护。需要注意的是，使用过以上颜料的笔最好不要再用来笔涂水性漆了（如图 386~ 图 389）。

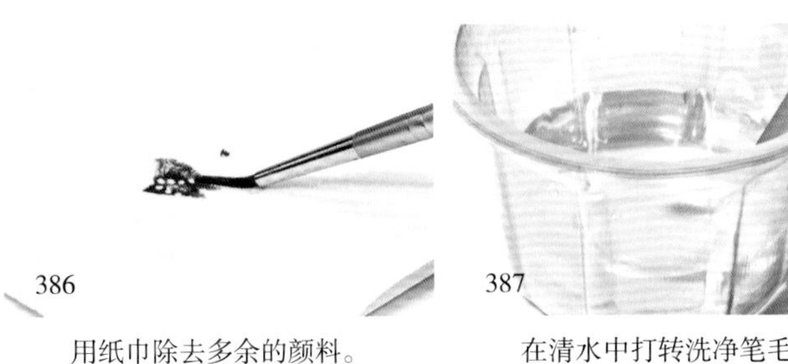

386 用纸巾除去多余的颜料。

387 在清水中打转洗净笔毛。

388 用酒精彻底清洗残留的颜料。

389 蘸满毛笔护理修复液并放置阴干。

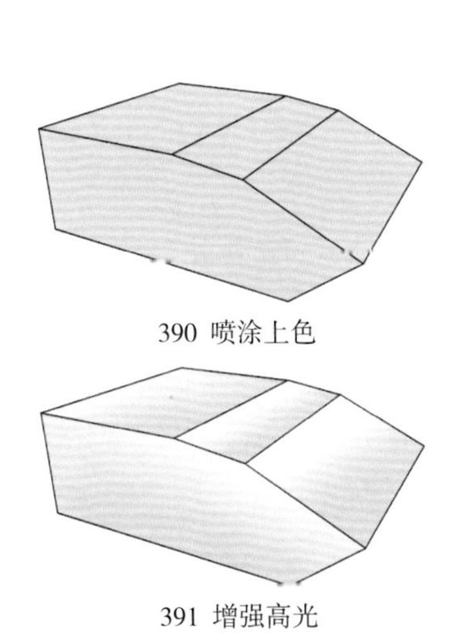

390 喷涂上色

391 增强高光

392 增强阴影

6. 油画颜料旧化实操

以 96B 主战坦克的旧化过程为例，讲解油画颜料在模型中如何使用。

96B 主战坦克不太适合用 CM 技法来喷涂。其一，96B 主战坦克虽然棱角分明，但是整个车体扁平，装甲面的夹角并不大。本身明暗对比就不明显，强行喷出明暗面来会比较假。其二，三色迷彩的坦克做光影渐变难度比较大，因为遮盖喷涂时不方便观察各个颜色之间的关系，很难掌握火候。而 96B 主战坦克的数码迷彩比普通迷彩还要硬朗和细碎，强行做 CM 会有种浓浓的欧美游戏风格，与本身题材不搭。

既然前期直接喷涂光影困难重重，于是改用间接法，用油画颜料后期一点点拉高明暗对比度，来强调坦克的形体和细节（如图 390~ 图 392）。使用到的颜料如下（如图 392）：

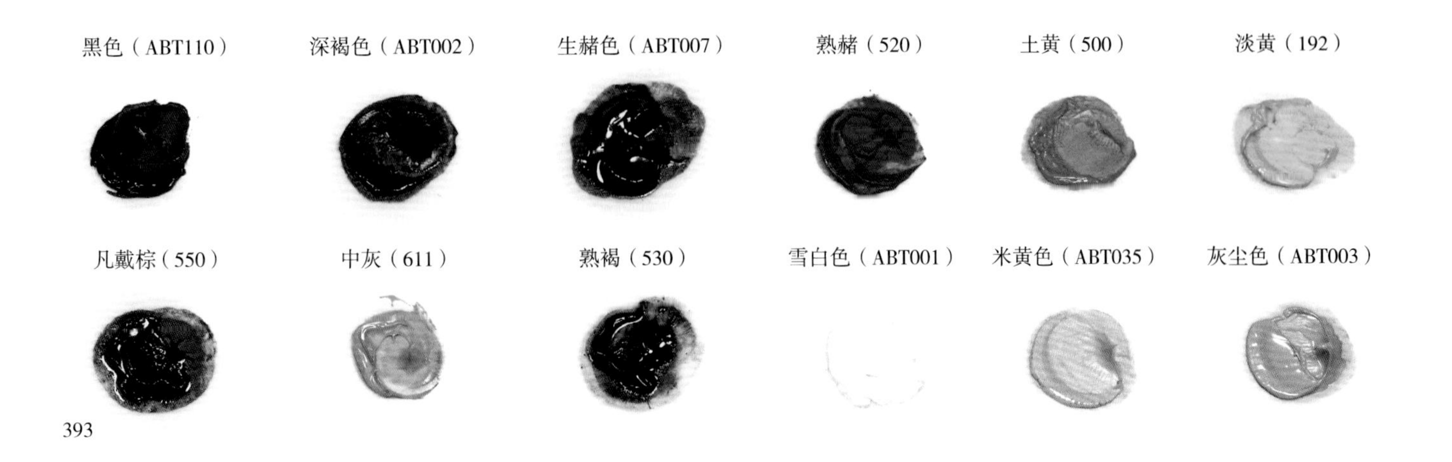

393

394

395

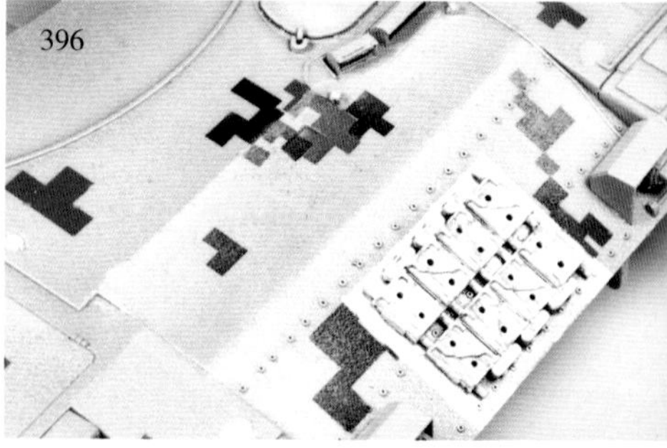
396

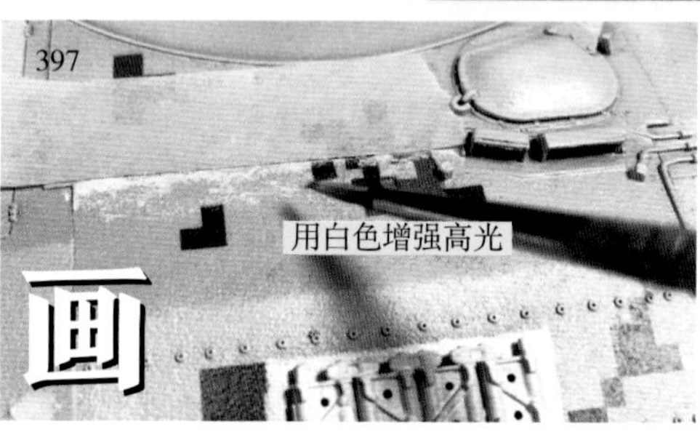

397

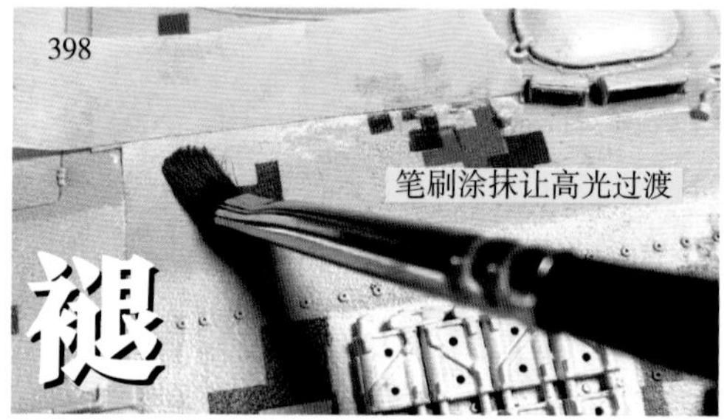

398

399

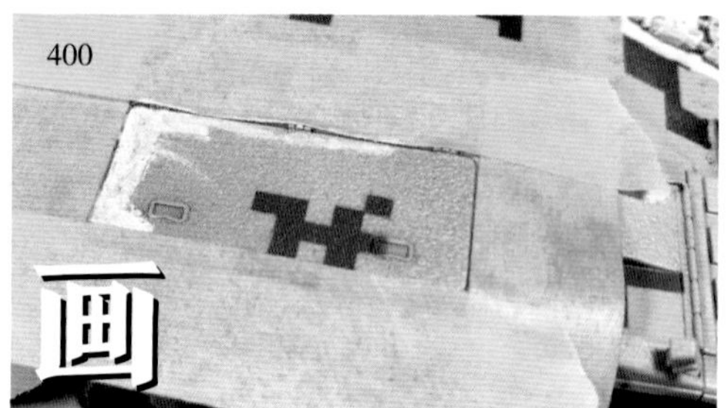

400

401

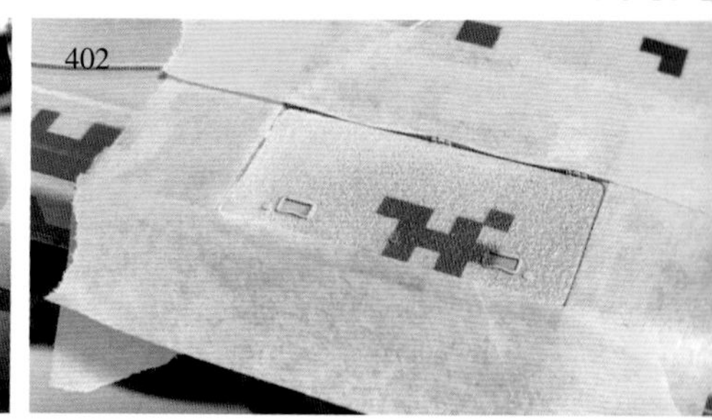
402

①增加对比度 – 提亮高光。

首先在装甲转角处添加一些白色油画颜料，之后用平头笔刷轻轻涂抹，让高光平滑过渡。如果涂抹起来比较困难，可以略微蘸一点稀释剂，用纸巾擦干笔刷后，再进行涂抹。

另外，为了让高光边缘显得硬朗，操作前要用遮盖带对边缘进行遮盖。完成后需要放置数日，让颜料彻底干燥牢固后，再进行下一步操作（如图 394~ 图 402）。

油画颜料干燥较慢，在完全干燥前，可以进行很多调整。不同的工具和笔法，对最终效果影响很大。比如较软的笔刷可以柔化高光和阴影过渡，较硬的笔刷可以制作垂纹和尘土堆积纹理。具体的笔法操作见右侧的表格。

画	定义：画是一种精确添加颜料的技法，是颜料的来源。
褪	定义：褪是一种让模型上已有的油画颜料平滑过渡的笔法。
刷	定义：刷是一种让模型上已有的油画颜料产生一定纹理的笔法。
扫	定义：扫是一种通过局部着色，强化模型表面原有纹理或细节的笔法。
戳	定义：戳是一种通过局部着色，产生纹理的笔法。
擦	定义：擦是一种去除颜料的笔法，让模型表面的颜料均匀减少。

②增加对比度 - 压暗阴影。

用松节油把深褐色油画颜料稀释成液体进行局部渍洗，通过加深阴影部位来提高模型的对比度（如图 403~ 图 408）。

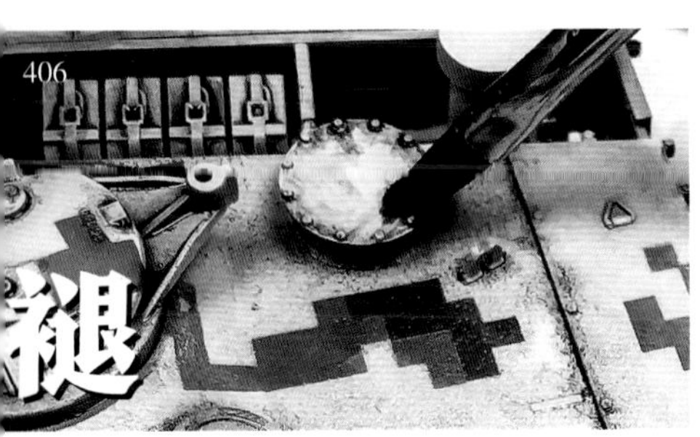

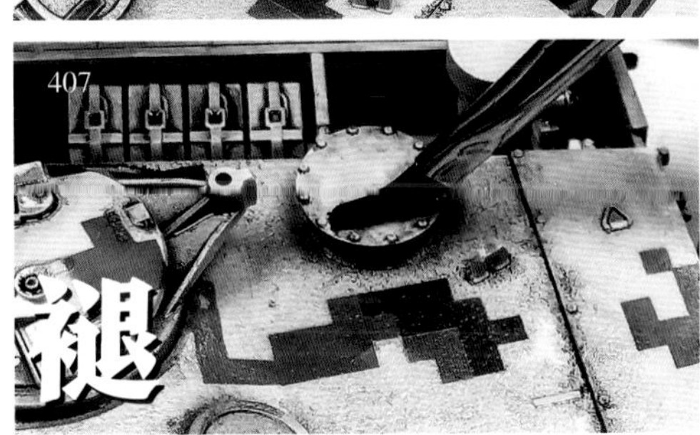

操作：用笔尖蘸取少量油画颜料，直接添加在模型上。颜料色块边缘比较硬，需要配合其他笔法才能达到理想的效果。添加的颜料不宜过多，下笔也切勿凌乱，否则会给后期带来麻烦。	工具：一般使用小号圆头笔，如果面积较大，也可使用中号笔。
操作：用干净的笔刷蘸取少量稀释剂，边转圈边柔刷油画颜料处，让颜料随笔刷渐渐晕开。笔是若即若离的，不能太用力。而且要时刻保持笔头的清洁，不能有过多的颜料残余。	工具：一般使用柔软的圆头笔，可以稍微旧一点。笔头大小根据模型表面大小而定。
操作：用略微湿润的干净笔刷，朝一定方向刷油画颜料。笔的运动方向是单向的，不能反复刷，那样会使笔痕凌乱。刷只是轻轻把一部分颜料刷走，下笔不用过重。	工具：一般使用硬度适中的平头或圆头笔，笔头大小根据模型表面大小而定。
操作：扫和刷很像，但是方向不固定，可以来回反复扫。直接蘸取未稀释的油画颜料，并用纸巾擦干净，用笔上残留的一点点颜料在模型凸起的细节上扫动着色。	工具：一般使用硬度适中的平头笔，笔头大小为中号或大号。
操作：事先在模型上添加少量颜料，垂直用笔，反复在模型表面轻戳。	工具：一般使用比较硬的大号平头笔，笔头旧一些效果更佳。
操作：用干净的纸巾，不蘸任何稀释剂直接在模型表面擦除油画颜料。擦的力道越大，清除效果越强。擦的方向一般为单向，反复擦会使模型表面的颜料混合而变脏。	工具：一般使用眼镜布或不会掉屑的纸巾。

用勾线笔在缝隙处添加一些生赭色和黑色的混合颜料（如图 409）。

用蘸有少量稀释剂的勾线笔在缝隙两侧涂抹，去除多余的油画颜料（如图 410）

对于转角细节，需要借助遮盖纸来进行刻画（如图 411）。

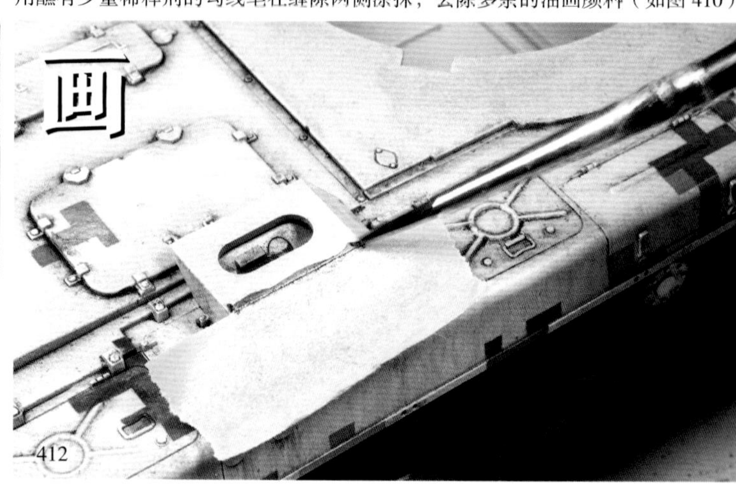

沿遮盖纸边缘涂抹一些生赭色和黑色的混合颜料（如图 412）。

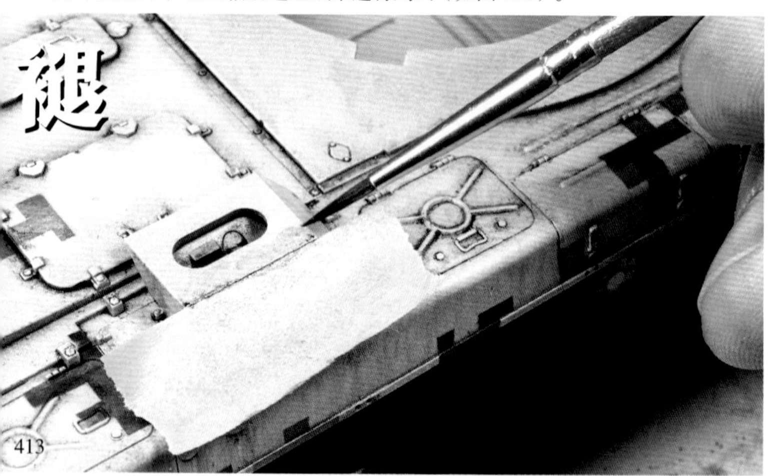

用蘸有少量稀释剂的笔在一侧涂抹，除去多余的颜料（如图 413）。

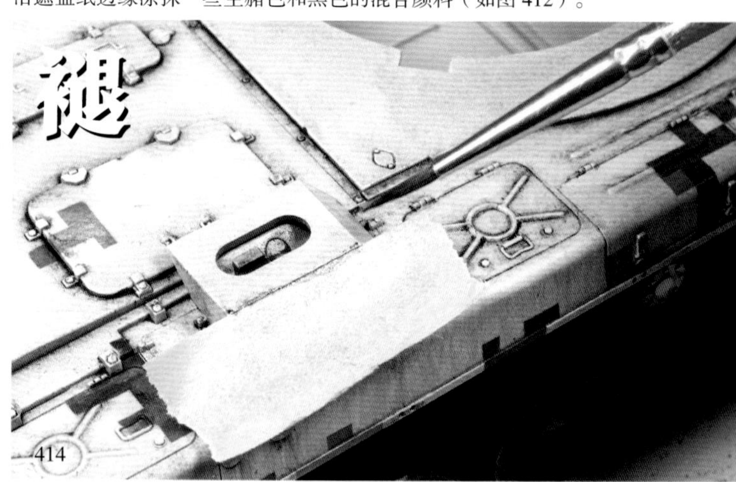

继续增加稀释剂用量，让颜色过渡更均匀（如图 414）。

揭下遮盖纸后，发现颜色有些过重，可用干净的纸巾轻轻擦拭调整（如图 415）。

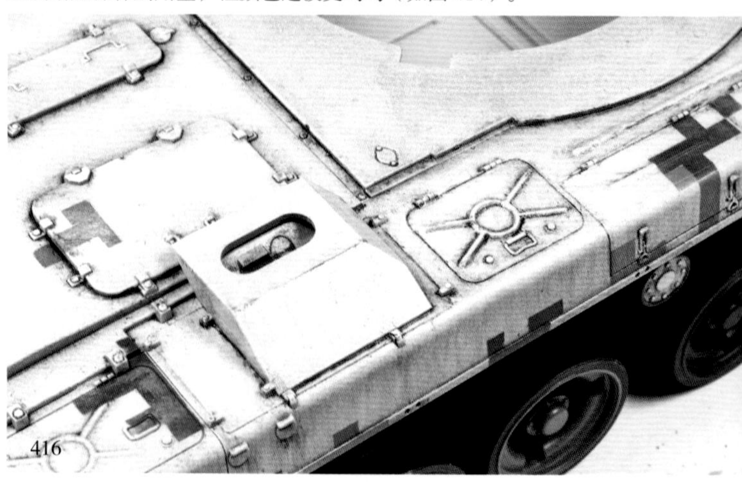

最终完成效果（如图 416），转角细节得到了加强。

③添加纹理。

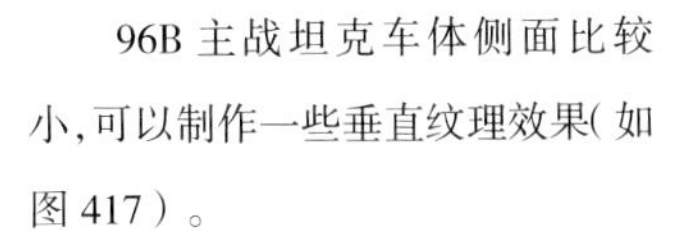

96B主战坦克车体侧面比较小,可以制作一些垂直纹理效果(如图417)。

417

在下部缝隙处添加一些生赭色和黑色的混合颜料。如果颜料过于浓稠，可适当加一些稀释剂（松节油）（如图418）。

418

取一支旧笔刷，笔毛已经分叉的最佳。蘸取少量稀释剂，把颜料的边缘柔化处理一下（如图419）。

419

用旧笔刷蘸取少量稀释剂，从下往上挑，把颜料垂直刷上去。重复操作几次后，车体上就会出现垂纹,模拟污渍被水冲下的效果(如图420)。

420

最终完成效果（如图421）。注意刷的方向是从下往上，不能来回反复刷，也不能东倒西歪，那样纹理会很凌乱。

421

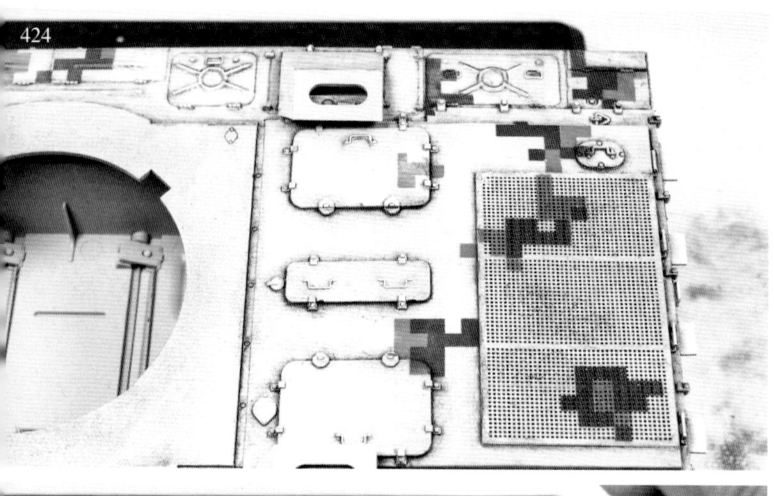
424

422 423

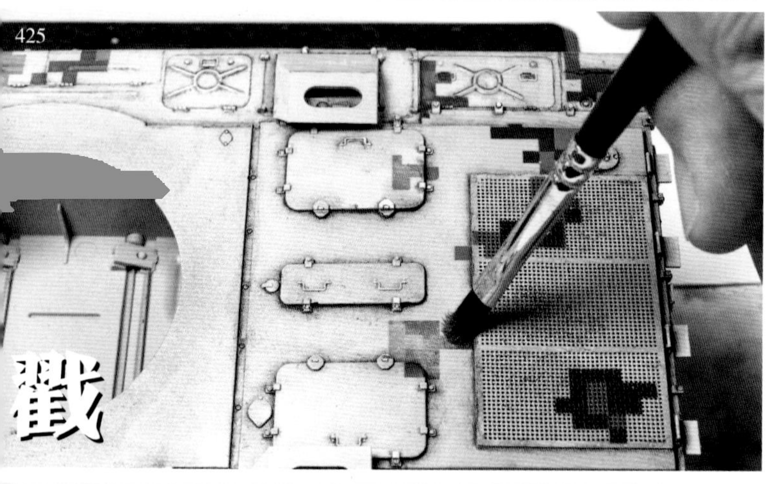

425

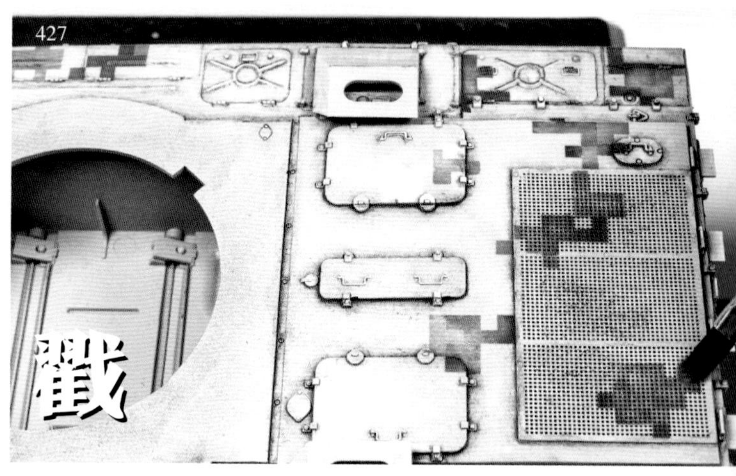

427

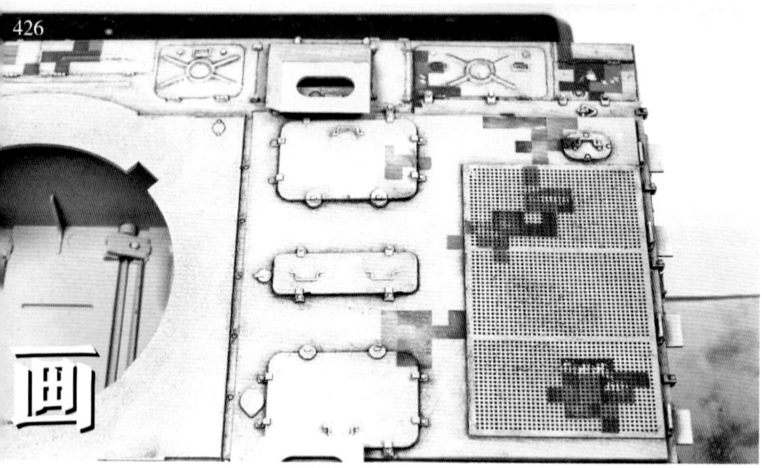

426

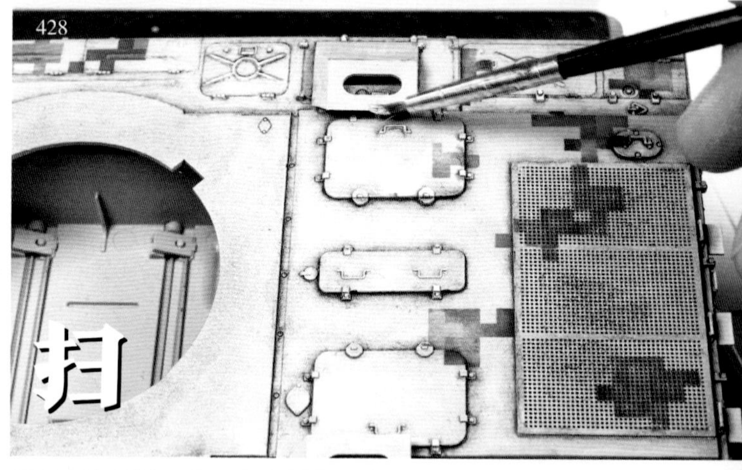

428

④强化色差。

事先添加米黄色、灰尘色油画颜料于坦克表面。取一支旧平头笔，越旧越好，把颜料一点点戳开。也可以直接在平头笔上蘸一点颜料，在模型上戳。反复操作几次后，尘土遮住迷彩色块的感觉就出来了（如图424~图427）。

取一支旧勾线笔，蘸取少量浅色油画颜料，在突出的小细节上干扫，让这些细节更亮更抓人眼球一些。最后用旧勾线笔蘸取米黄色，干扫修正，让之前的高光效果不那么生硬（如图428、图429）。

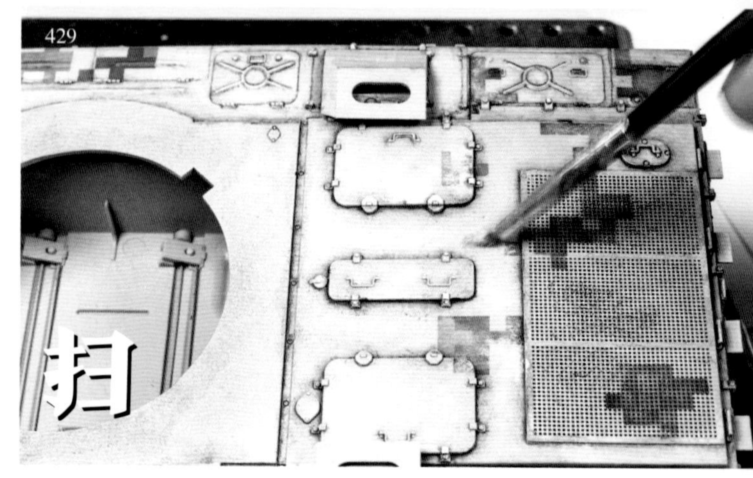

429

取一支旧平头笔，把米黄色、灰尘色油画颜料随机戳在装甲侧面，模拟浮尘效果（如图 430）。

430

继续添加一些深色的油画颜料，模拟做出一点色彩渐变（如图 431）。

431

在之前的基础上，继续轻轻戳一些米黄色和灰尘色，弱化深色油画颜料（如图 432）。

432

用干净的纸巾，从上往下轻轻擦拭模型表面，清除多余的油画颜料。擦的力度非常微妙，刚接触时力道重，将要离开时力道轻，让尘土上部少下部多，前部少后部多（如图 433）。

433

最终效果如图（如图 434~437）。

注：以上操作案例会提到一些用色，但不局限于这些颜料。可根据喜好增减其他颜料，让模型色彩更丰富。

435

80D 35mm 0.2 秒（f/16）ISO100

436

80D 35mm 0.2 秒（f/16）ISO100

437

比赛过程中坦克经过深水坑，还一路带起不少尘土，坦克表面肯定会沾有很多污渍。另外，坦克不少地方挂有红色飘带，后期会用红纸进行追加（如图 438~ 图 442）。

坦克天线长度与轮距的对应关系已经在图中标出，为天线制作提供了依据。天线使用的金属棒和顶部彩旗，都来自于星河数码迷彩遮盖纸套装（D35001）（如图 443）。

履带的处理手法与上一节无异，这里就不再赘述了。不同的是这次没有使用发黑液，而是直接给履带喷涂着色，再用天然土进行旧化（如图 444~ 图 446）。

在油画颜料旧化的基础上，又用 AK 灰尘和泥土沉积效果旧化套装（AK4060）配合石膏粉，制作了泥溅效果（如图 447、图 448）。

449

水贴不服帖的地方，用硬物压实，再重新渗线处理。

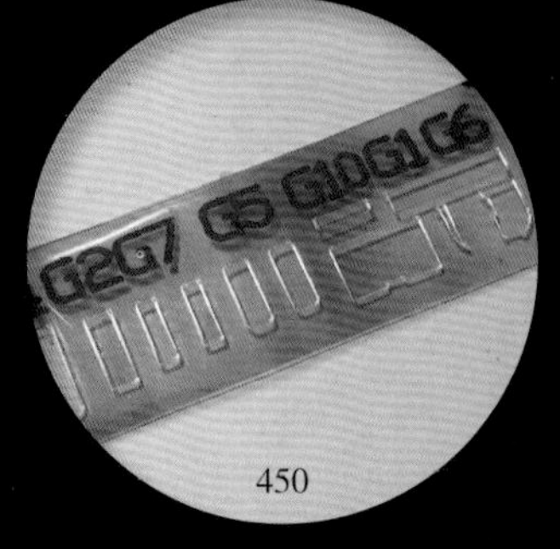

450

星河数码迷彩遮盖贴纸里附送了虹膜贴纸，并且已经剪裁好。

451

用啫喱胶把贴纸粘到观察镜上，镀膜的质感马上就出来了。

452

如果贴纸过于耀眼，可以适当喷一些半消光保护漆，削弱反光。

4.3.4 战车细节追加

参考实车照片追加一些细节，可以为模型增色不少。这辆坦克添加的细节有观察窗镀膜、天线、彩旗、飘带、烟熏效果等（如图 449~ 图 466）。

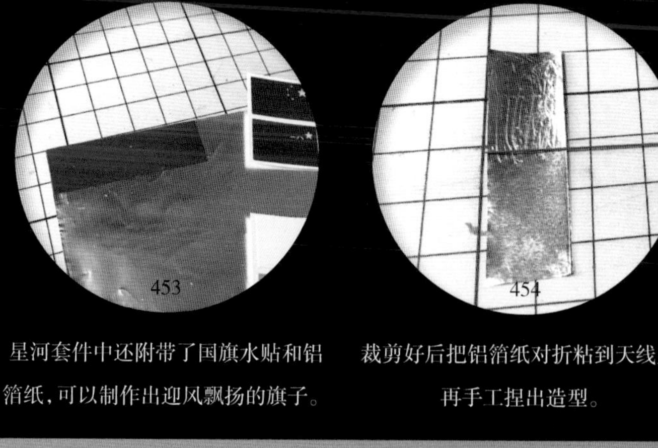

星河套件中还附带了国旗水贴和铝箔纸，可以制作出迎风飘扬的旗子。

裁剪好后把铝箔纸对折粘到天线上，再手工捏出造型。

用田宫消光黑大比例稀释后，给排气口制作一点烟熏效果。

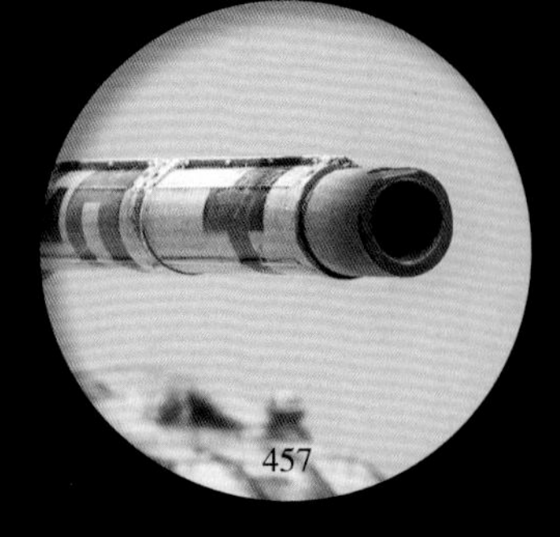

炮口处也淡淡地喷一点烟熏效果，点到为止就好。

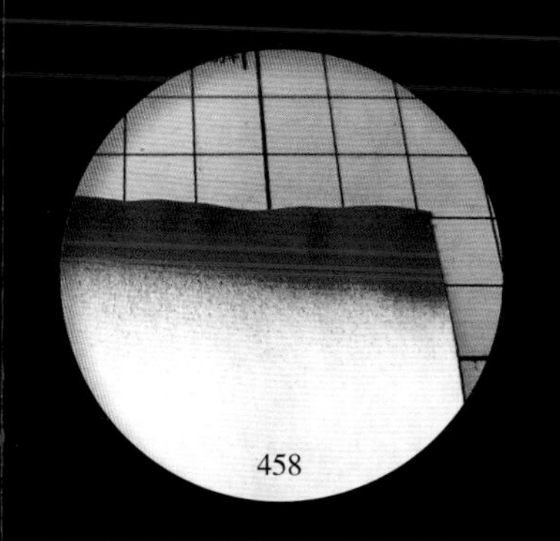

458

把复印纸用红色染透，来制作车上的红飘带。

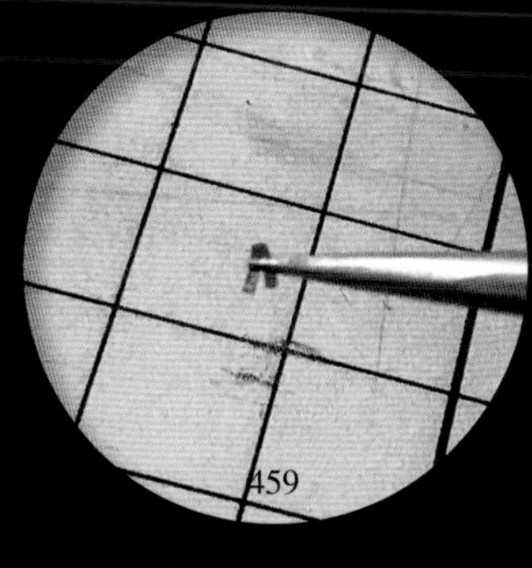

459

把红纸剪裁成小布条，再弯折成飘带的形状。

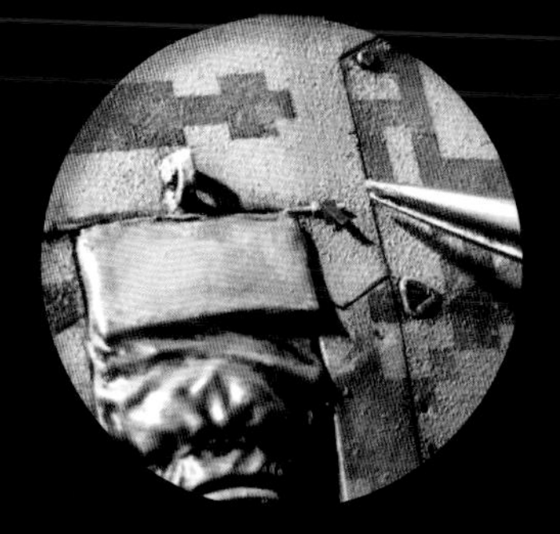

用啫喱胶粘接在需要的位置。

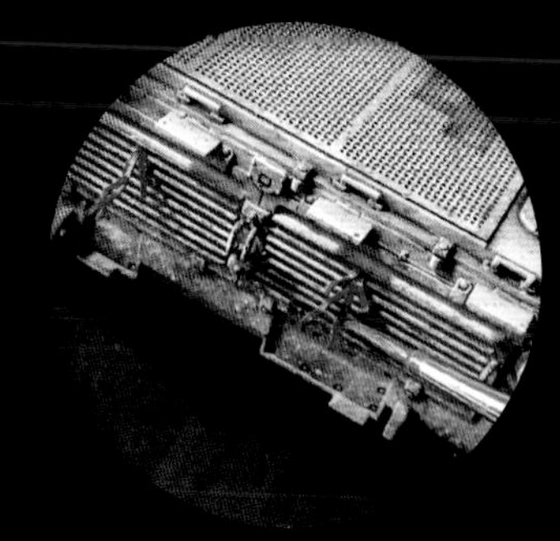

坦克尾部的飘带可以用泥土效果液进行简单旧化。

462

80D 35mm 0.2 秒（f/16）ISO100

80D 35mm 1/4 秒（f/16）ISO100

装上履带后，根据整个环境对其进行旧化调整，与泥溅颜色一致。

465

80D 35mm 1/6 秒（f/16）ISO100

坦克前部挡泥板应当略微点缀湿泥效果。

466

80D 35mm 1/8 秒（f/16）ISO100

拍摄这组照片时，仅用了一个手持面状光源，位于模型正上方。它就像舞台上的聚光灯一样，能把人的目光汇聚于模型上，并通过微调光源的角度和位置，来获得最佳的光影效果。

4.3.5 疾驰特效场景制作

96B 主战坦克在赛场上疾驰时，尾部产生了大量扬尘，这给场景创作带来了启发。接下来会用随手可得的耗材，为坦克模型打造一个沙漠环境的地台，并用棉花制作坦克疾驰的特效（如图 467~ 图 514）。

467 坦克在沙地上疾驰的效果。

468 地面用到了造景泥和种植土。

469 还有大小石子、晶体矿物石（木屑）、落叶效果粉。

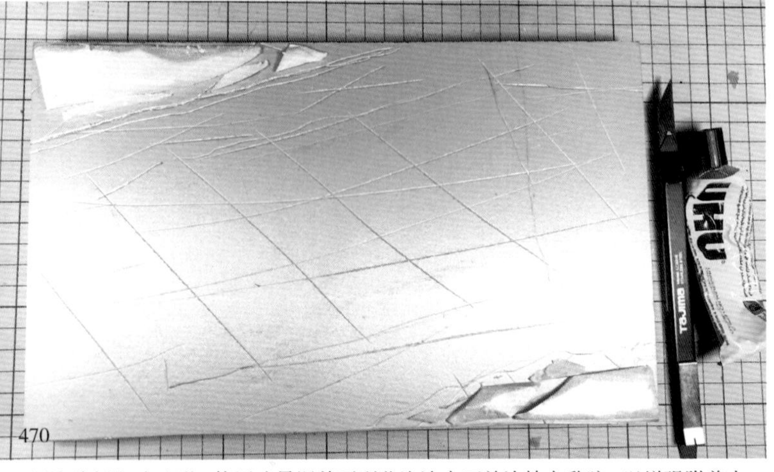

470 用泡沫板塑造地形，使用造景泥前要刮花泡沫表面并涂抹白乳胶，以增强附着力。

471 用调色刀把造景泥铺在地面上，并用海绵轻戳其表面来制作粗糙的肌理。

472 在路边嵌入一些较大的石块。

473 在湿润的造景泥上，铺满沙子和种植土。

474

在半干的地面上，用橡胶履带压出坦克驶过的痕迹。

475

把落叶和木屑混合并捣碎。

476

在路边随机撒一些碎树叶，并用白乳胶溶液固定。

477

成品草株适合单个点缀。

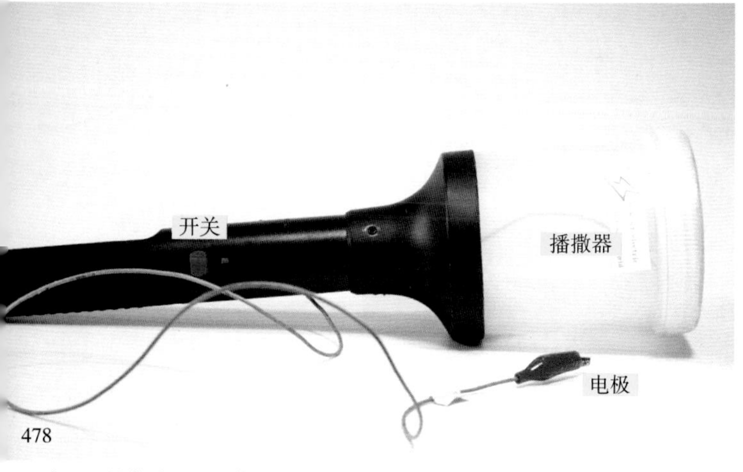

478

大面积植草需要用到静电植草器。

479

等比例混合两种草粉。

480

手工撒草粉不但效率低，而且效果欠佳。

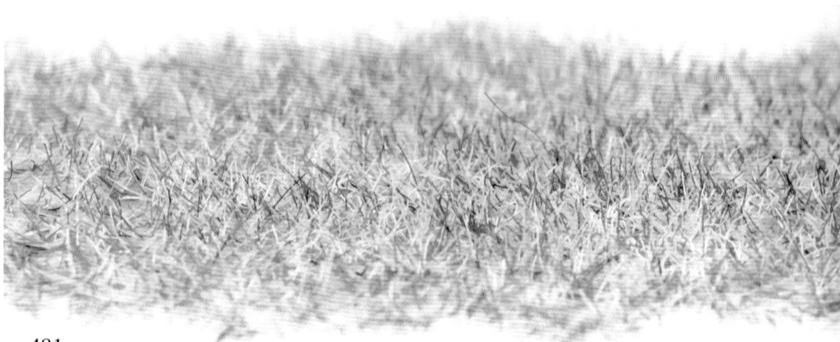

481

静电植草器种草效率高，而且草粉更加挺拔，效果更接近真草。

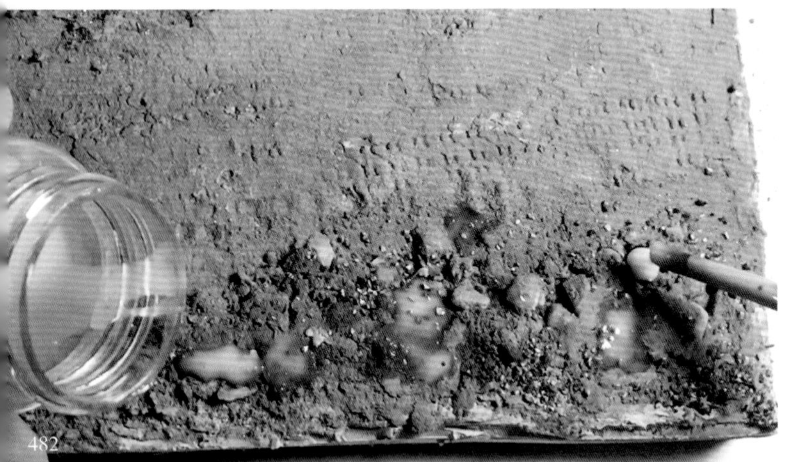

植草前，把白乳胶随机涂抹在地面上。

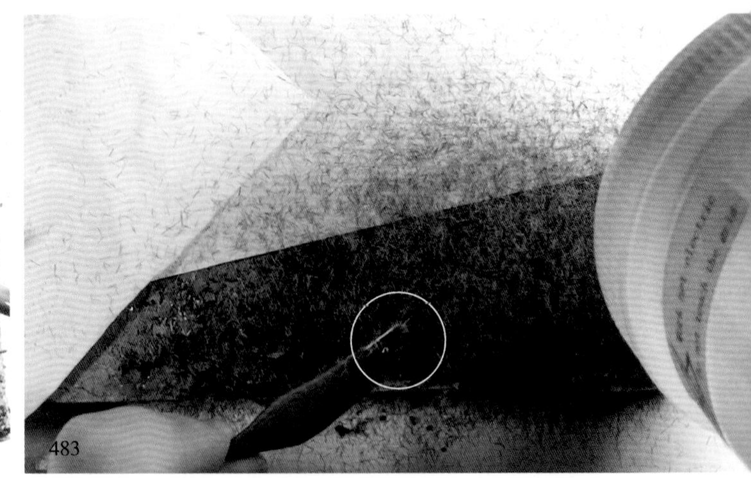

把电极插入地面，按住开关轻轻摇晃植草器，让草粉掉落在白乳胶上。

抖掉多余草粉，并用木棒拨弄草皮，让它生长得更随机一些。

种植单株的草作为点缀。之后随机撒上木屑、小石子等，并用白乳胶溶液固定

地面未干透时会有胶痕。

分别用浅色、深色两种天然土对路面和路边进行干扫，增加地面颜色层次。

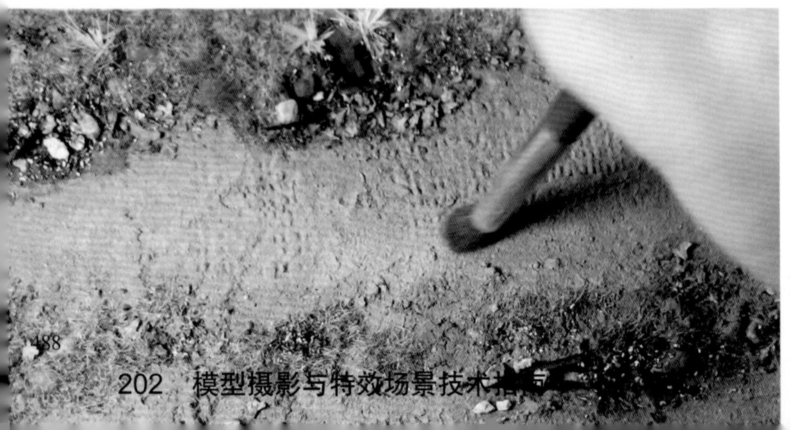

株枯草可以用猪鬃毛刷自制。取一绺鬃毛，约 1cm 长，尾部一刀剪齐插在涂好白乳胶的地面上。用指尖轻轻拨弄植好的鬃毛，让其向四周散开，形成草株的形态。

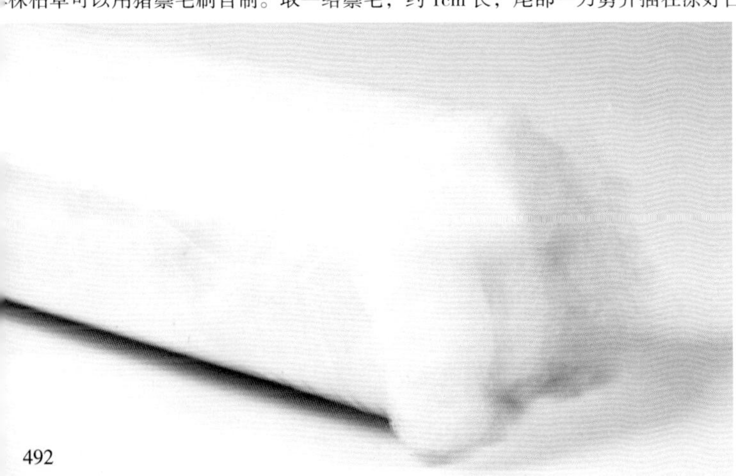

]医用脱脂棉制作坦克后部的扬尘。

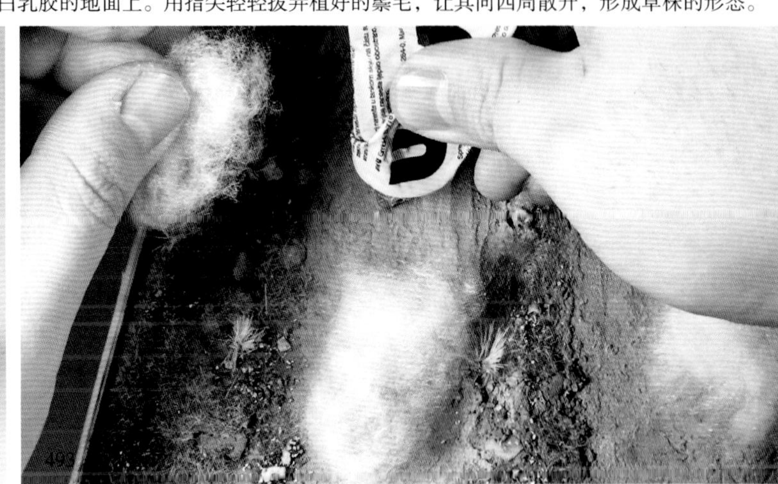

用 UHU 胶水把棉花一朵朵黏到地面上。

]工具修整造型，让棉花蓬松起来。

之后把发胶喷到棉花上，固定其造型。定型后就尽量不要再揉捏棉花了。

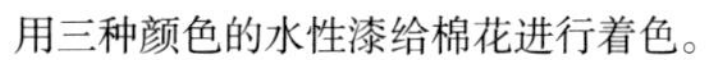

用三种颜色的水性漆给棉花进行着色。

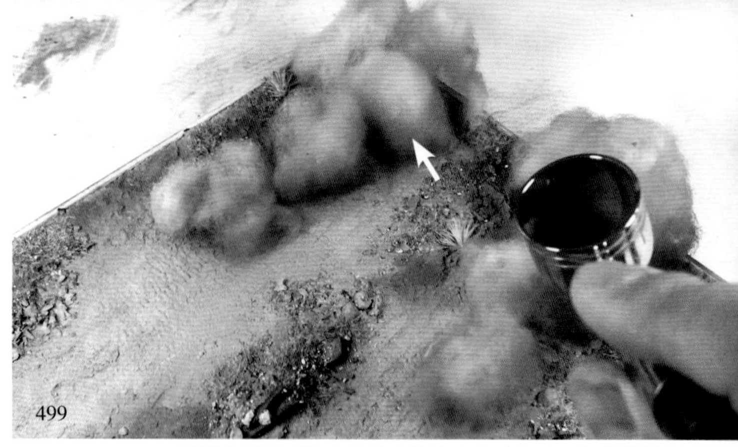

把深色颜料喷涂在棉花球的缝隙和下表面，塑造阴影。

拍摄完成照时使用了三个光源。其中左右两盏台灯照亮主体和背景，通过调整二者位置，让坦克产生恰当的阴影关系。另外一盏聚光灯在模型侧后方作为轮廓光。完成布光后，使用灰卡对相机色温进行校准（如图 503、图 504）。

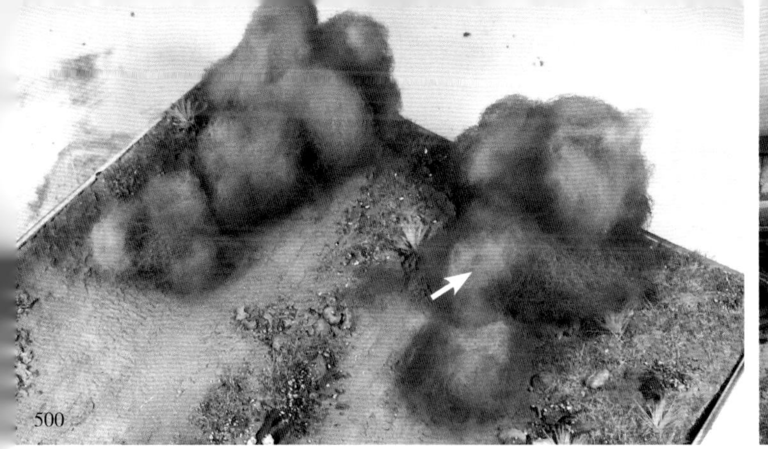

完深色后，棉花会比较暗，用浅色颜料喷涂棉花球顶部，增强高光效果。

包裹一层更蓬松的棉花并重复以上步骤，最后把坦克放入场景中调整棉花造型。

5DSR 50mm 1/4 秒（f/16）ISO100

509

511

512

513

514

5DSR 50mm 1/4 秒（f/16）ISO100

510

5DSR 50mm 1/4 秒（f/16）ISO100

4.4 金属特效：中国空军 P-51D 战斗机

P-51“野马”战斗机不但作战性能优秀，而且易于生产和驾驶，二战中美国陆军航空队（USAAF）不仅自己大量使用，还通过《租借法案》将相当多的“野马”援助给其他同盟国。当时的中国因此获得了不少 P-51“野马”战斗机，主要是 B、C、D 与 K 型。解放战争爆发后，很多国军将士不赞同国民党当局的统治，纷纷起义投诚，投奔中国共产党领导的人民军队。于是中国人民解放军获得了当时世界上最先进的活塞式战斗机。

这架现藏于中国人民革命军事博物馆的 P-51D 战斗机非常引人注目。战机外观充满了历史的沧桑感。其铝制蒙皮异常斑驳，既有深浅不一的氧化斑，也有战斗带来的损伤。岁月的痕迹、战斗的痕迹相互叠加，一起诉说着它的前世今生。

战机下部的展台设计独具匠心。几何形的造型简洁明快，充满运动感，与战斗机的气质相符。展台内还设置了很多聚光灯为战机补光，在把金属蒙皮质感表现得淋漓尽致的同时，也避免了下部光源可能会带来的眩光（如图 515~ 图 521）。

515

516

517

518

519

520

521

4.4.1 驾驶舱内构制作

驾驶舱仪表盘是战机模型中最精致的地方，也是完成后最不容易看到的地方。但越是注意不到的细节，越需要用心去做，这样才能提升整个模型的可信度。

套件中提供的水贴比较厚实，笔者用水贴软化剂、棉签、吹风机等工具让它尽量服帖一些，之后喷涂半消光保护漆保护（如图522~ 图 525）。

对按钮进行分色后，用勾线笔把田宫光油点在仪表盘上，制作出玻璃亮晶晶的效果。

干扫银色可以提升零件的金属感。用旧笔刷蘸取少量银色颜料，先在纸巾上蹭干，再在零件凸起处轻轻扫动。干扫时不要图快而蘸取大量颜料，那样制作出来的效果会比较假。虽然一遍干扫效果不是特别明显，但是多次操作后，金属感就会呈现出来（如图526~ 图 530）。

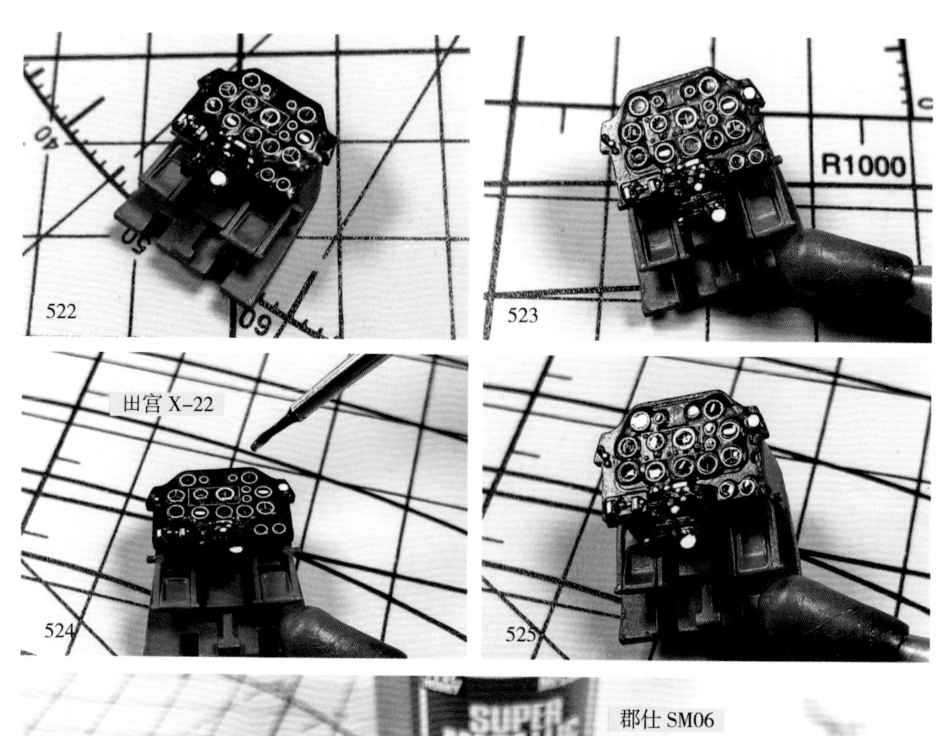

522 523 524 525

526

527

528

529

530

专业模型无缝夹比较贵，可用美术夹子来替代。为了防止普通金属夹子划伤塑料，要用纸巾或者遮盖纸垫在中间进行保护（如图 531、图 532）。

喷涂前一定要对模型表面进行彻底清理。先用气吹和静电刷去除大块的灰尘和绒毛，之后用干净的眼镜布蘸取少量酒精擦拭模型表面，去除指痕（如图 533~ 图 535）。

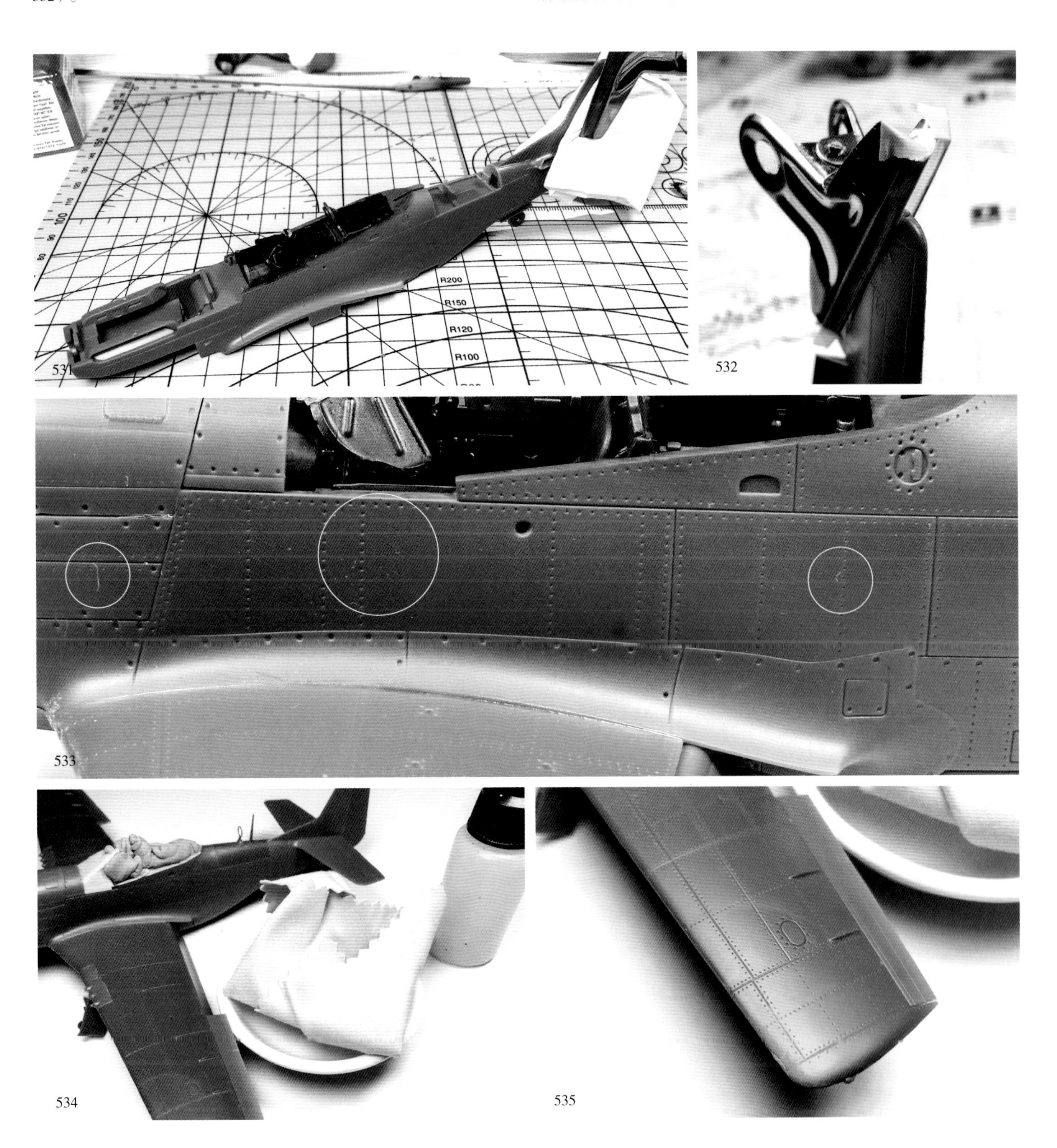

531 532 533 534 535

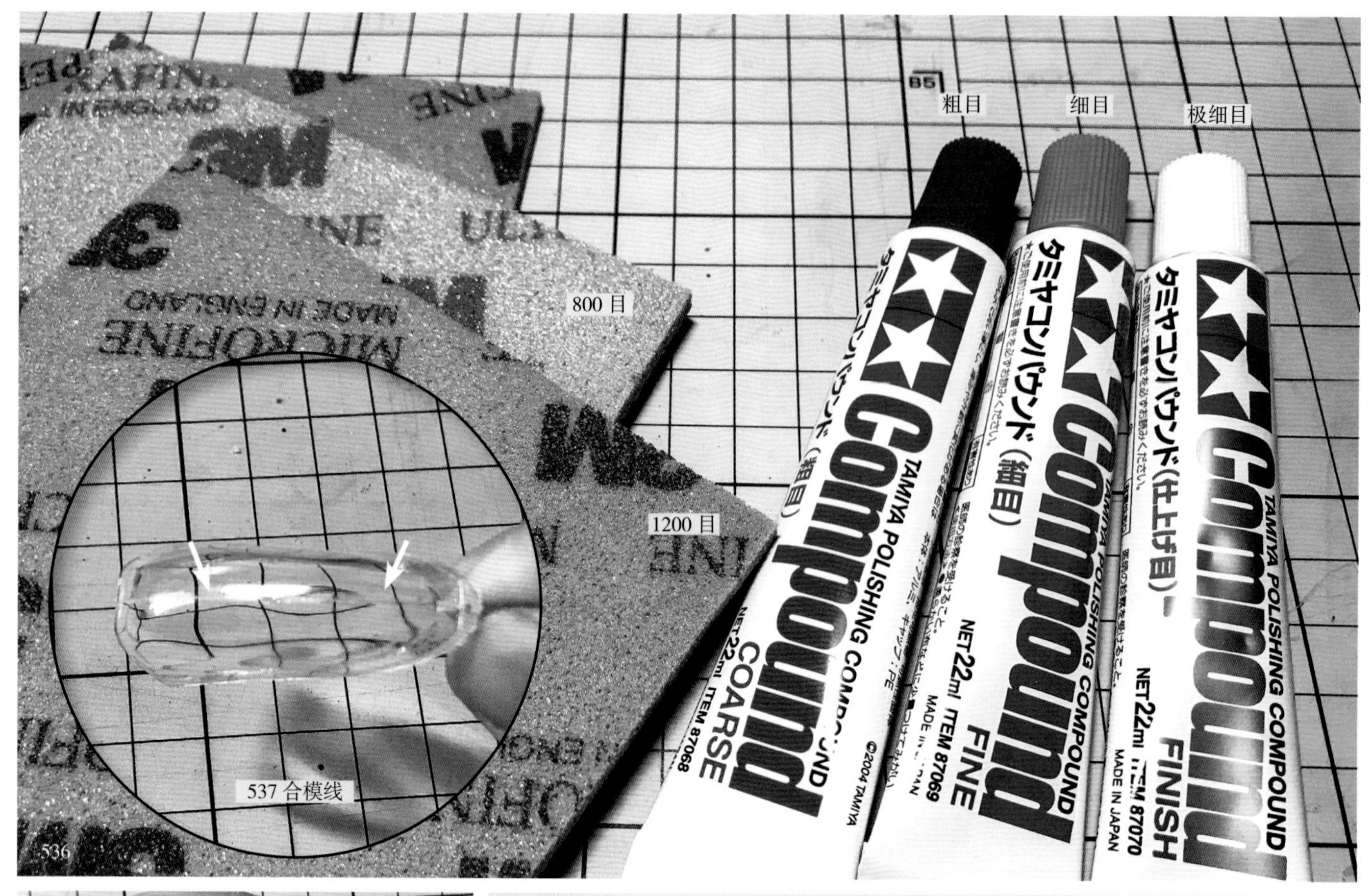

536

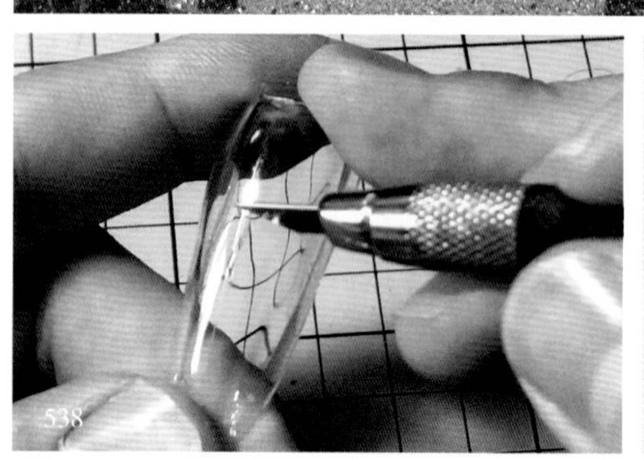

538

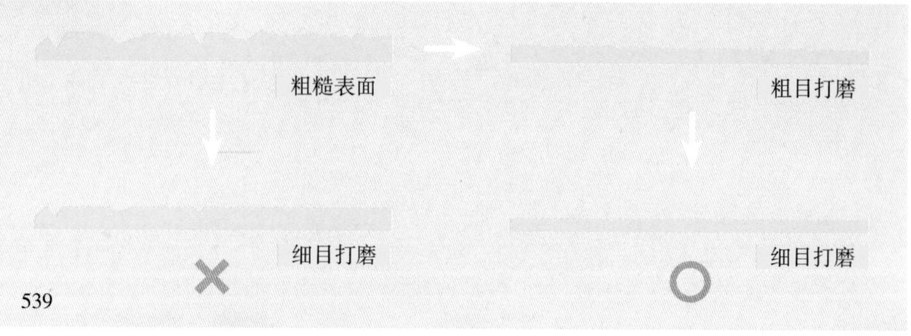

539

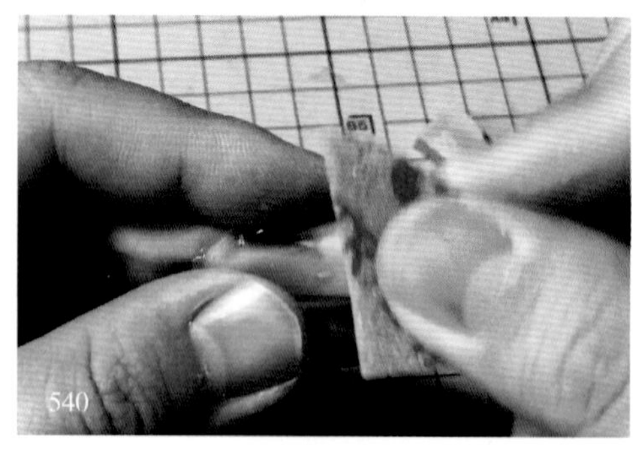

540

541

4.4.2 驾驶舱盖抛光

驾驶舱盖为透明件，其处理比较特殊，主要分为打磨抛光和遮盖喷涂两个部分（图 536、图 537）。

先说一下打磨抛光。一些舱盖上会有难看的合模线，这在真实世界中显然是不存在的，所以一定要去除掉。打磨的过程要遵循一定的章法，先粗后细循序渐进。如果直接用细目打磨，物体表面会残留一些比较深的划痕无法去除（如图 539）。

正确的操作流程如下：

* 用笔刀刮掉合模线（如图 538）。

* 用 800 目砂纸轻轻打磨合模线处（如图 540）。

* 用 1200 目砂纸继续打磨（如图 541）。

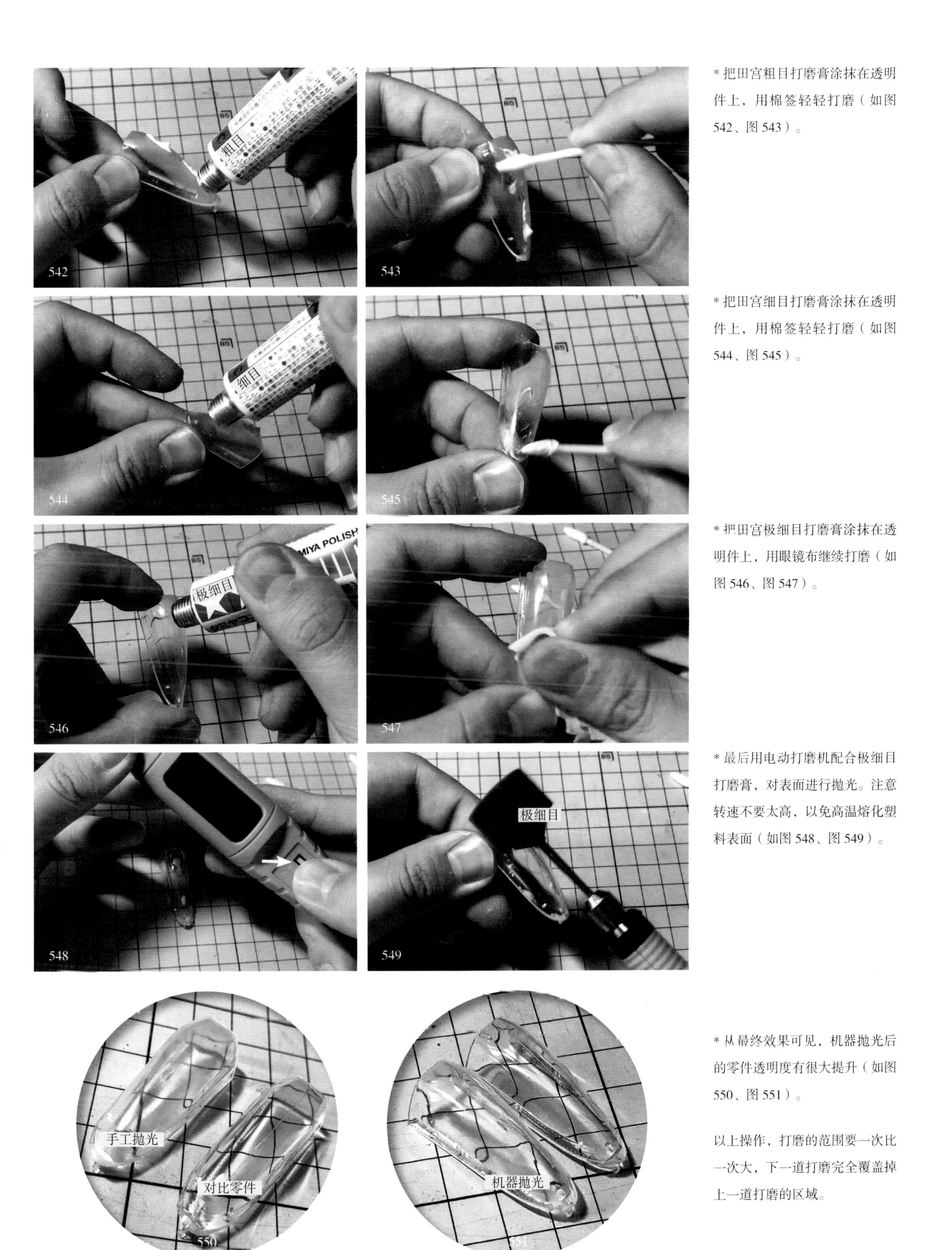

* 把田宫粗目打磨膏涂抹在透明件上，用棉签轻轻打磨（如图542、图543）。

* 把田宫细目打磨膏涂抹在透明件上，用棉签轻轻打磨（如图544、图545）。

* 把田宫极细目打磨膏涂抹在透明件上，用眼镜布继续打磨（如图546、图547）。

* 最后用电动打磨机配合极细目打磨膏，对表面进行抛光。注意转速不要太高，以免高温熔化塑料表面（如图548、图549）。

* 从最终效果可见，机器抛光后的零件透明度有很大提升（如图550、图551）。

以上操作，打磨的范围要一次比一次大，下一道打磨完全覆盖掉上一道打磨的区域。

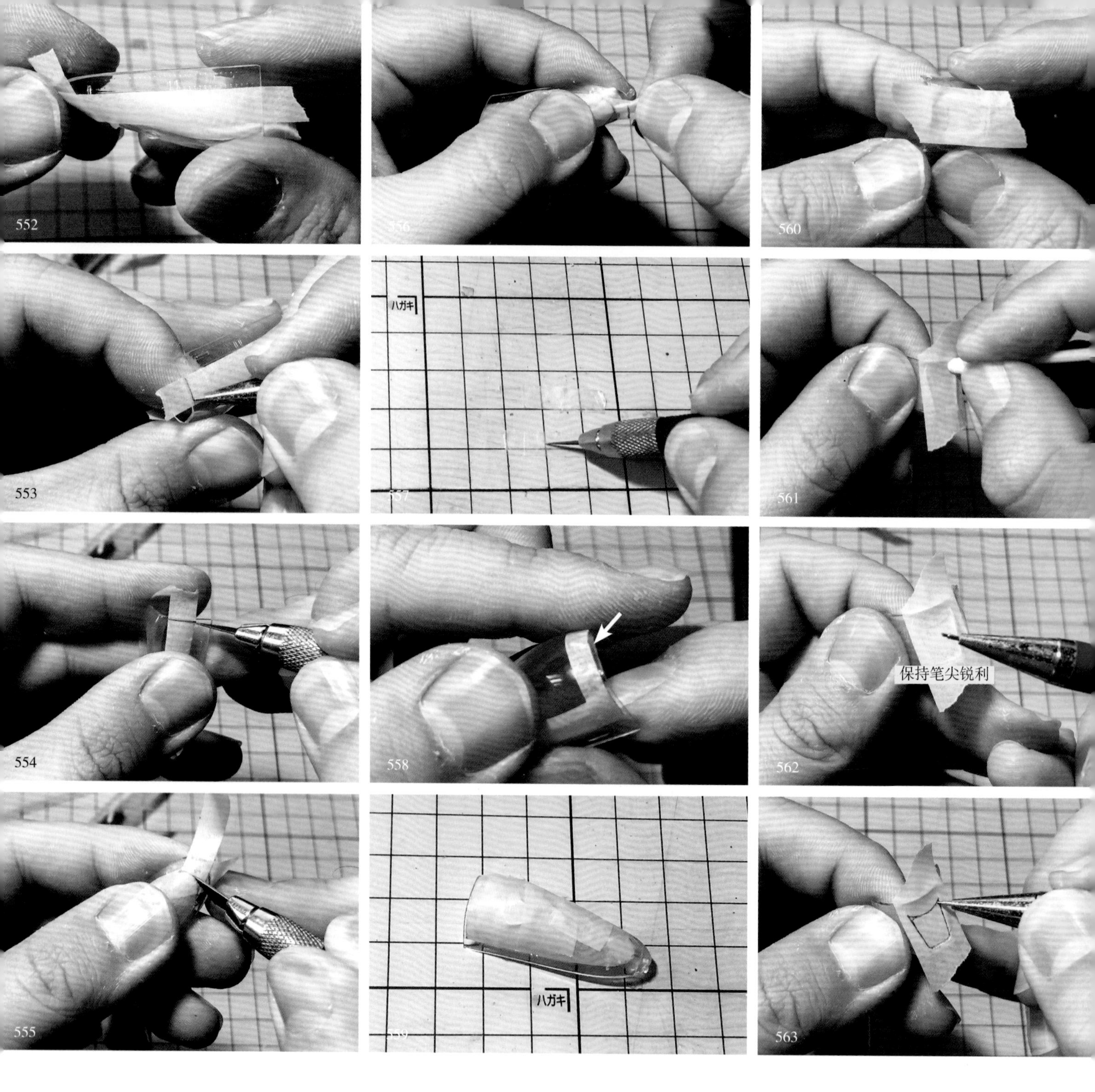

再来说一下遮盖喷涂。对于比较大的弧面，要重点守住边缘：

* 把细遮盖带紧贴舱盖边缘，用铅笔压实端头并除去多余部分（如图 552、图 553）。

* 切割的时候用力不要过大，沿缝隙轻轻划过即可（如图 554、图 556）。

* 对于曲度特别大的弧面，要用更细的遮盖带，以免边缘翘起（如图 557、图 558）。

* 遮盖好边缘后，再遮盖其余部分和舱盖内壁（如图 559）。

对于弧度比较小、面积也比较小的表面，可以直接整体遮盖：

* 把遮盖纸贴满零件表面，并用棉签压实排出空气（如图 560、图 561）。

* 用铅笔勾勒、压实边缘，再用笔刀轻轻切除多余部分（如图 562~ 图 565）。

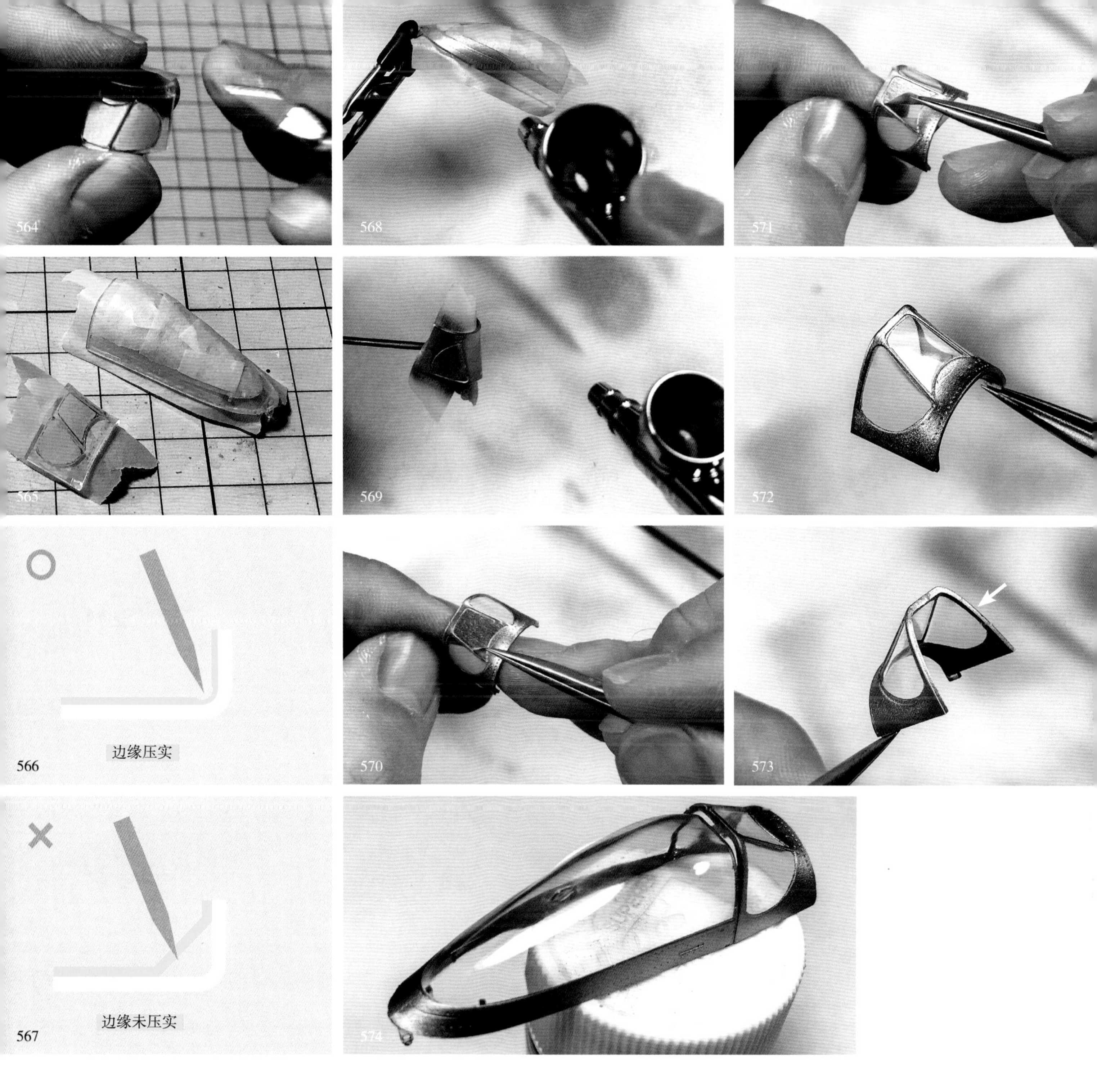

用笔压实边缘可以让遮盖纸紧贴零件的转角处，并形成浅浅的凹槽方便笔刀切割（如图 566）。

如果没有压实边缘，遮盖纸和零件之间存在一个小小的空腔，笔刀切过时会左右摇摆，影响精密度（如图 567）。

喷涂前要再次压实边缘处，防止渗漏。喷涂时要多层薄喷，之前一层干了再喷下一层，防止漆膜太厚揭遮盖纸时发生脱落。可以不喷补土直接喷漆，这样内外颜色统一不容易穿帮（如图 568~ 图 572）。

舱盖的侧面也要喷到，这样在舱门呈打开状态时，会显得更真实（如图 573~ 图 574）。

4.4.3 金属机身涂装

黑色补土有利于金属漆发色，案例中使用的是郡仕1500号黑色补土（SF288）。补土的标号数值越大，补土的颗粒越小，完成后的漆面越细腻。一般来说，战机模型使用1500号补土，战车模型使用1000号，500号补土非常粗糙，可用来制作战车防滑纹（如图575~图578）。

575

576

577

578

涂装前对实物照片的分析是必不可少的。大部分战机在保养维护时局部更换过蒙皮，会出现蒙皮新旧程度不同的情况（如图 579）。这直接反映在金属的颜色上，飞机表面好像打了补丁，深一块浅一块。表现这种质感也非常简单，遮盖喷涂就可以做到。

579

这架 P–51D 的情况略有不同。受当时的情况所限，它可能没有更换蒙皮的条件。故飞机表面的氧化程度比较一致，呈现出非常斑驳的状态（大量氧化斑）（如图 580）。除了自然氧化外，也不排除飞机表面受到摩擦或者侵蚀，而变得如此陈旧的可能性。显然，表现这种质感需要特殊的涂装策略。

580

581

582

58

584

585

左图展现了油漆不同稀释程度对喷涂效果的影响。漆料过浓会影响雾化，导致喷涂时边缘出现小颗粒。漆料过稀也不行，大量颜料喷到模型表面来不及干燥，被气流吹散开会变成难看的堆积。

只有稀释恰当的漆料，才能顺畅地拉细线。但稀释的比例不是固定的，要根据喷笔、颜料、湿度等客观情况进行调整，因此每次喷涂前都要在白纸上进行测试（如图585）。

为了制作出斑驳的金属质感，笔者使用了预制阴影的技法。众所周知，底漆的颜色会影响上层漆面的发色。底色越深，漆面越深；底色越浅，漆面越浅。那么如果底漆非常斑驳，漆面理论上也会变得斑驳。

笔者在小勺上进行了测试。左侧的小勺为黑色水补土打底，右侧小勺在黑色补土上喷了一层不均匀的白色。之后薄喷一层金属色，晾干后观察效果。结果右侧小勺的漆面显得斑驳了许多，符合要求（如图581、图582）。

喷涂白色前，要用喷笔吹掉模型表面的灰尘。向下按压扳机而不往回拉，就可以只出气、不出漆（如图583）。

另外，在近距离喷涂时，最好取下喷帽或者使用皇冠头。这样可以让空气和油漆颗粒更好地散开，防止气流过于集中在模型表面而影响喷涂效果（如图584）。

喷涂时还有几点要注意：

* 对于水性漆来说，漆料可以适当稀一些，气压控制在 0.8-1bar 左右为宜。

* 不要上来对着模型直接喷，要先在空白处试喷，再把喷笔缓慢移动到模型上。还要养成“先出气后出漆”的习惯，防止喷嘴处残留的漆料喷溅到模型表面。

* 若想拉出漂亮的细线，一定要使用 0.2 的喷笔。而且喷涂精细活儿前还要进行彻底清洗，保证其处于最佳工作状态。

* 一边打转一边喷细线，不要在一处过多停留。要一块蒙皮一块蒙皮地喷涂，这样整体效果看起来会比较有秩序。

* 喷完多块蒙皮后，可以回头进行整体调整，让模型表面在宏观和微观两个维度上都很斑驳（如图 586~ 图 596）。

预留几块比较大的黑斑和白斑。
592
595
596

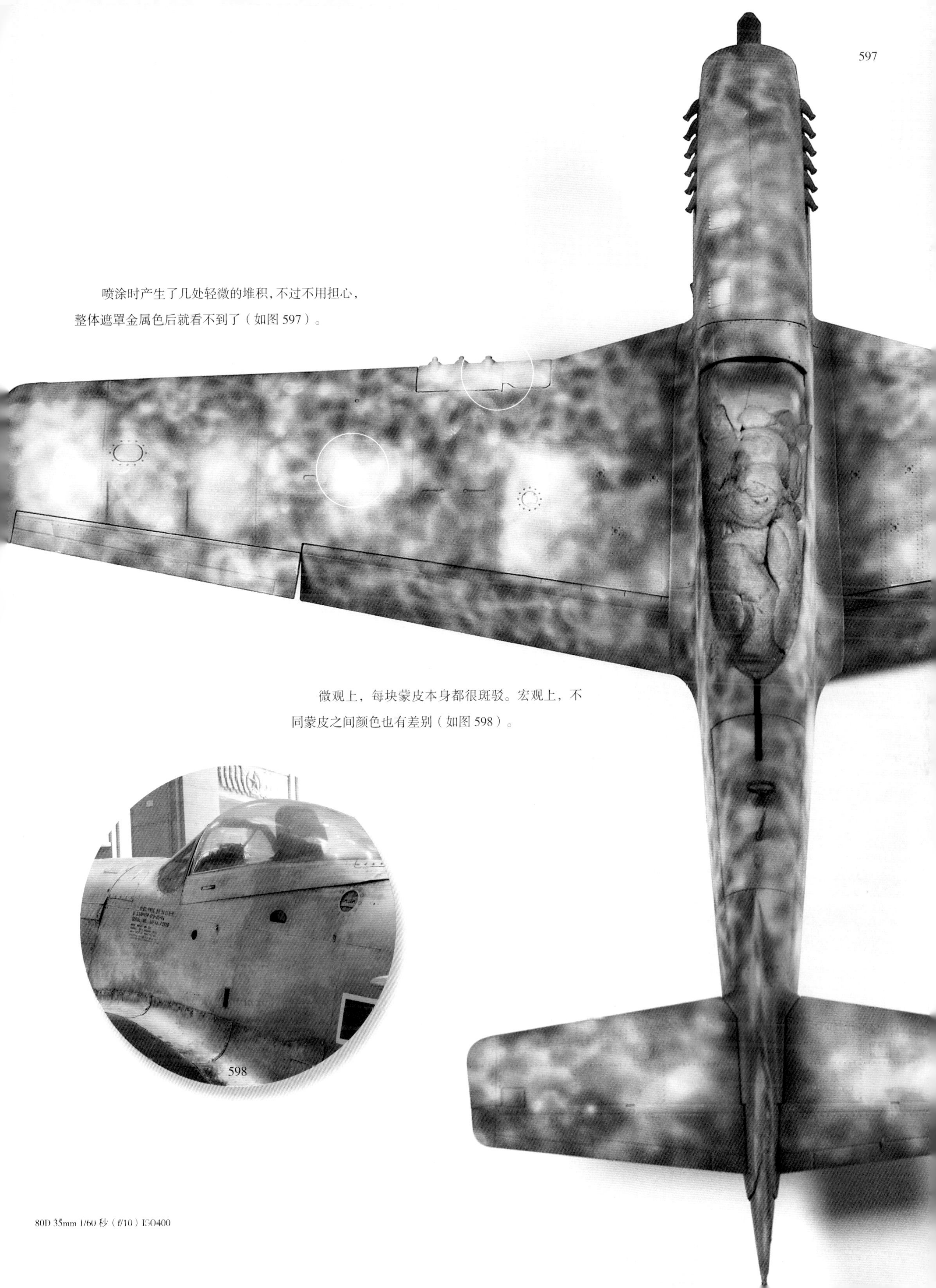

597

喷涂时产生了几处轻微的堆积，不过不用担心，整体遮罩金属色后就看不到了（如图 597）。

微观上，每块蒙皮本身都很斑驳。宏观上，不同蒙皮之间颜色也有差别（如图 598）。

598

80D 35mm 1/60 秒（f/10）ISO400

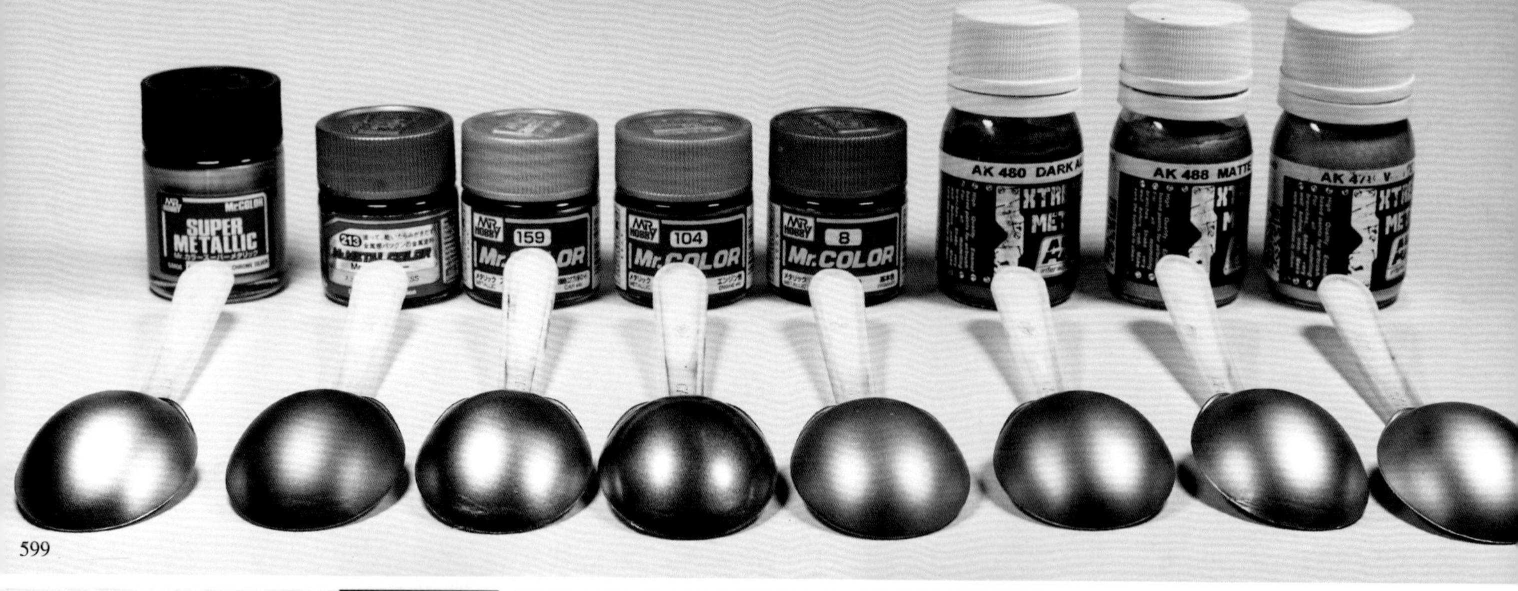

599

600

601

笔者对手头上的银色颜料进行了测试，
望找出更适合这架飞机的漆料。其中 AK488、
AK480 和郡仕 SM06 效果都比较理想，不
SM06 光泽度略微有些强，不太像旧铝色。
AK480 号称为暗铝色，但是感觉与 AK488 没
太大差别，所以最终选择 AK488 进行喷涂（
图 599~ 图 607）。

602

603

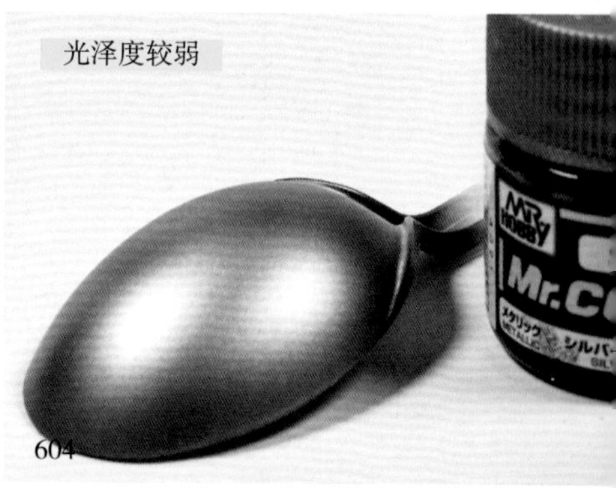

604

605

606

607

与郡仕 SM06 一样，AK488 不用稀释就可以直接喷涂。而且据说这款颜料不用黑色打底也可以直接喷，足见其遮盖力还是不错的。

我用 0.3 的喷笔远距离大面积扫喷，让银色颜料薄薄地、一层层覆盖在底色上，以便于观察漆面厚度对发色的影响。注意要等上一层漆面基本干了以后，再喷涂下一层，这样金属漆面会更加均匀。

当漆底色隐约难辨时就要及时收手了。喷涂完成后，可以罩一层郡仕消光保护漆，以便于旧化操作。半消光比较适合旧铝，如果做新飞机，可以考虑直接用透明保护漆（如图 608~ 图 615）。

616

80D 35mm 1/8 秒（f/14）ISO100

正常拍摄的话，这张俯视图需要把相机架到正上方，那样需要特殊的支架。如果选择手持拍摄，高感光度又会损失铆钉的细节。笔者的解决策略是把飞机竖立起来，与镜头垂直，这样就可以从容地用三脚架拍摄了（如图 616）。

垂直观察时，金属的斑驳感不是特别明显，但是旋转一定角度后，色差就显现出来了（如图 617）。

617

618
预先留下的大块色斑，与照片中蒙皮上的氧化斑效果类似。

619

620

621

80D 35mm 1/8 秒（f/14）ISO100

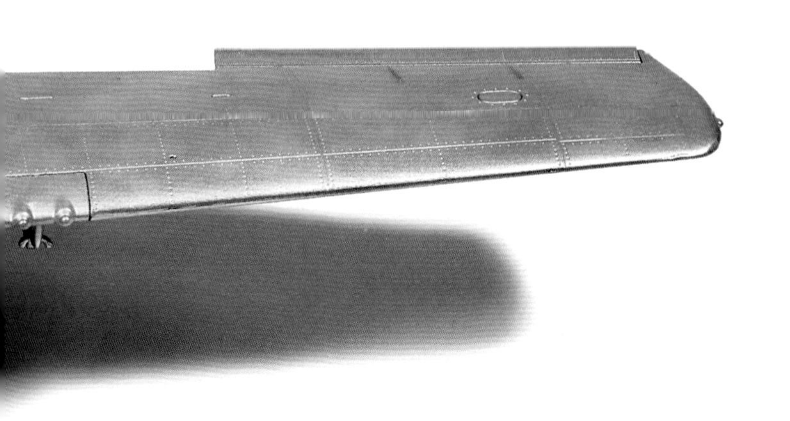

预制阴影法总体来说效果不错，但是显得比较清淡，与实机感觉还是差了一些（如图 616~ 图 621）。

为了增强氧化斑的层次，在金属表面又随机薄喷了一层消光的深色珐琅漆。这样就形成了深色与浅色、消光与光泽的多维度对比（如图 622、图 623）。

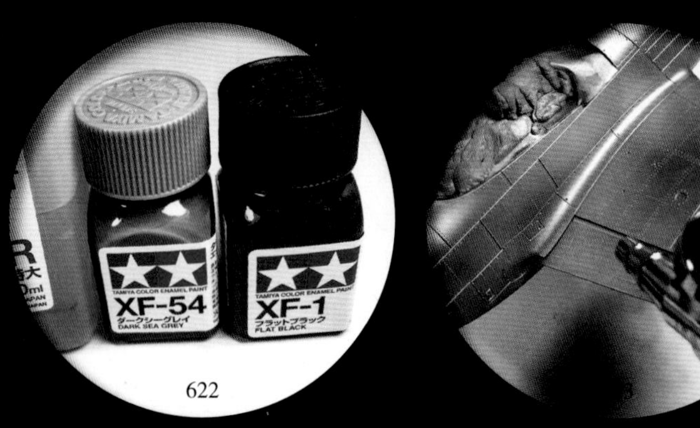

622

混合两种颜色的珐琅漆，用田宫x20大比例稀释。

珐琅漆随机薄喷在金属表面，强化氧化斑的效果。

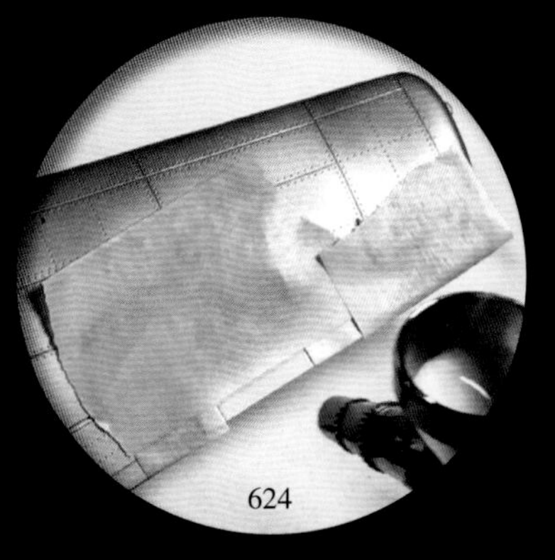
624

对于需要分色的地方，要先用白色颜料打底，保证发色准确（如图624）。

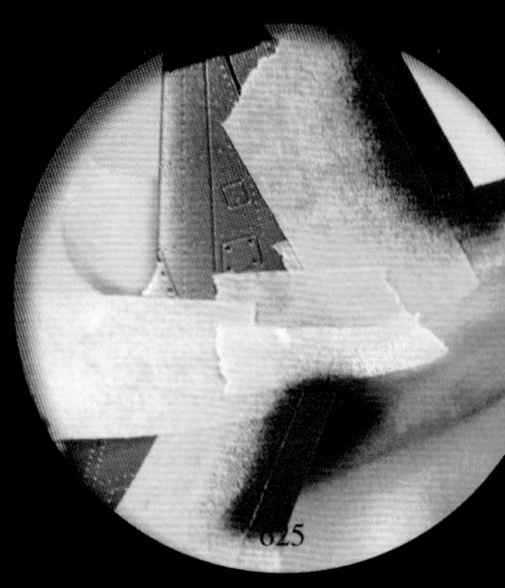
625

取下遮盖带时一定要小心，防止破坏漆面（如图625）。

起落架和螺旋桨的蓝色为微客水性漆勾兑（如图630）。

水贴干透后，一定要喷涂半消光保护漆。一方面保护水贴，另一方面可以消除水贴边缘的白痕。

从现场照片上不难发现，飞机上的油漆都比较新，所以选用田宫亮光红进行分色。

630

4.4.4 战机细节增强

这是一架不在使用状态的馆藏飞机，没有浮尘没有油污，旧化应当遵循“旧而不脏”的原则。

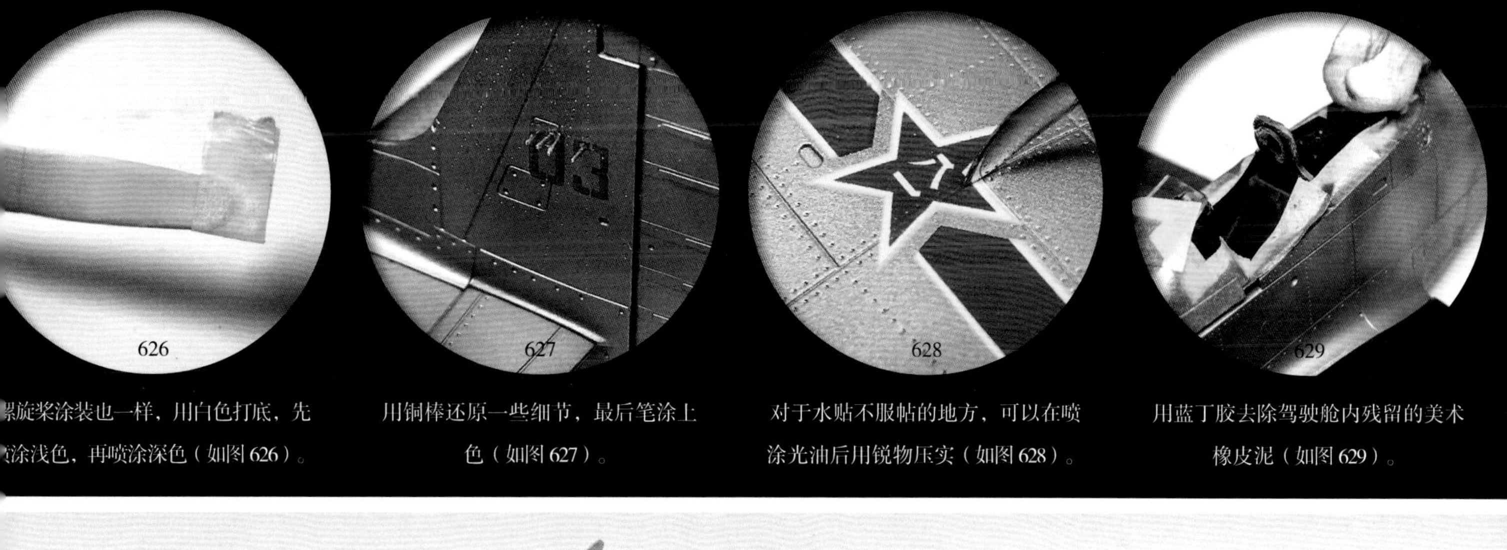

螺旋桨涂装也一样，用白色打底，先喷涂浅色，再喷涂深色（如图626）。

用铜棒还原一些细节，最后笔涂上色（如图627）。

对于水贴不服帖的地方，可以在喷涂光油后用锐物压实（如图628）。

用蓝丁胶去除驾驶舱内残留的美术橡皮泥（如图629）。

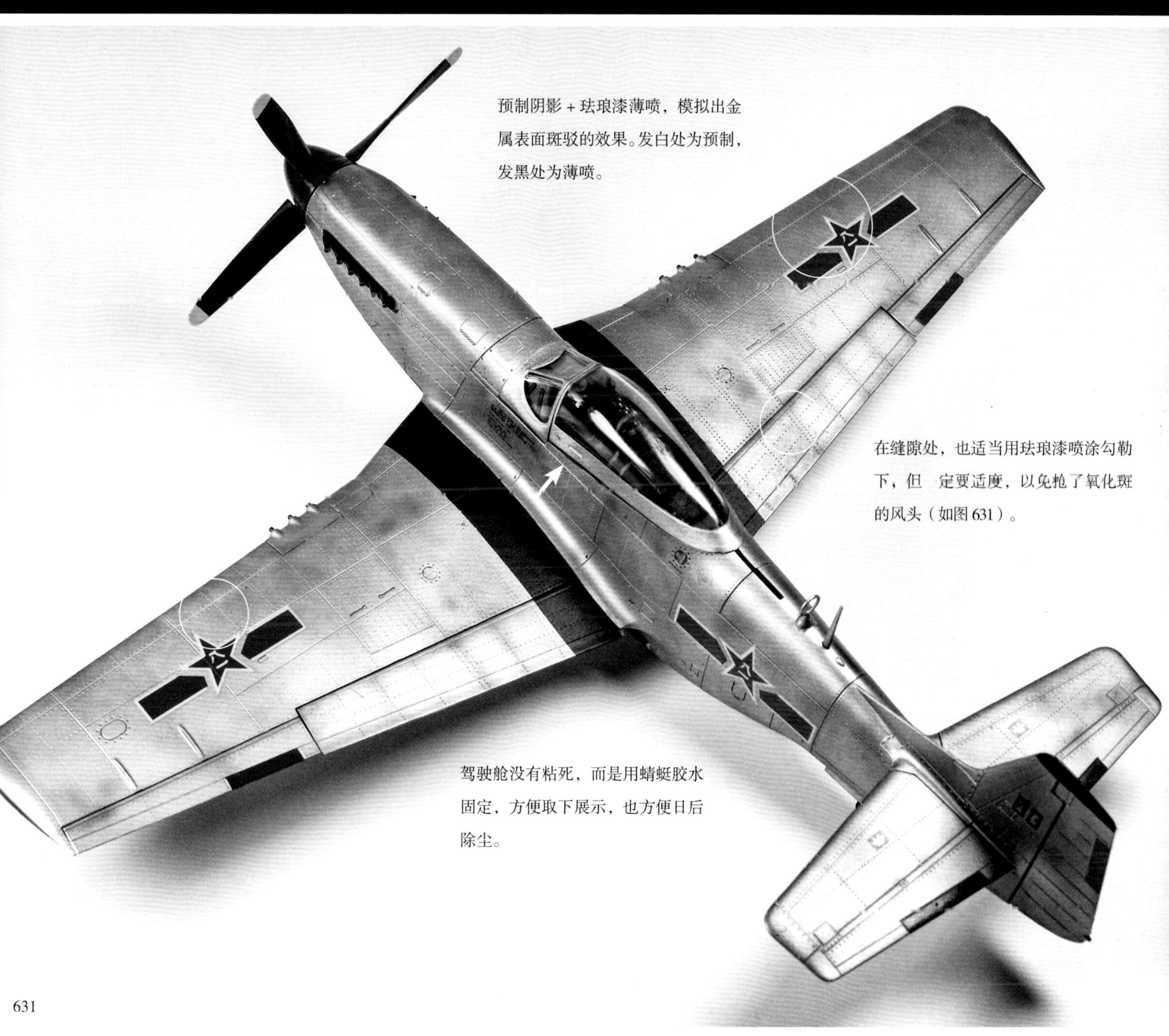

预制阴影＋珐琅漆薄喷，模拟出金属表面斑驳的效果。发白处为预制，发黑处为薄喷。

在缝隙处，也适当用珐琅漆喷涂勾勒下，但一定要适度，以免抢了氧化斑的风头（如图631）。

驾驶舱没有粘死，而是用蜻蜓胶水固定，方便取下展示，也方便日后除尘。

631

80D 35mm 1/80 秒（f/11）ISO400 手持拍摄
这种俯拍角度，景深不是很大，光圈可以适当增大，以缩短快门时间

4.5 水面特效：红猪的秘密基地

《红猪》是宫崎骏作品中少数有确定时代背景的，除了波鲁克由于诅咒的原因变成猪，带有超自然现象味道之外，主要的时代与场景均是依照现实世界进行详细设定，并且对于当时的意大利进行了深度研究，由片中许多的细节中可以看出。

动画里出现的水上飞机大部分均是现实世界中曾经出现过的，如波鲁克的座机为Savoia S·21（与实机有部分差异，右侧为Savoia相关型号飞机照片），卡地士的为柯蒂斯－莱特公司所制的R3C-0，还有第一次世界大战的Hansa-Brandenburg CC等（如图632~图636）。

632

633

Savoia S.62B

Savoia S.13

634

635

Savoia S.21

636

Savoia S.13

4.5.1 组装与改造

模型套件为 FINEMOLDS FG-1 1/48 SAVOIA S.21，市面上应该不太多见了。可能是保存不当的缘故吧，刚入手时模型表面有很多伤痕以及轻微的缩胶，需要用牙膏补土和海绵砂纸耐心打磨修整。

套件中给出了一大一小两个红猪人偶和一些内构，确实很有吸引力。制作过程也比较轻松，只有少数地方需要补缝（如图 637~ 图 648）。

637 638 640 641

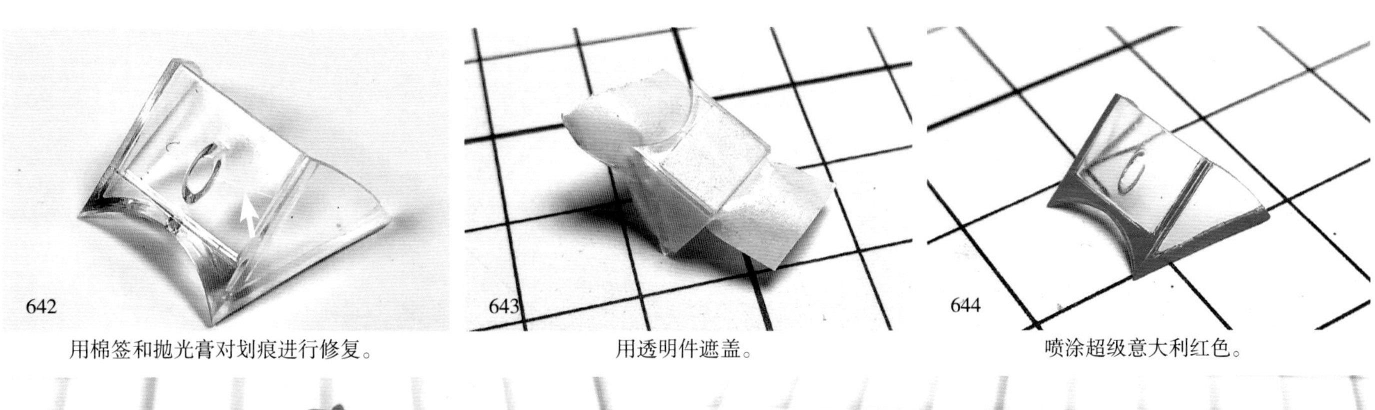

用棉签和抛光膏对划痕进行修复。　用透明件遮盖。　喷涂超级意大利红色。

用溜缝胶黏接塑料零件。

用牙膏补土填缝，为了对抗收缩，至少要填两遍。

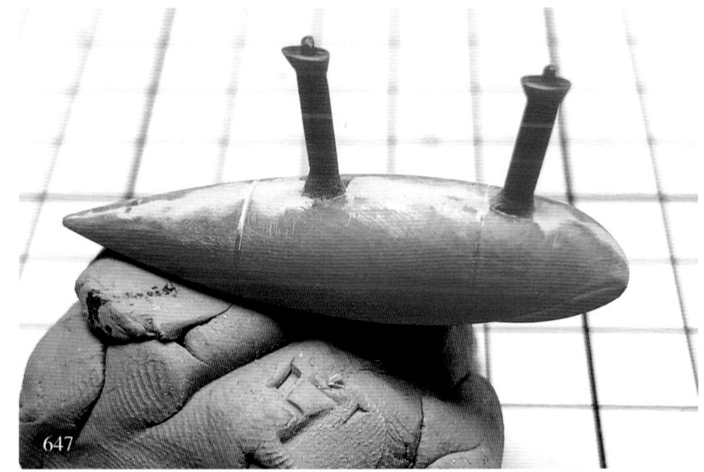

依次用 400 目、800 目海绵砂纸打磨平整。

用刻线刀把残留在刻线里的补土挖出来。

4.5.2 光电装置追加

小光电装置可以为模型提色不少，比如机枪发射时的枪口火焰可以用 LED 灯来还原。但是模型的枪口非常小，普通 LED 灯泡无法塞进去，这就需要用到光导纤维了（如图 649、图 650）。

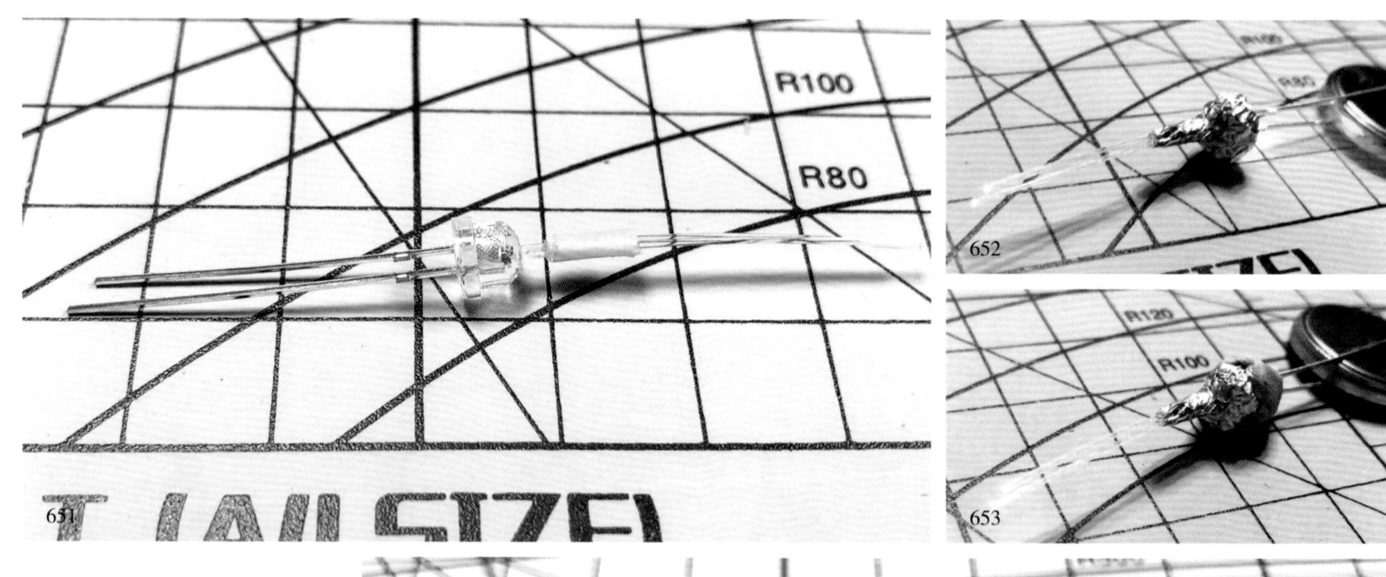

651 652 653

把两段光导纤维的根部，用啫喱胶黏接到5mm草帽单闪橙色LED灯珠上。这种LED工作电压为3V，通电后会自动闪烁，模拟枪口火焰。之后用铝箔纸把LED灯珠前端密封，防止漏光。灯珠末端不能接触铝箔，否则会短路，所以改用蓝丁胶密封（如图651~图653）。

LED尾部焊接漆包线铜丝后，把光导纤维插入预留的机枪孔中，并用ab补土密封固定整个装置（如图654）。

电动机的处理略复杂些。这里选用的是716空心杯电动机，机身直径为7mm，全长为26mm，电源电压为3V。电动机前端要紧贴引擎舱内部，以保证其位置水平。之后用ab补土固定，完全固化前，还可以进行位置微调（如图655~图657）。

电动机轴直径为1mm，在螺旋桨根部开同样大小的洞。钻孔时要保证一定的同心率，否则转动时螺旋桨会抖动（如图658）。

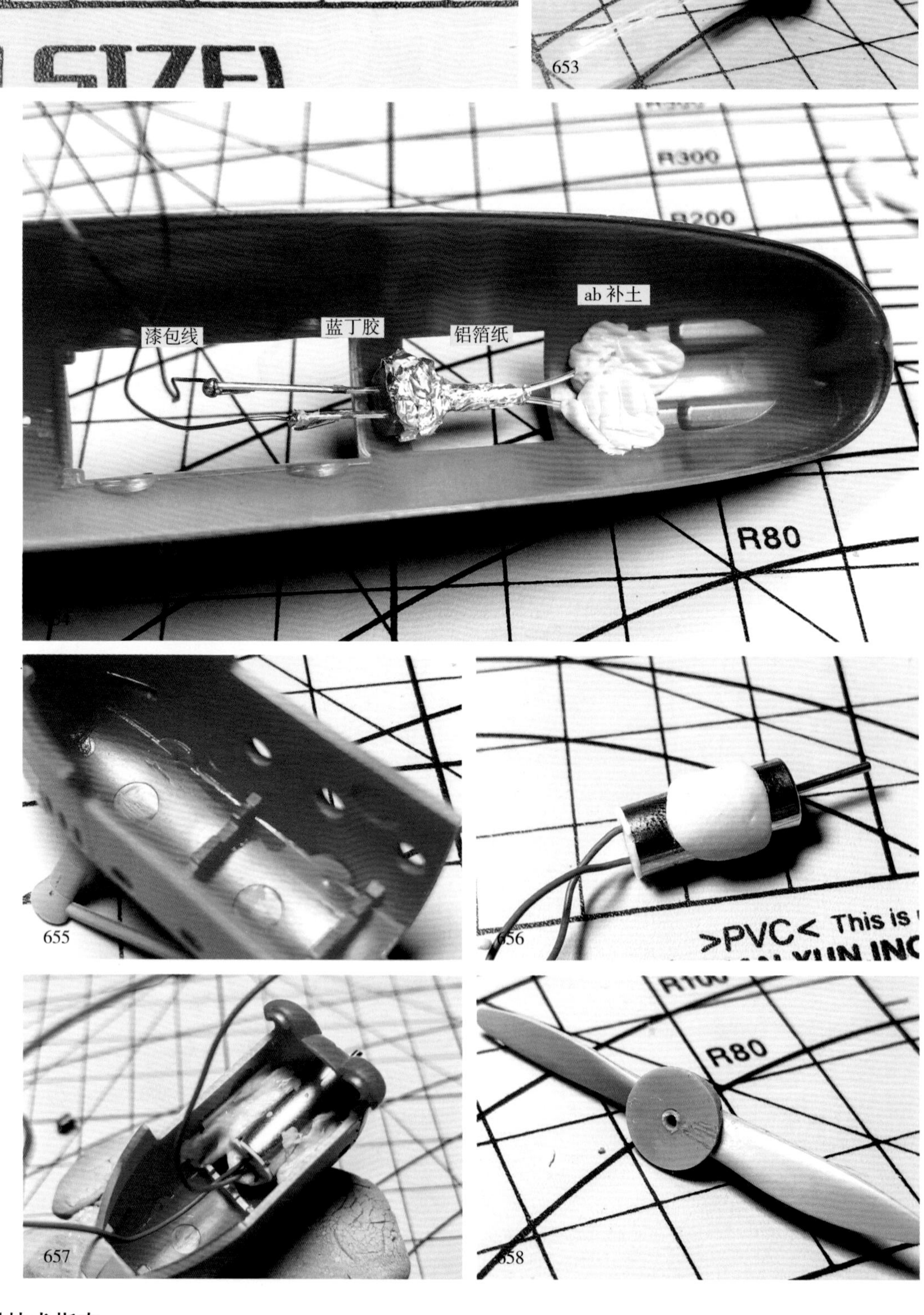

655 656 657 658

接通电源，测试引擎工作状态（如图 659）。

引擎舱原本镂空的部分都用 ABS 板封住了，防止穿帮。另外为了隐藏导线，笔者在飞机支架上钻了孔，让0.35mm 的铜线可以穿过。不过这种钻孔工作难度较高，很容易钻歪。如果真的钻歪了，钻头从支架侧面钻出，一定要用补土对其表面进行修整（如图 660、图 661）。

注：铜线表面有层绝缘漆膜，焊接前需要刮除才能导电。

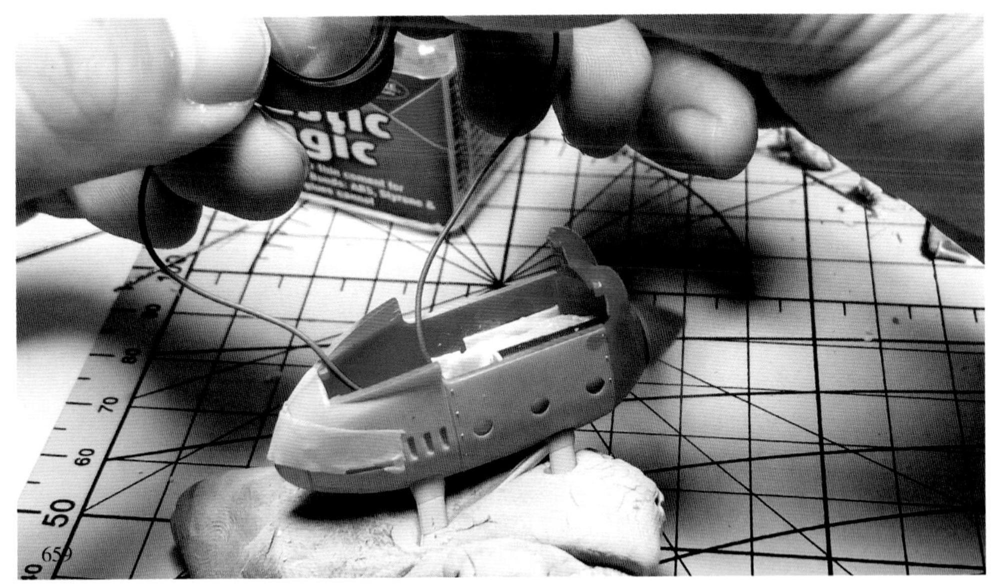
659

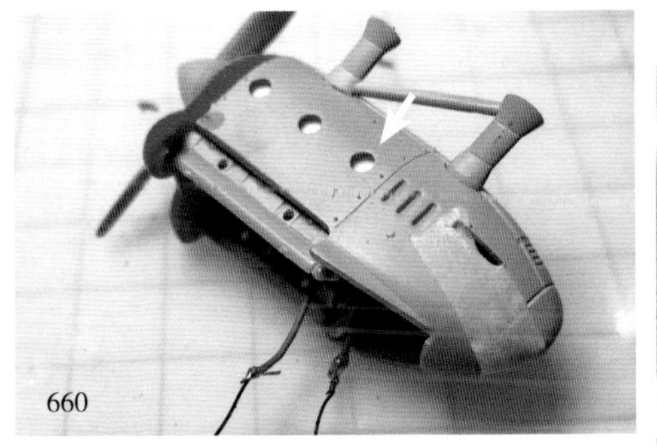
660

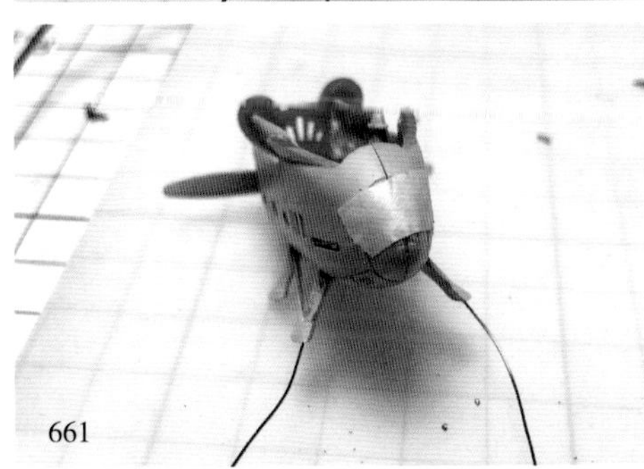
661

662

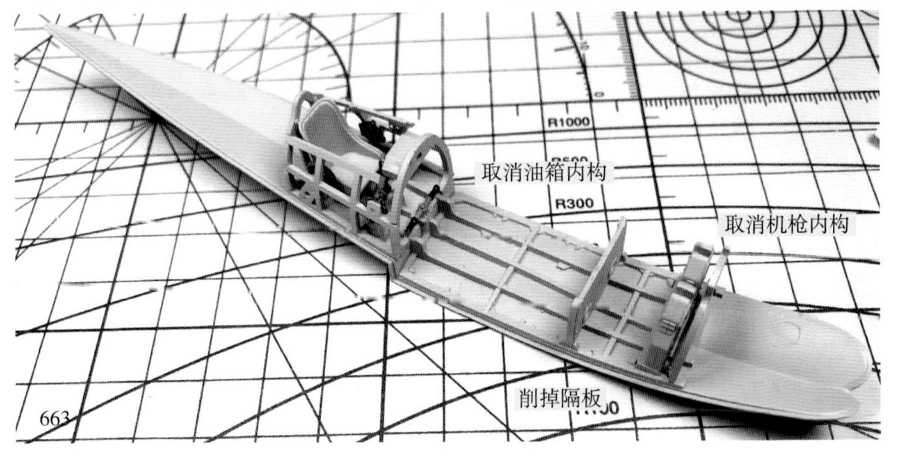

663

电动机工作耗电较大，而机舱很狭窄，不方便更换电池，所以选择了外部供电方案。用导线从机身下部穿出，隐藏于地台中。此外电动机工作时电流也较大，电动机和导线发热都比较严重。为了防止过热损坏零件，不建议长期开启。不过 LED 灯珠的发热较小，可以较长时间开启（如图 662）。

增加了灯和电动机后，飞机的内构会有所削减，不过这一切都是值得的（如图 663）。

4.5.3 高光泽度漆面处理

如果想让最终的漆面出现亮闪闪的高光效果，那么必须保证每层漆面都是光滑的。具体来说有以下几点需要注意：

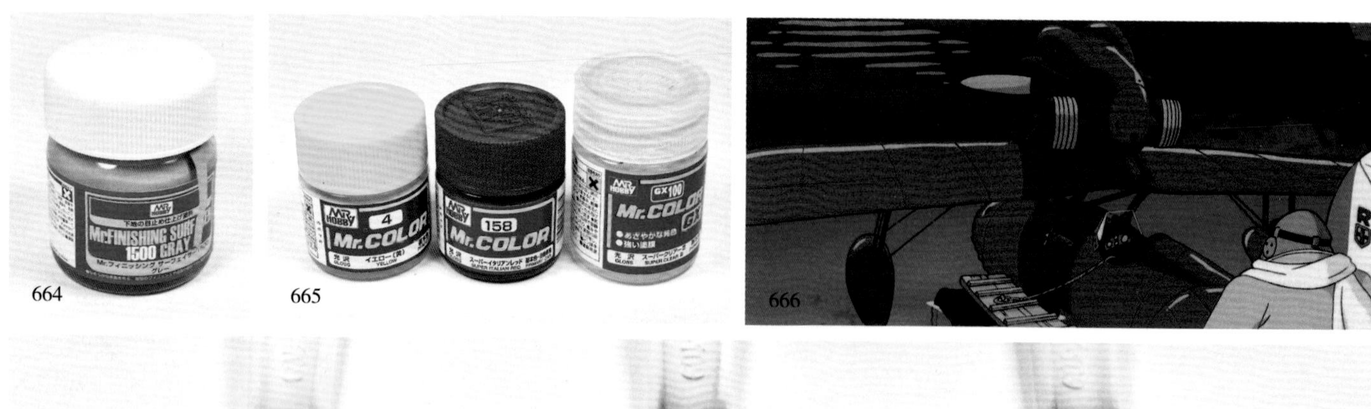

664　665　666

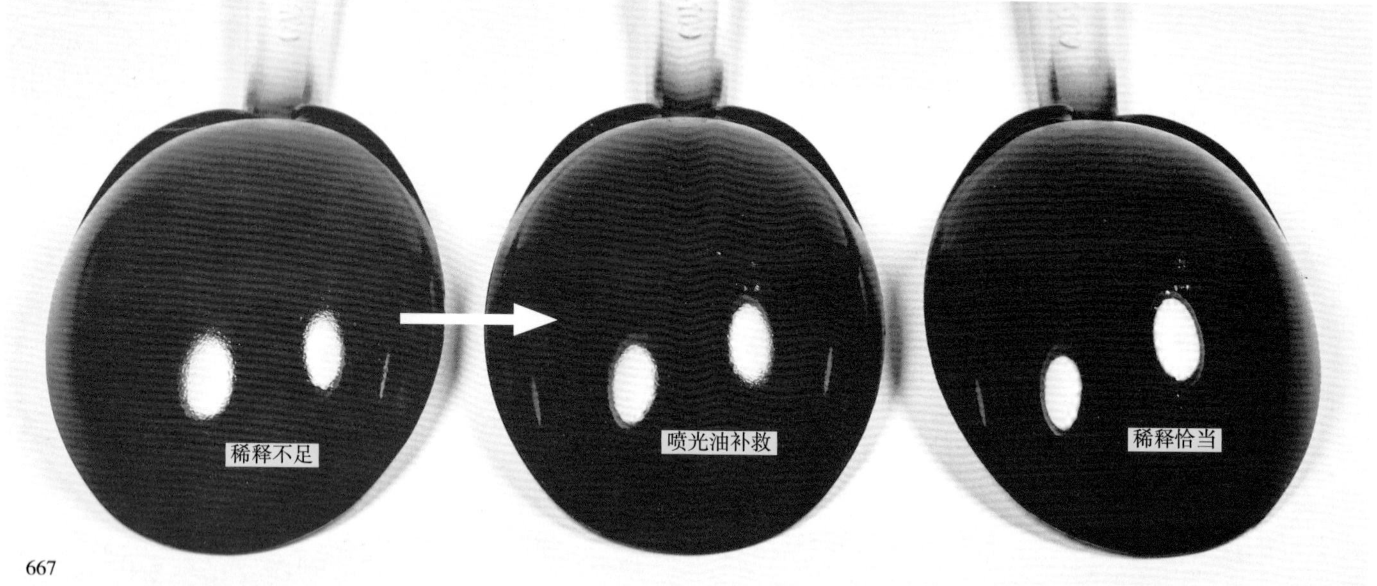

667

* 打磨。上梁不正下梁歪，板件表面的瑕疵必须在喷涂前全部解决掉，这就需要耐心细致地打磨。

* 补土。郡仕 1500 号补土颗粒非常细腻，可以为高光漆面的制作打下良好基础（如图 664）。

* 稀释。稀释恰当的漆料，有助于获得更佳平滑的漆面。上图三个测试勺子，最右侧为稀释恰当的情况，漆面呈现出镜子般光滑的状态。最左侧为稀释不足的情况，漆面出现了一些橘皮效果。之后在其上又喷涂了光油作为补救，但仍有一些橘皮感（如图 667）。

* 无尘。因为灰尘颗粒被漆料覆盖后很难清除，所以在喷涂的前中后都要做好除尘的工作，培养良好的操作习惯。

* 抛光。喷涂光油后，条件允许的话可以对漆面进一步抛光。详见上文中对 P-51D 驾驶舱盖的处理。

主角的座驾很有法拉利跑车的味道，因此选用郡仕超级意大利红（郡仕 C158）作为主色，郡仕光泽黄（郡仕 C4）作为底色，这样可以让红色有透气感，不那么死板（如图 668、图 669）。

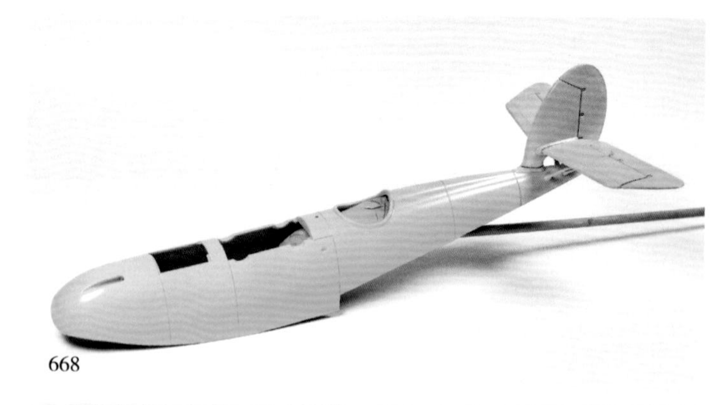

668

669

① 彻底清洁模型表面

素组阶段会产生大量碎屑，如果不彻底清除，会严重影响漆面效果，需要打磨 + 补色才能去除。所以正式喷漆前，一定要用干净的眼镜布轻轻擦拭模型表面，去除附着在其上的灰尘（如图 670）。

注：千万不要用纸巾擦拭模型，其产生的碎屑会越擦越多。喷涂前记得用喷笔吹一下模型，除去浮尘。

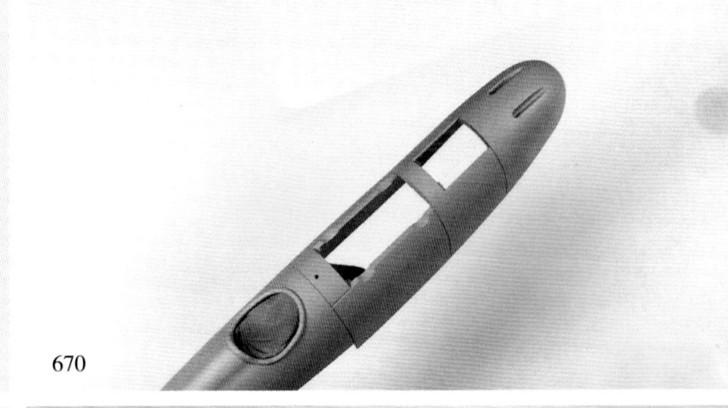
670

② 喷涂黄色底色

20-22℃ **20min**

大面积扫喷光泽黄色（郡仕 C4）。为了让漆料均匀地附着在模型上，喷笔不能离太近，一般 10cm 左右为宜。这样喷出的漆料有时间与空气充分混合，雾化效果更佳（如图 671）。

注：喷涂后需要在无尘环境下静置一段时间（20min 左右），在此期间内不能用手触摸，否则会破坏漆面。

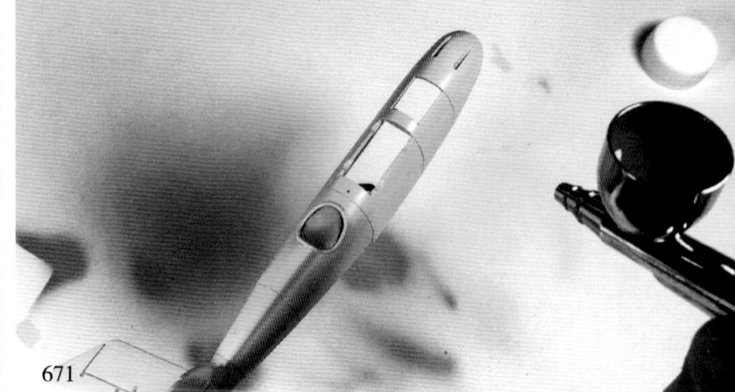
671

③ 喷涂第一遍红色

20-22℃ **5min**

大面积扫喷超级意大利红色（郡仕 C158）。此次喷涂的厚度不用太厚，刚刚把黄色底漆覆盖就可以了。喷涂时还需注意不要有遗漏之处，对于细小零件和转角处，需要近距离耐心喷涂（如图 672）。

注：涂后需要在无尘环境下静置一段时间（5min 左右），如果有烤漆箱，可以让漆面更致密，发色与光泽度更佳。

672

④ 喷涂第二遍红色

20-22℃ **20min**

再次大面积扫喷超级意大利红色（郡仕 C158）。第二遍喷涂的目的是进一步增加漆膜的厚度，让漆料发色更准确。另外，需要抛光的话，较厚的漆膜更加耐磨，不容易被磨穿（如图 673）。

注：此次喷涂时，无法通过颜色来观察喷涂区域情况，可以借助漆面的反光效果来推断漆膜厚度，防止过厚堆积。

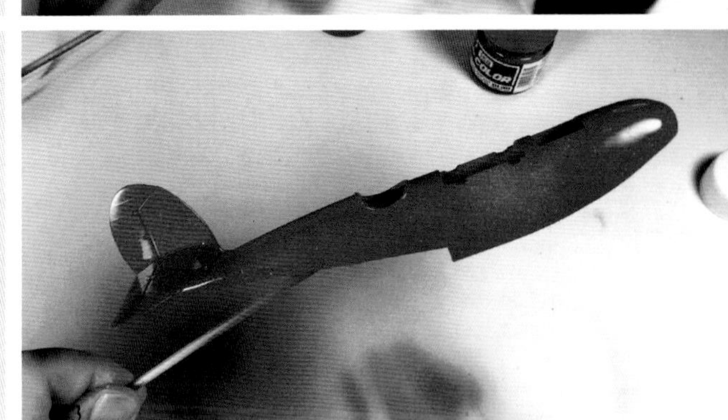
673

⑤ 喷涂透明保护漆

20-22℃ **24-48h**

喷涂光泽透明保护漆 1-2 遍（郡仕 GX100）。光油在保护漆面的同时，还让模型更加亮丽。但是如果喷得过厚，漆面会出现堆积或流淌的情况，故操作时不能心急，务必多层薄喷（如图 674）。

注：硝基漆初步干燥较快，但是完全干燥可能需要几天时间。完全干燥后，保护漆的强度增加，方便进行抛光、旧化、水贴等操作。

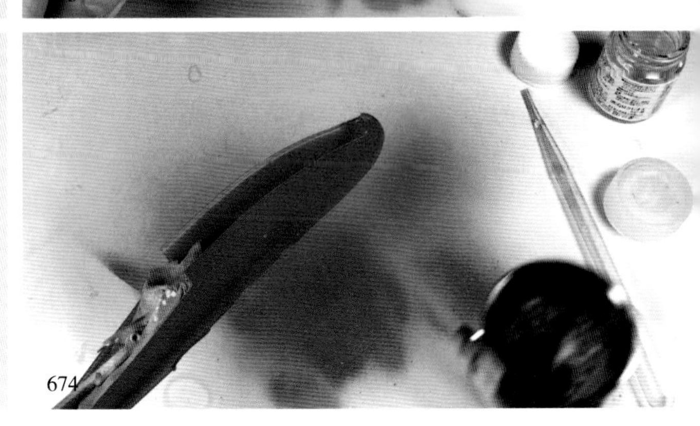
674

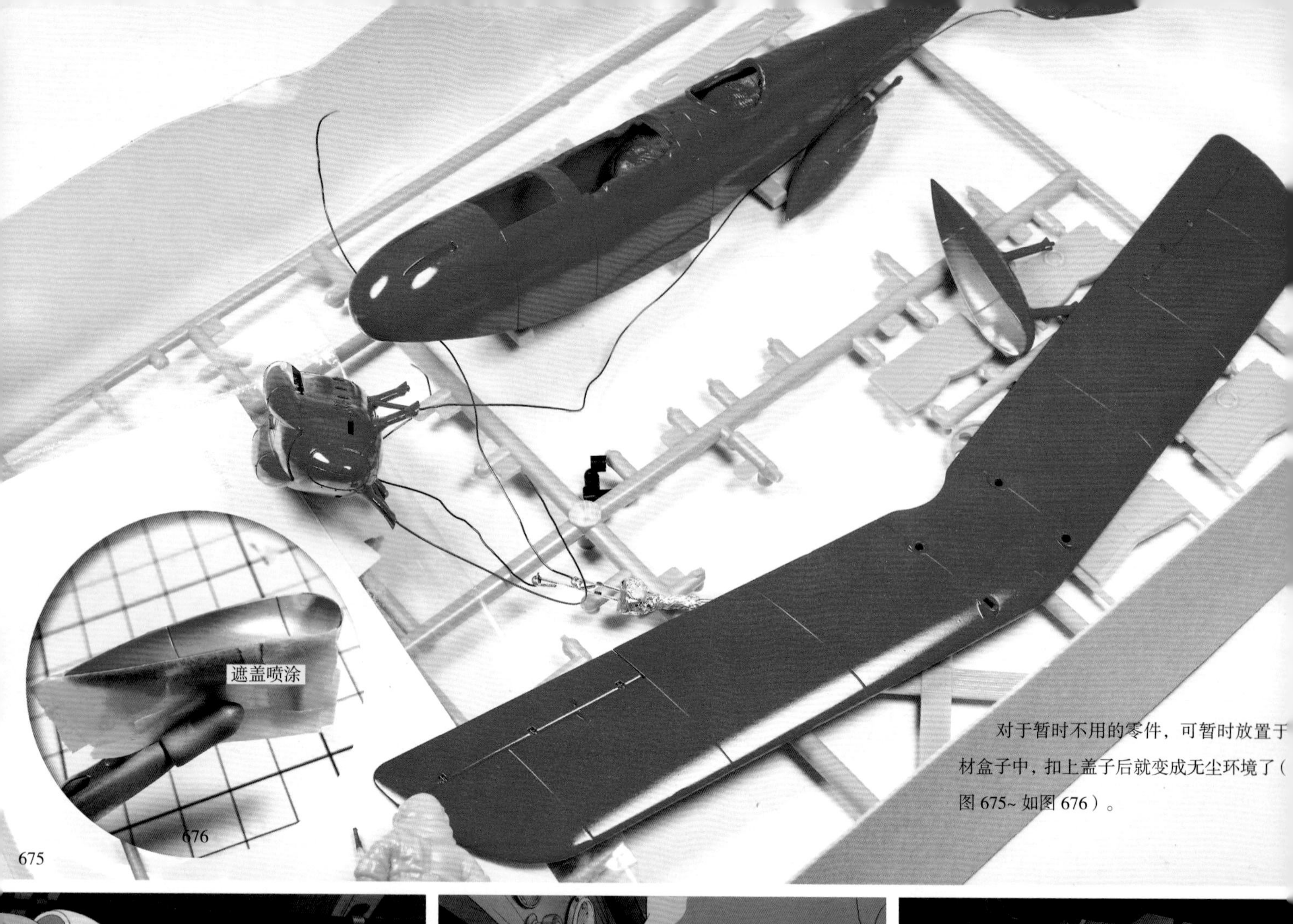

675 676

对于暂时不用的零件，可暂时放置于材盒子中，扣上盖子后就变成无尘环境了（图 675~ 如图 676）。

677

678

679

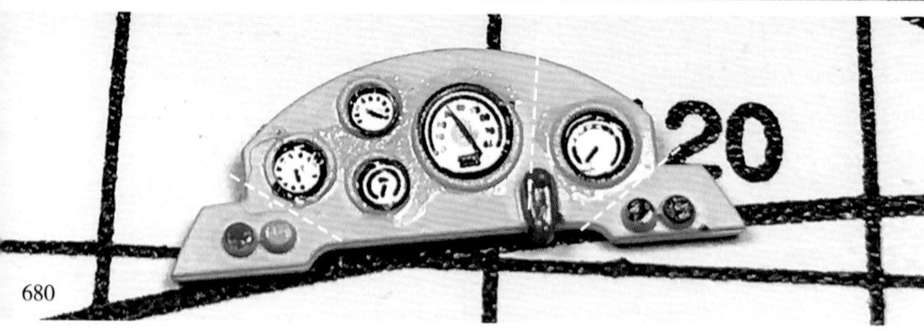
680

飞机下部和驾驶舱内构喷涂棕黄色（郡仕 C21+ 少许 C1）。

套材驾驶舱部分给出了一定细节，基本还原了动画片中的样貌。不过安放好驾驶员后，基本就只能看到仪表盘了。为了让水贴服帖，对其进行了裁剪，去掉按钮只留下仪表盘。之后对按钮进行笔涂分色，并用油画颜料对驾驶舱进行污洗（如图 677~ 图 681）。

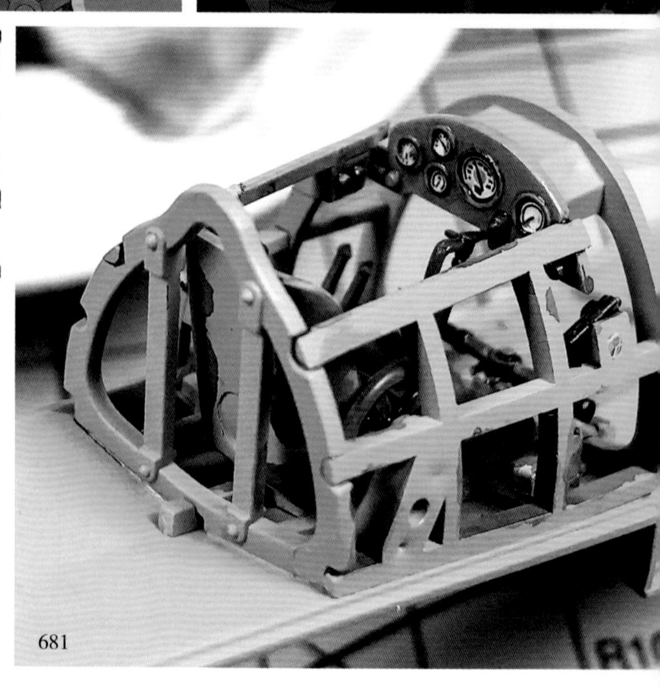
681

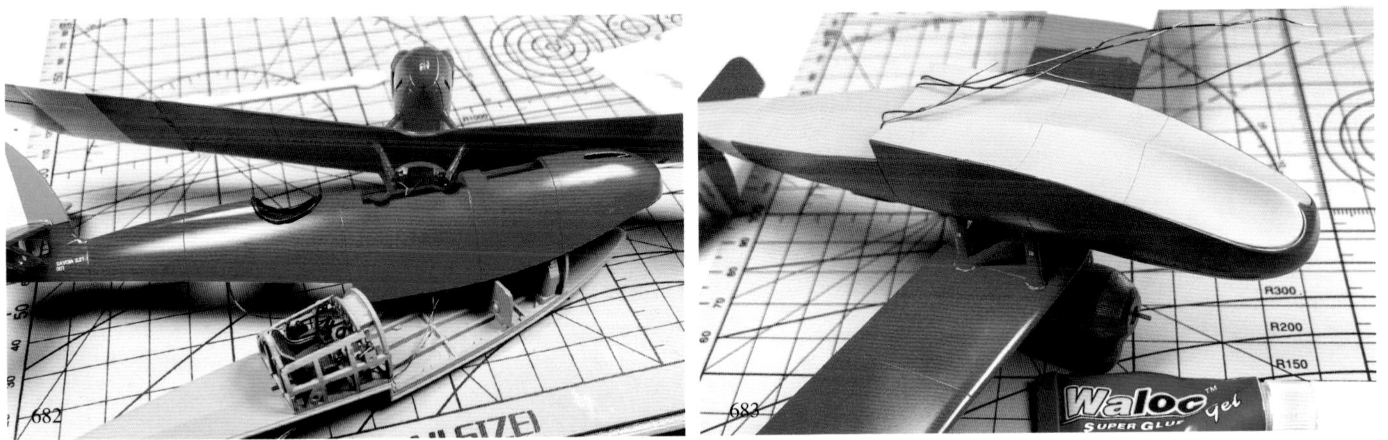

溜缝胶会融化漆膜，所以用腐蚀性较小的啫喱胶进行最后的黏接。其为膏状方便涂抹，性质类似502胶（如图682、图683）。

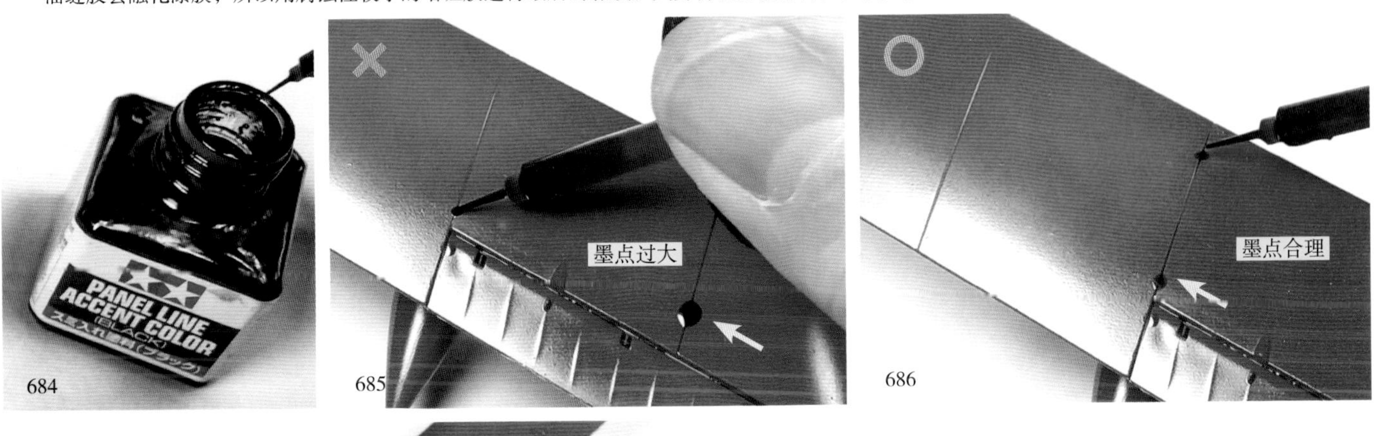

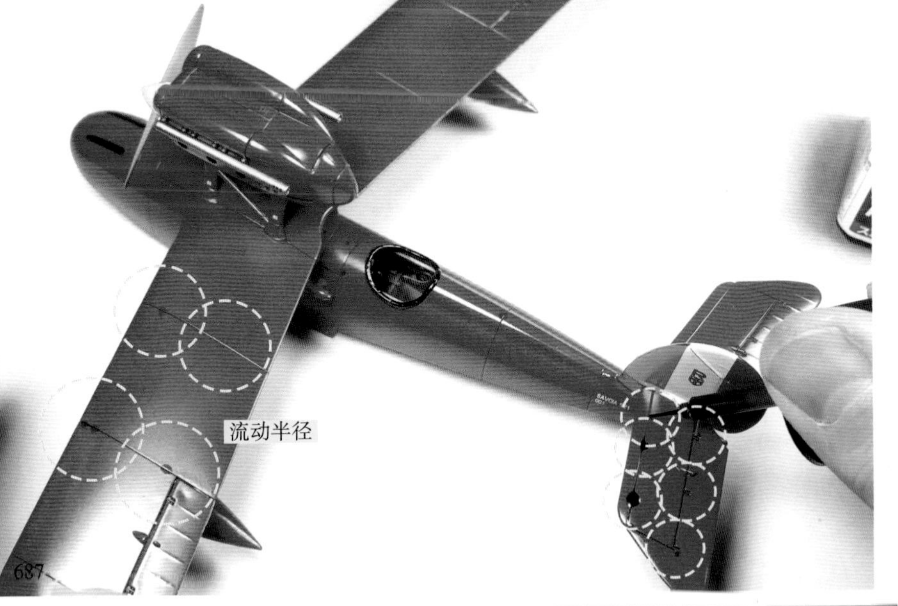

这个模型套材本身刻线和铆钉细节不多，但是开模清晰锐利，简洁凝练。出于对原画设定的尊重，并没有追加额外的细节，只是对套件进行了简单的渗线处理。

田宫渗线液属于珐琅漆，配有小笔刷，开盖即用。为了保证模型干净整洁，渗线时笔头颜料不宜过多，否则会出现比较大的墨点。而且还要考虑到珐琅漆的流动距离，合理选择下笔位置，让墨点尽可能少。干燥几分钟后，用棉签蘸取少量珐琅漆稀释剂(田宫X–20)，擦掉溢出的颜料(如图684~图689)。

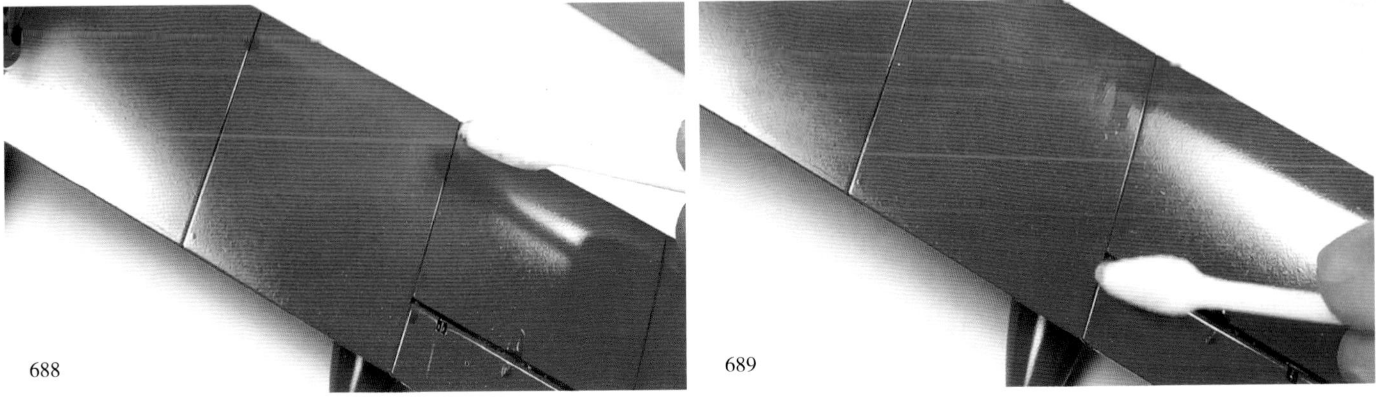

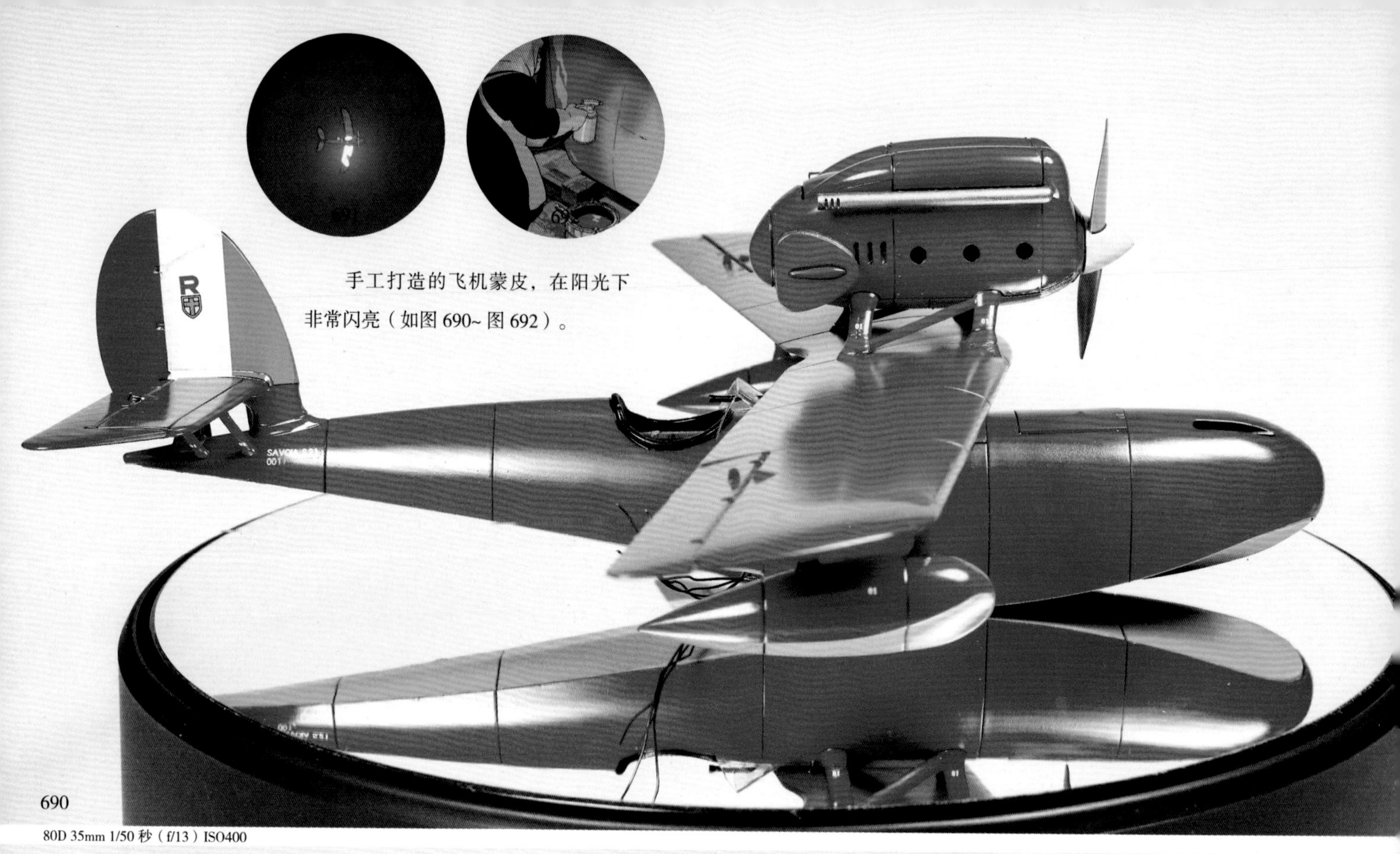
手工打造的飞机蒙皮，在阳光下非常闪亮（如图 690~ 图 692）。

690

80D 35mm 1/50 秒（f/13）ISO400

从对比图中不难看出，模型最终的颜色与原画还是非常接近的，不过饱和度略微高一些。较高的饱和度更能适应后期拍照的各种光环境（如图 693~ 图 694）。

694

693

发动机散热器部分手涂银色，排气管喷涂不锈钢色，后期还需用油画颜料旧化处理（如图 695、图 696）。

80D 35mm 1/50 秒（f/13）ISO400

机身内部过于狭小，不便于更换电池和设置开关，所以导线被引了出来，后期还会埋到地台里（如图 697）。

4.5.4 飞机张线制作

飞机的某些部位为了增加结构强度，会使用金属绳索进行加固。原画中飞机机翼下部有金属线，但是模型套材中并没有表达，需要自行改造（如图 698）。

案例中使用的线是泉微模型出品的伸缩弹性模型张线，直径为 0.069mm，1/48 比例飞机适用。也可以用流道或者头发替代专业张线，不过这种弹力张线伸缩性很强，即使拉伸一倍的长度也不会损坏，更适合表现紧绷的金属线缆（如图 699~ 图 701）。

用 0.2mm 的铁丝制作张线挂环。把两股铁丝的尾部拧成麻花状，仅头部保留一个很小的圆环。为了给挂环着色，用打火机烧灼熏黑其表面，之后剪去尾部多余部分（如图 702~ 图 704）。

固定挂环有两种方法：第一种，在飞机上钻出 0.4mm 的孔洞，插进挂环并用啫喱胶固定加固。第二种，用打火机烧红挂环尾部，然后迅速插入塑料中。后者适合在不便于打孔的部分增加挂环，但是几乎没有修改的余地，需要多加练习再使用（如图 705~ 图 707）。

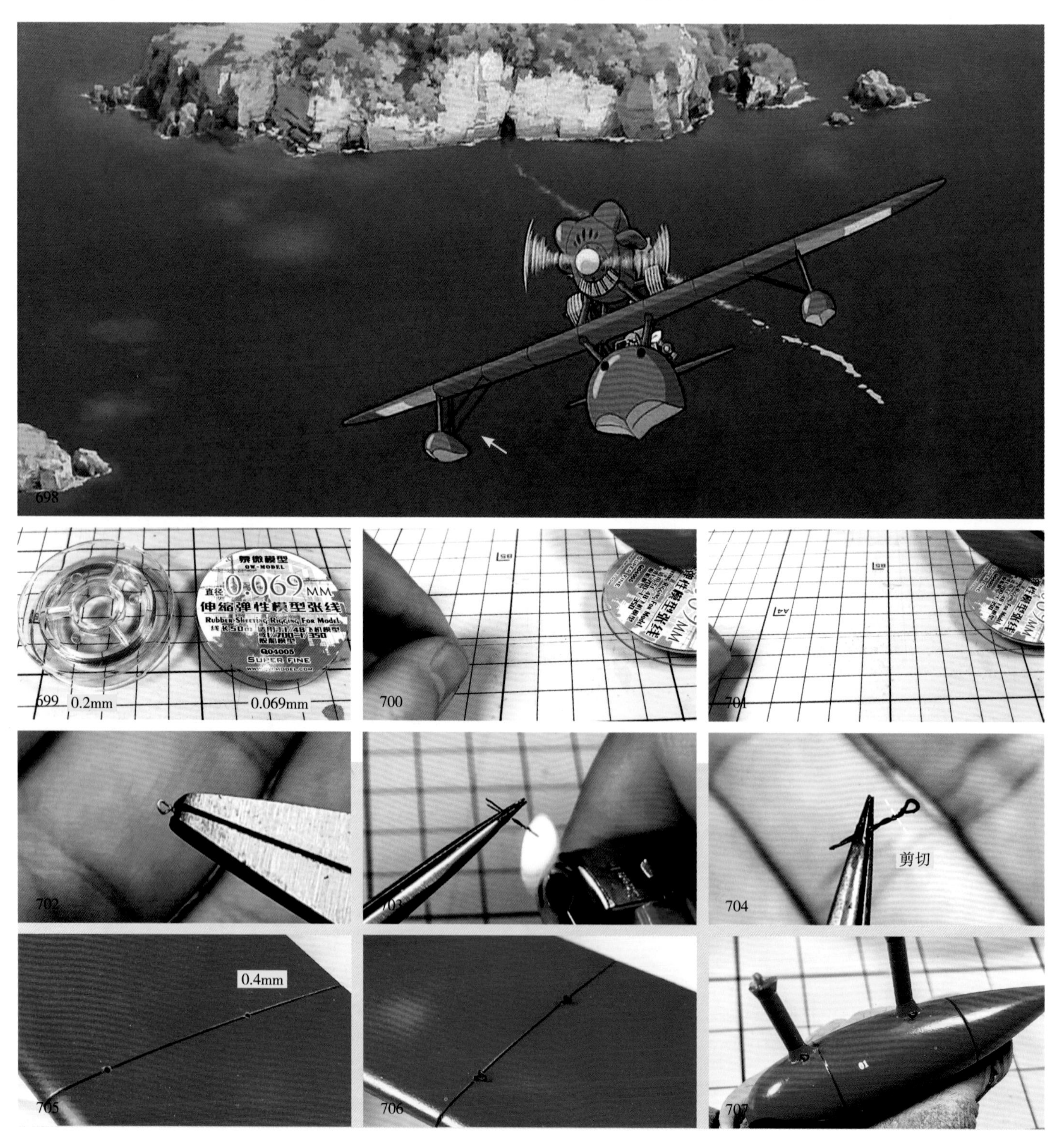

698 699 700 701 702 703 704 705 706 707

除了伸缩弹性模型张线外，记忆金属线也适合制作这种有张力的缆绳。安装好后只需要轻微烧灼金属线，其就会收缩紧绷（如图 708）。

708

709

710

711

打结两次

712

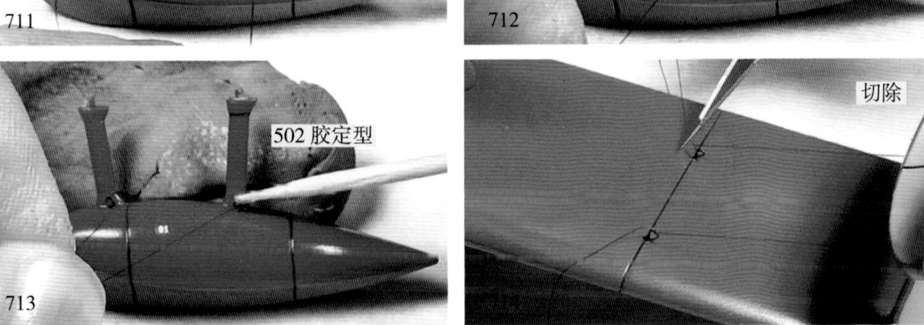

713

714

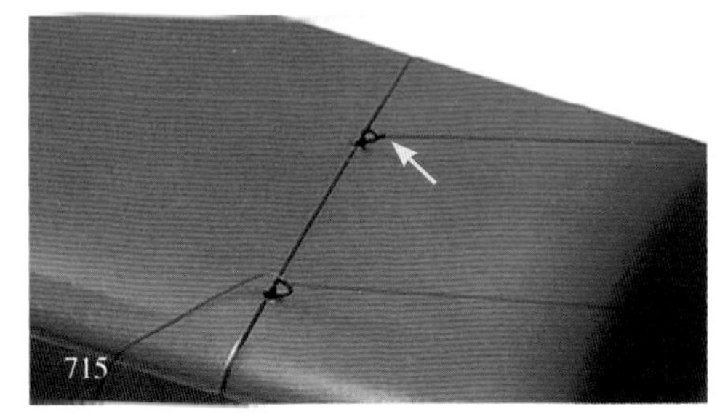

715

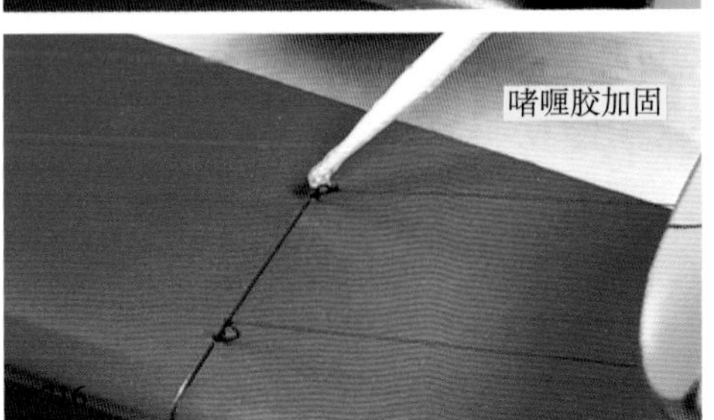

716

制作飞机张线主要会用到镊子、笔刀、502 胶、啫喱胶和牙签等。

* 用镊子把线的一端穿过金属挂环，并打两个死结，之后涂抹少量 502 胶进行固定。注意点胶不宜过多，否则无法凝固（如图 709~ 图 713）。

* 干燥一段时间后，用镊子拉紧张线的一端，在靠近根部的地方进行切除。张线的弹性很大，多余的线头会蜷缩起来，肉眼几乎观察不到（如图 714~ 图 715）。

* 因为张线不吸收胶水，之前 502 胶固定得不会很牢固，所以最后还要涂抹少量啫喱胶封住绳结进行加固（如图 716）。

* 值得注意的是，张线本身异常纤细柔软，操作时需要有一定的耐心。而且拉线要有一定的力道，这样线才会保持紧绷。

4.5.5 动画人物涂装

套材中给出了一大一小两个红猪。在涂装前，用喷涂的方式预制了一些阴影：先把兵人喷涂成黑色，然后从正上方喷涂田宫白色水性漆，这样可以模拟出光从正上方打下来的效果（如图 717~ 图 723）。

717 718 719 720 721 722 723

不过预制阴影的目的并不完全是替代笔涂阴影渐变，而是给笔涂一个参考。因为很多颜料涂上去后，会遮挡住预制的阴影。而且黑色底漆产生的阴影比较乌，不如笔涂阴影看着顺眼。高光和阴影过渡所用的颜料，需要在湿盘中预先自行调制（如图 724、图 725）。

笔涂使用的颜料为 AV 手涂水性漆，这种漆覆盖力较强、发色好，能够施展很多种笔法。而有些水性漆（如田宫水性漆等），颜料自身特性会限制某些笔法的发挥。简单的分色还行，但不太适合涂兵人这种精细活儿，所以不建议作为主力漆使用。

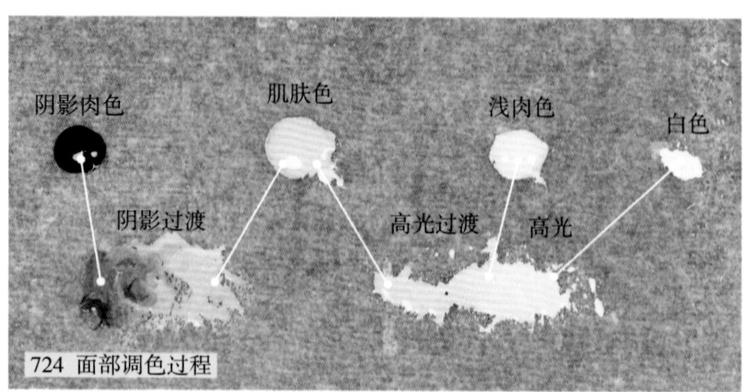

724 面部调色过程

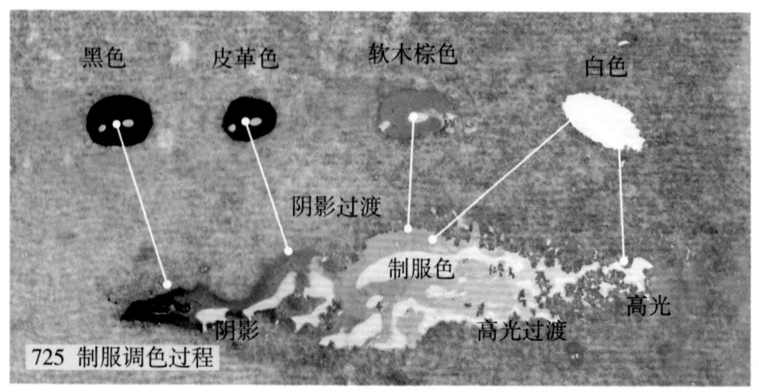

725 制服调色过程

先笔涂肌肤色（70815）给面部和手臂打底，再用阴影肉色（70343）勾勒出轮廓和阴影。制服使用的是软木棕色（70843）+ 少量白色（70951）。帽子使用的是卡其色（70988）+ 少量白色（如图 726）。

将阴影肉色与肌肤色混合，调出不同深浅的阴影色调，对阴影部位进行渐变处理。再把浅肉色（70928）与肌肤色混合，调出不同深浅的高光色调，对皮肤的高光部位进行刻画（如图 727）。

在之前调制好的制服色中，加入少量皮革色（70312）和微量黑色（70950），对衣服的接缝和阴影处进行刻画（如图 728）。

用稍浅的色调薄涂，对制服阴影进行柔化处理。之后在软木棕色中加入更多白色，对衣服的高光部位进行加强（如图 729）。

之前的喷涂环节已经给围巾制作出了阴影效果，薄涂白色后，质感就比较强了，只需再用灰色勾下阴影就可以了（如图 730）。

表现风镜这种反射材质的常见方法有两种，可以直接涂光油来表现，也可以笔涂高光阴影来表现。其中后者拍照效果会更好一些，但是难度较大（如图 731）。

把镜框涂成较暗的皮革色，边缘用皮革色 + 少许白色勾勒。用和帽子一样的颜色给镜片上色，并做出一点阴影关系（如图 732、图 733）。

在镜片上，微微罩染一层蓝灰色。之后在竖直方向薄涂白色来表现反射效果，并压暗两端色调（如图 734、图 735）。

736

737

80D 35mm 1/20 秒（f/11）ISO100

738

这个大号红猪模型本身细节不多，故涂装采用了大虚大实的欧美动漫风格。作为呼应，照片背景后期改为欧美风格的渐变背景，色调也尽量与角色统一（如图 736、图 737）。

相比白色，橙黑渐变背景更打眼，也更能把兵人凸显出来（如图 738）。

739

740

741

小红猪的风镜，采用直接在灰色镜片上涂田宫光油的方法。拍摄时只要布光得当，就能出现完美的反射效果。不过这次镜片漆面处理得有些不平，效果打了点折扣（如图 739、图 740）。

安全带高光部分采用绿色 + 黄色来提亮，其余部分的涂装与大号红猪相同（如图 741）。

742

这款大号红猪比普通的 1/35 兵人还要矮小许多。加之塑料件一体开模的缘故，模型细节不算多，衣服褶皱也有些肉，很考验制作者的涂装功力。不过毕竟是动漫人物，其脸和肚子很夸张，自然也就成了涂装时要表达的重点。

而小号红猪兵人虽为 1/48 比例，但是由于人物矮小的缘故，其尺寸堪比普通的 1/72 兵人了，涂起来很需要耐心（如图 742）。

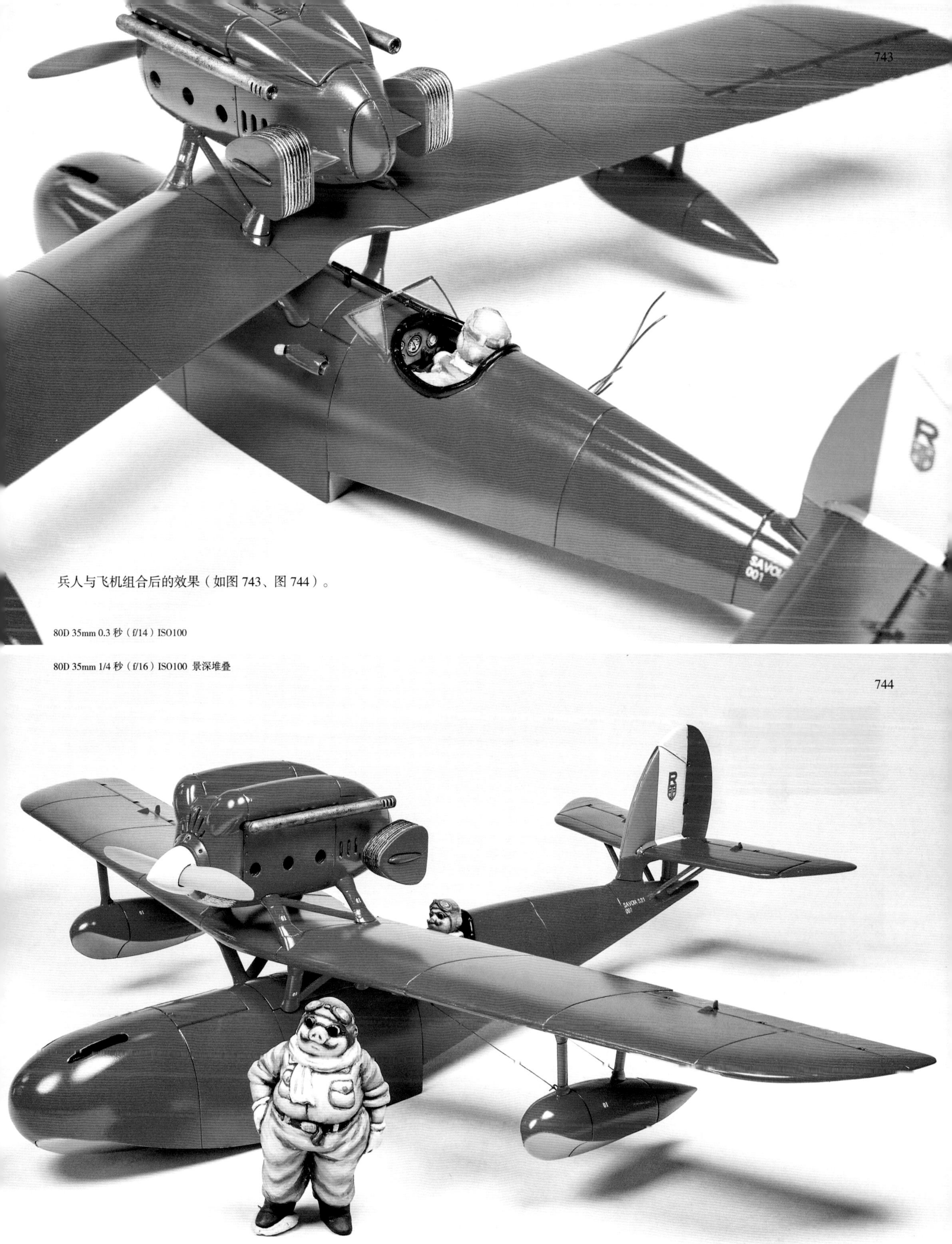

743

兵人与飞机组合后的效果（如图 743、图 744）。

80D 35mm 0.3 秒（f/14）ISO100

80D 35mm 1/4 秒（f/16）ISO100 景深堆叠

744

4.5.6 水面特效场景制作

制作水景有很多种方法，在箸者的上一本书《坦克模型涂装与场景制作技术指南》中介绍过用环氧树脂浇筑水景的方法，它可以制作出有一定厚度的透明水体。不过环氧树脂操作比较麻烦，固化过程中还会释放有害气体，而且浇筑成型后几乎无法修改（如图 745、图 746）。

相比之下用造水剂和水景膏做水景，自由度会更高些。其本质是在场景上薄薄铺一层透明的假水，利用水底的颜色变化来给人一种有深度的错觉。虽然比不上环氧树脂的水体逼真，但只要运用得当，造水剂也可以获得不俗的效果，特别是对于小比例场景和动画场景。

把电源和开关埋在泡沫板中，之后在泡沫板上挖一个洞让飞机正好能半埋进去。水面部分为一个平面，沙滩部分用薄泡沫板制作出高差。沙滩的制作方法类似之前的 96B 主战坦克场景，在这里就不再赘述了。为了贴近原作，笔者选择了比较抽象的树粉来制作岸边的植物，用白乳胶固定即可（如图 747~ 图 751）。

745

746

747 748 749 750 751 752 753 754

755 756 757 758 759 760 761 762

一边倒造水剂一边迅速用笔刷摊开

在黏稠的造水剂上用笔刷戳出波纹

水景膏制作波纹

水景膏填缝

水景的底色涂装使用的是普通的水粉颜料，用水稀释后直接戳在泡沫表面。因为越接近沙滩水越浅，沙滩越清晰，所以在制作沙滩时，在靠近岸边的地方保留了一点沙子，这样较稀薄的蓝色水粉盖在上面隐约露出沙滩的颜色，效果更为逼真。另外，水粉不用涂得特别均匀，斑驳的笔触仿佛海水荡漾时反射的光斑。等待颜料干燥时，在水面上放置几个油桶，依照轮廓挖出小坑让其刚好能半埋进去（如图 752~ 图 756）。

接下来制作水体。水粉干透后，把造水剂倒在水面上。因为造水剂接触空气后会慢慢变得黏稠直至固化，所以若想获得比较平整的水面，就需要一边倒造水剂一边迅速用笔刷摊开。造水剂的固化速度与表面积有关，越薄固化越快。一般来说每层的厚度不超过 2mm，一次浇筑过厚，会导致开裂和固化不完全。案例中分二次涂抹造水剂，每层厚度在 0.5mm 左右（如图 757~ 图 759）。

透明水景膏呈膏状，更适合制作有立体感的浪花和水纹。用笔刷随机涂抹透明水景膏，制作出海水波动的效果。注意整个场景中波纹的尺度和方向要保持一直，毕竟是一整块水体。之后把飞机放到预留的坑内，缝隙用水景膏填满（如图 760~ 图 762）。

763

765

764

768

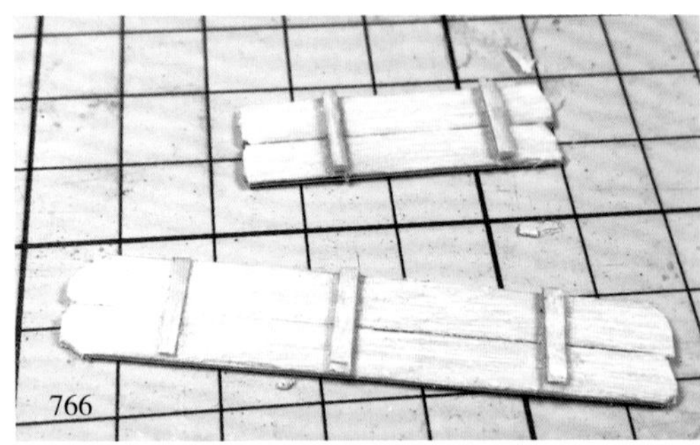
766

767

在透明水景膏中掺入白色水粉颜料，制成浪花膏。用小号圆头笔把浪花膏一点点戳在岸边、油桶和飞机周围。在浅滩区比较容易激起浪花，可涂抹少量浪花膏作为点缀（如图 763~ 图 765）。

在原画中岸边有一座由油桶和木板制成的浮桥，供男主角走近飞机。用薄木板自制木栈道，之后用笔刀顺木纹把木板表面刮花，并用粗目砂纸打磨边缘。然后用黑色珐琅漆渍洗，让其看起来更陈旧一些，最后用 UHU 胶把木板固定到油桶上。至此，整个场景就制作完成了（如图 766~ 图 775）。

做水景最重要的是大胆尝试，看似复杂的操作，只要一上手，就会发现并没有想象中那么困难。只有在实践中对各种材料的特性有深刻的认识，才能放开手脚去创作。

769

5DSR 50mm 1/3 秒（f/18）ISO100

770

5DSR 50mm 1/4 秒（f/18）ISO100

771

772

上图：5DSR 50mm 1/3 秒（f/18）ISO100

下图：5DSR 50mm 1/3 秒（f/18）ISO100

773

774

上图：5DSR 50mm 1/3 秒（f/18）ISO100

下图：5DSR 50mm 1/3 秒（f/18）ISO100

775

第5章

还原真实

109
ZEON
FOREVER
!!
102

本章内容是关于照片后期处理的，使用到的软件有 Adobe Lightroom Classic CC 和 Adobe Photoshop CC 2017。因为软件的功能非常多，新手学起来有一定难度，所以笔者为每个案例都配了视频讲解（如图 1）。

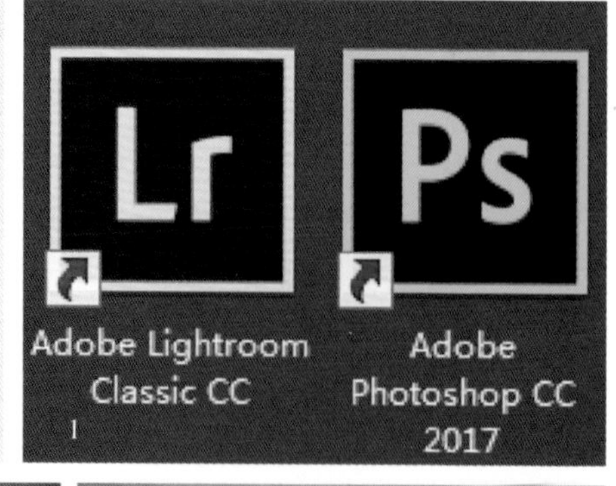

1

2

3

4

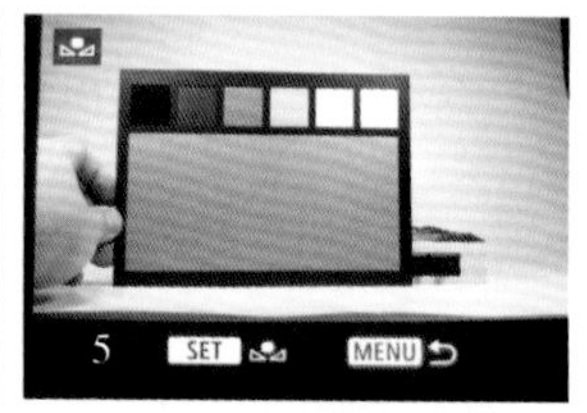

5

6

7

8

关于照片要不要后期处理的争论一直存在，笔者个人是不反对后期处理的。对于数码相机来说，图像只是传感器采集到的一堆数据，必须经过处理才能转变为图像。即使用户自己不处理，厂商也会对其进行处理，因此不同品牌相机拍出的照片颜色才会千差万别。大家并没有必要对照片后期嗤之以鼻，适当调整不但可以克服相机硬件自身的缺陷，还可以让照片更加符合人眼的欣赏习惯。当然对于有比赛用途的模型照片来说，后期处理也有底线，那就是不改变照片的内容和颜色，尽可能真实地还原模型本来面貌。

5.1 如何消除模型照片色差

光源、环境色、镜头、机身、后期处理软件、屏幕等诸多因素都会影响模型照片的颜色，使用色卡和灰卡校准是最好的应对方法。

5.1.1 灰卡白平衡校准

案例中使用的是 Datacolor spydercheckr 色卡，正面为 24 色色卡，背面为灰卡。这些颜色不是印刷上去的，而是使用特殊材料制成的，相当于在照片上置入了一系列标准色，后期使用软件对这些色彩进行校准，就可以还原出真实色彩了（如图 2）。色卡主要针对极端光环境下拍摄的色差很严重的照片，而平时拍照使用的光源品质都比较高，只需要对白平衡进行校准就可以了，这时候就要用到背面的灰卡了。它能将复杂光线的场景一律平衡为 18% 的中性灰，从而精确调整白平衡（如图 3）。下面先来介绍单反相机如何直接使用灰卡校准白平衡：

①不要用手触摸灰卡内部，保证其表面洁净。

②对模型布光后，把灰卡放到模型前，保证光环境与模型相同，并避免灰卡对着镜头反光。

③先拍摄一张照片，然后在相机菜单中找到“自定义白平衡”功能，点击并选择之前拍摄的灰卡照片（如图4、图5）。

④把相机白平衡模式设置为“用户自定义”模式，之后拍摄的照片就都是被灰卡校准好的了（如图 6）。

左侧一组样张就是灰卡校准后的结果。因为没有专业的暗室，房间中光的色温随日出日落而变化，所以每次拍照前，必须使用灰卡重新校准白平衡，才能得到颜色正确的照片（如图 7、图 8）。

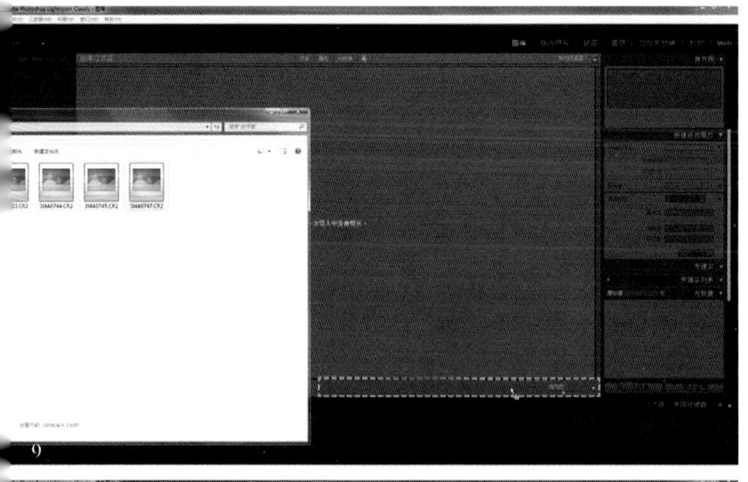

9

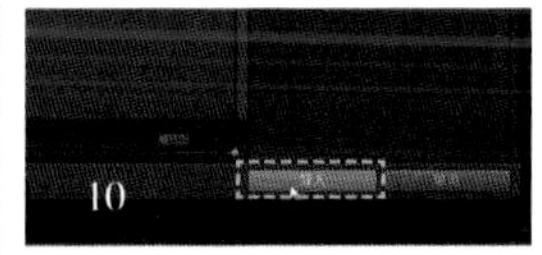

10

如果一开始忘了拍灰卡，或者相机不带自定义白平衡功能怎么办呢？接下来介绍如何在 Lightroom 中利用灰卡校准白平衡：

①在同样的光环境下，用同样的参数拍摄一张灰卡照片。

②打开 Lightroom 把照片拖入软件中，在右下角点击“导入”，然后点击右上角的“修改照片”模式（如图 9~ 图 11）。

③ 在下方文件列表中选择灰卡照片，点击右侧“基本”窗口中的“白平衡选择器”按钮（快捷键 W），然后把光标移动到灰卡中心处。从显示的 RGB 值来看，红光（R）值较低，绿光（G）值较高，所以照片整体偏青绿（如图 12）。

④用“白平衡选择器”在灰卡中心点击后，照片色温就被校准了（如图 13）。之后按下“Ctrl+Shift+C”快捷键复制设置，在弹出的菜单栏中只选择“白平衡”（如图 14）。

⑤选择要校准的照片后按下“Ctrl+Shift+V”快捷键粘贴前面的设置，于是这张照片的白平衡也被校准了（如图 15、图 16）。

12

13

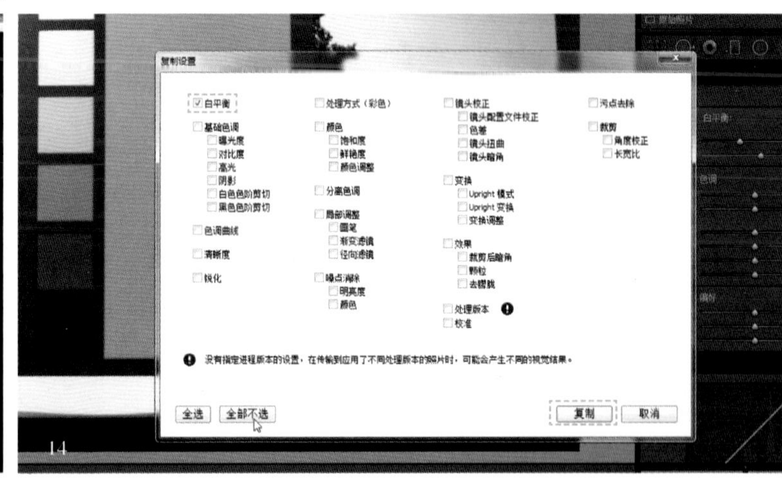

14

15 白平衡校准前

16 白平衡校准后

如果没有灰卡，还可以用软件的自动白平衡功能校准（如图 17），或用“白平衡选择器”拾取灰色或白色背景作为参照来校准白平衡（如图 18）。但这两种方法都不是十分精确，效果好不好只能靠运气了（如图 19~ 图 21）。

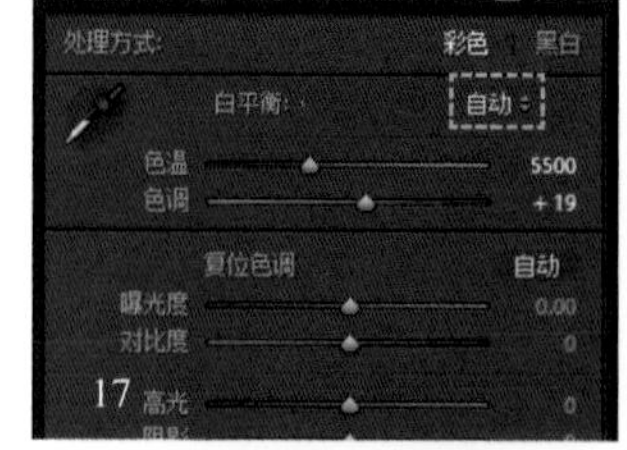

17

18

19 灰卡校准

20 自动校准

21 以白色背景作为参照来校准

5.1.2　后期白平衡调整

人的视网膜上有视杆细胞和视锥细胞两种细胞，前者感知光的强弱，后者感知光的色彩。其中视锥细胞有三种，分别对红、绿、蓝光线特别敏感。这些细胞接收到不同波长的光线并转化为信号传递给大脑，经过大脑处理后，人才具有了三色视觉（如图 22、图 23）。左下角的图表示人眼能看到的色彩范围，照片中的所有颜色都包含在其中，当白平衡发生变化时，即意味着整张图片的色彩在坐标系中发生移动。比如当一张偏蓝的照片通过调整白平衡变成偏黄的照片时，可以理解为照片色彩在坐标系中对应的点整体从蓝色区域移动到了黄色区域（如图 24）。

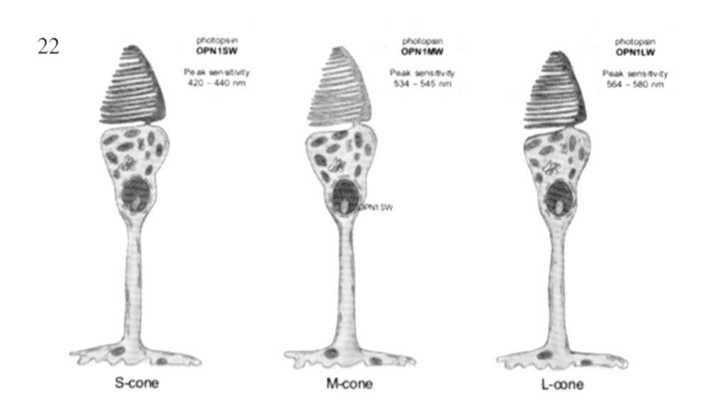

22

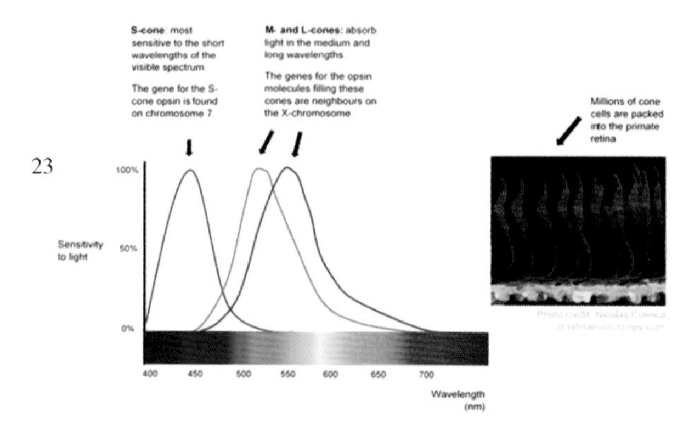

23

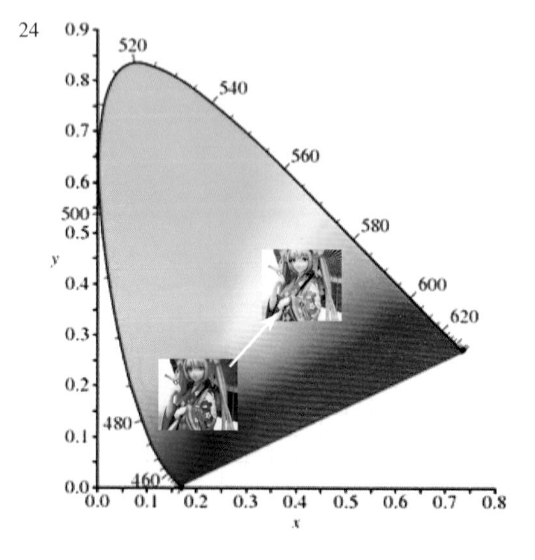

24

注：拍摄时尽量使用 raw 格式，其可以保存更多光线信息，为后期处理提供更多可能性（如图 25）。例如当处理 raw 格式的照片时，白平衡功能直接显示出照片的色温和色调（如图 26）。而处理 jpg 格式的照片时，白平衡功能下只能显示相对的值，不能直接把照片的色温或色调调整到某个值（如图 27）。

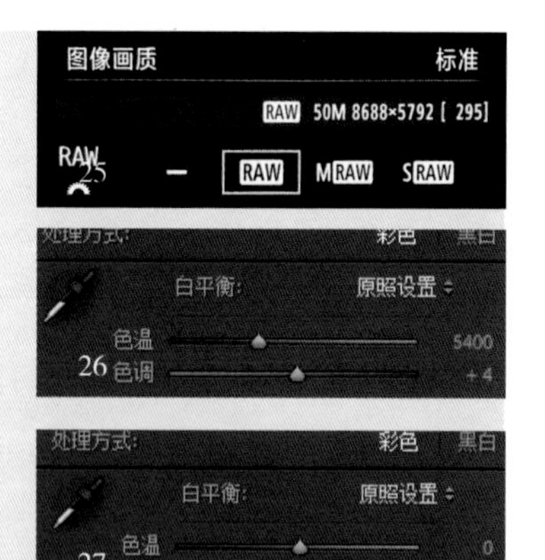

25　26　27

在 Lightroom 的白平衡功能下有两个滑块。第一个是色温，向左移动时照片会整体变蓝，向右移动时照片会整体变黄（如图 28、图 29）。第二个是色调，向左移动时照片会整体偏绿，向右移动时照片会整体偏紫（如图 30、图 31）。调整滑块就相当于把整张照片的颜色在坐标系中移动，想要偏什么色，就往哪里移。如果想获得白平衡准确的照片，最好老老实实用灰卡。如果希望通过调色增加照片艺术感染力，手动调整白平衡滑块是非常必要的。不同的色彩有不同的情感倾向，当然这已经超出消除色差的范畴了。

另外，还有种方法专门用于人像的白平衡校准，那就是用白平衡选择器拾取眼白部分的颜色作为参照。从对比图中可以感受到细微的差别，自动白平衡比用眼白白平衡的效果要更加偏黄些（如图 32~ 图 35）。

28
29
30
31
32
原图
33
自动校准
34
以眼白作为参照来校准
35
以眼白作为参照来校准

5.1.3 手机照片色差纠正

当拍摄光源品质不高时，可以使用色卡进行校色。案例中的图片是 iPhone7 手机在展示橱中录制的 96B 主战坦克场景视频截图，视频开头把灰卡和色卡都拍了进去。

①把灰卡、色卡和要校色的照片导入 Lightroom 中，用白平衡选择器拾取灰卡中心区域校准白平衡，并把白平衡设置粘贴到色卡的图片上（如图 36、图 37）。

②用右侧的“剪裁叠加”（快捷键 R）对色卡进行裁剪，只保留边框以内的部分，之后按下“Ctrl+]”快捷键把画面转正（如图 38、图 39）。

③在菜单栏中选择“照片 – 在应用程序中编辑 – 在 SpyderCkeckr.exe 中编辑”。注意这个软件需要购买色卡才可以获取（如图 40、图 41）。

④在弹出的 SpyderCkeckr 中选择“饱和度模式”，点击“保存校准”并给预设文件命名。这时校准文件会变成 Lightroom 的一个预设，需要重启 Lightroom 才能看到（如图 42、图 43）。

⑤重启 Lightroom 并打开需要校色的照片，把之前灰卡的白平衡校准参数粘贴到这个照片中（如图 44）。

⑥在界面左侧选择之前保存的校色预设，照片的校色工作就完成了（如图 45）。可以看到加载预设后，界面右侧照片的颜色参数发生了一些变动（如图 46）。

在最终的样张中，虽然整体颜色变化不是十分显著，但是颜色的色相已经发生了改变。如战车的沙黄色从偏青绿色调整为偏橙色，国旗上的红色经过调整后，也变得更加艳丽（如图 47~ 图 49）。

说实话，笔者不清楚这样微弱的色差读者能否在笔者的书中觉察到，因为照片的色彩在印刷时会有一定损失。不过常言道“失之毫厘谬以千里”，正是因为诸多环节的不可控因素太多，才要尽可能把可控环节中的色差问题解决掉。如果有模友对着偏绿的照片调出了绿色的沙漠迷彩，那就贻笑大方了。

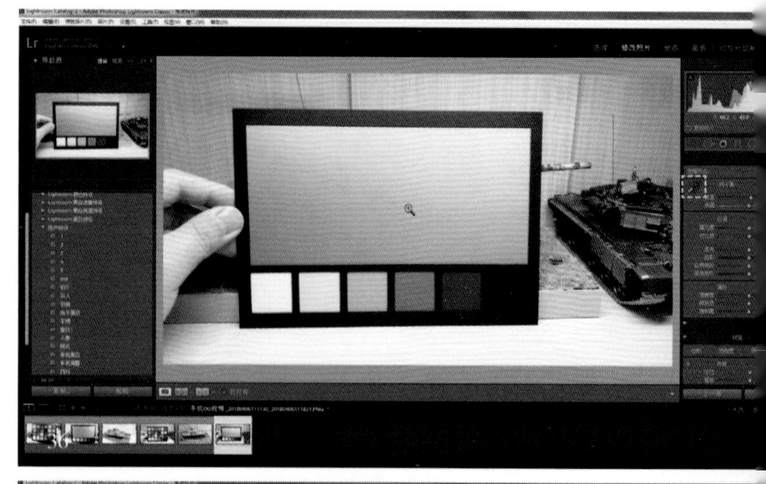

36

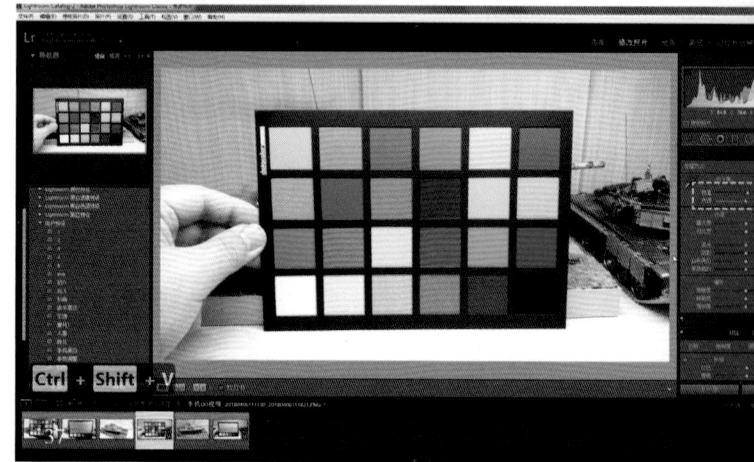

37

38

39

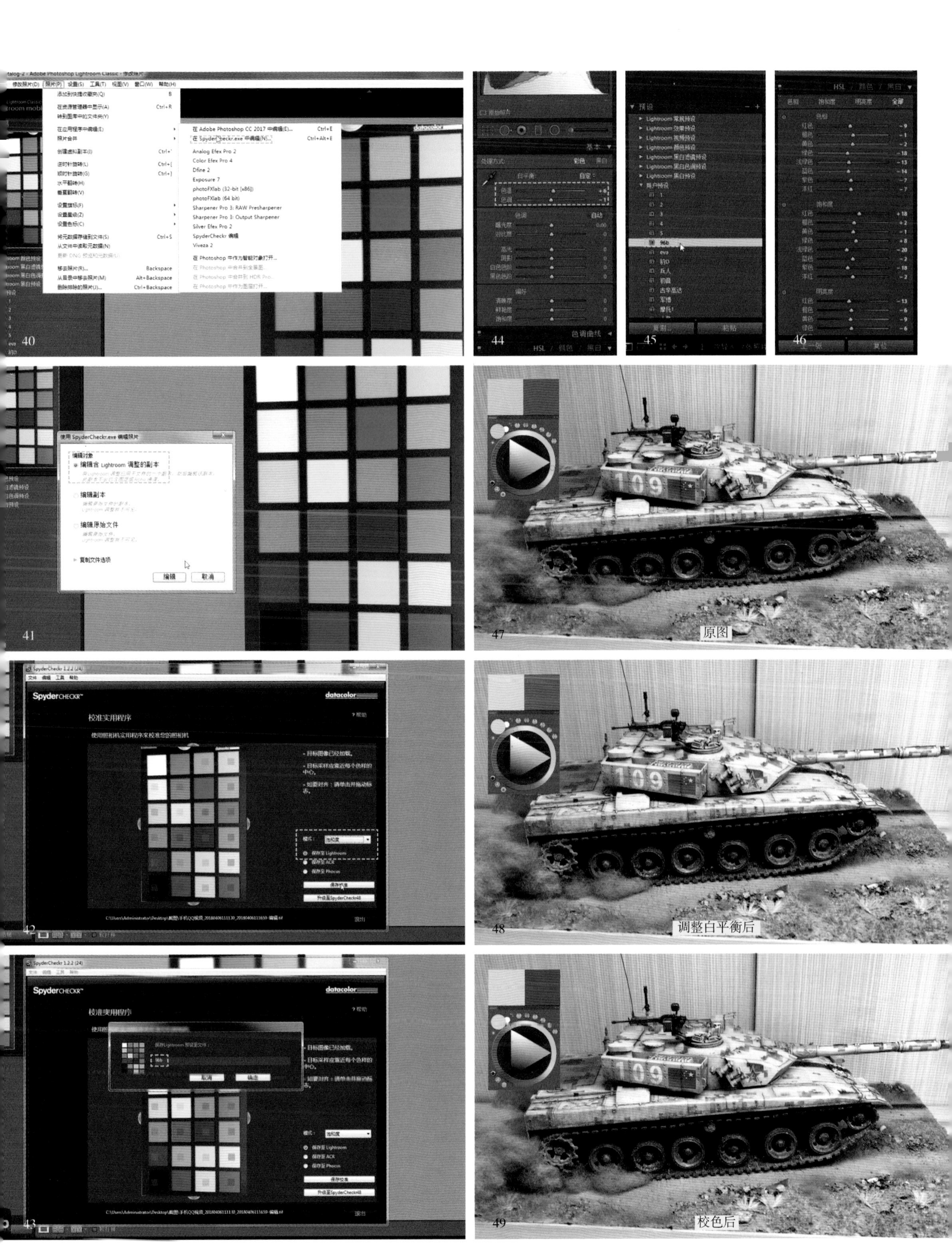
40
41
42
43
44
45
46
47
48
49
原图
调整白平衡后
校色后
SpyderCHECKR
datacolor
校准实用程序
使用 SpyderCheckr.exe 编辑照片
编辑含 Lightroom 调整的副本
编辑副本
编辑原始文件
复制文件选项
编辑
取消

5.2 如何让模型照片通透明亮

5.2.1 什么是直方图

若想让照片通透明亮，首先要搞清楚什么是直方图。直方图犹如照片的 X 光片，有经验的人一眼就能从中看出照片存在的问题。其水平轴表示像素的亮度，最左端代表纯黑色的像素，最右端代表纯白色的像素。垂直轴表示像素的数量，如果一张照片的直方图信息集中在右端，说明这张照片里有许多亮度很高的像素。

接下来通过三个案例来阐述直方图与照片的关系：

50

这是一张低调照片，背景为黑色说明画面中存在大量亮度很低的像素。在直方图中表现为横轴左侧曲线很高，而右侧曲线很低，大量像素集中在横轴左侧较暗的区域（如图 50）。

51

这是一张高调照片，背景为白色说明画面中存在大量亮度很高的像素。在直方图中表现为横轴右侧曲线很高，而左侧曲线很低，大量像素集中在横轴右侧较亮的区域（如图 51）。

52

这是一张中调照片，画面中绝大部分像素亮度适中。在直方图中表现为横轴中间曲线较高，而左右两侧曲线较低，大量像素集中在横轴中间亮度适中的区域（如图 52）。

由此可见，直方图可以帮助大家了解画面到底是属于哪一种类型，再根据相应的特点对照片进行针对性调整，才能获得好看的照片。那么到底什么样的照片才称得上好看呢，接下来谈一谈通透感。

5.2.2 什么是通透感

通透感的问题是关于照片观感好不好的问题，其基本要求是“黑是黑，白是白，边缘清晰无雾霾”。

“黑是黑，白是白”指照片中的黑色应当是黑色，白色应当是白色。大家已经知道光源的品质和白平衡会影响照片的颜色，除此之外，受空气、曝光等诸多因素影响，有时候相机会把黑色的物体拍得不那么黑，白色的物体拍得不那么白，带来的结果就是照片整体发灰。右侧样张就是这种情况，直方图中横轴最右侧的像素缺失，说明照片中的白色不够白（如图 53）。

根据直方图的提示对画面明暗关系进行调整，让直方图中的像素整体向右拉伸，把灰色还原成白色。调整后整个画面看起来比之前清爽多了，不再发灰（如图 54）。

“边缘清晰无雾霾”指照片中物体的边缘要锐利。受镜头本身素质、相机传感器性能、光线强弱、空气透度等因素影响，即使对焦正确，相机拍摄的照片放大后还是会有些模糊（如图 55）。使用软件对图像进行锐化处理后，照片会变得更加清晰（如图 56）。最后对照片的饱和度、清晰度等参数进行微调，获得的照片比原图要通透很多，另一组照片也是如此（如图 57、图 58）。

这里还有个疑问，那就是难道不能直接拍出通透的照片吗，为什么一定要后期处理呢？其实前期拍摄对照片的品质有决定性影响，而后期处理则是为了让照片表现得更好。有些时候客观因素会制约相机性能的发挥，比如有些镜头天生色彩比较平淡或者锐度不高，使用这样的设备，即使摄影师技术再好，也不能突破硬件瓶颈，只能在后期阶段补救。

53 原图有些发灰

54 处理后的图片更加通透

55 原图细节较模糊

56 锐化后细节更加清晰

57 调整前

58 调整后

5.2.3 明暗关系调整

Lightroom 界面右侧的色调选项涉及对照片明暗关系的调整，每个滑块的移动都会改变直方图，其中黑色色阶、阴影、曝光度、高光、白色色阶影响的区域在下方的直方图中已标出（如图 59、图 60）。

59

这是一张古辛高达的照片，使用白色 PVC 背景纸，两个配有 45W 柔光灯的台灯布置在左右两侧。在讲解如何调整照片明暗关系前，先熟悉一下每个滑块的功能。

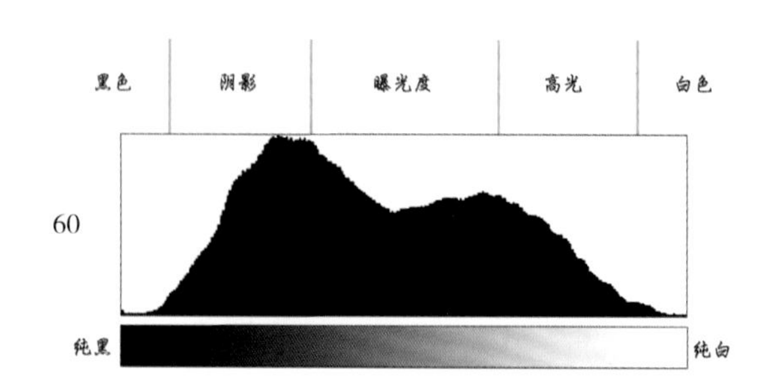

60

61 曝光度 +5

62 曝光度 -5

①曝光度。它会影响整个照片的明暗，提高曝光度，照片整体变亮，直方图上的像素信息整体向右移动。降低曝光度，照片整体变暗，直方图上的像素信息整体向左移动。直接调整曝光度容易产生大面积过曝或死黑区域，对于曝光正常的照片建议只进行小幅度微调（如图 61、图 62）。

63 对比度 +100

64 对比度 -100

②对比度。增强对比度会让照片中的深色部分更深，浅色部分更浅。在直方图中表现为，增加对比度时，像素向横轴左右两侧移动，降低对比度时，像素向横轴中心移动。如果画面中同时出现很多过暗和过亮的区域，可适当降低对比度；若画面整体平淡，则适当提高对比度（如图 63、图 64）。

65 高光 +100　66 高光 -100

③高光。提高高光时，画面中比较亮（但不是最亮）的区域会变得更亮；降低高光时，画面中比较亮的区域会变得更暗。通常会用降低高光的方法挽救过曝的画面（如图 65、图 66）。

67 阴影 +100　68 阴影 -100

④阴影。提高阴影时，画面中比较暗（但不是最暗）的区域会变得更亮；降低阴影时，画面中比较暗的区域会变得更暗。有时可以用略微提高阴影代替提高曝光度，它能让画面变得亮一些，又不用担心过曝问题（如图 67、图 68）。

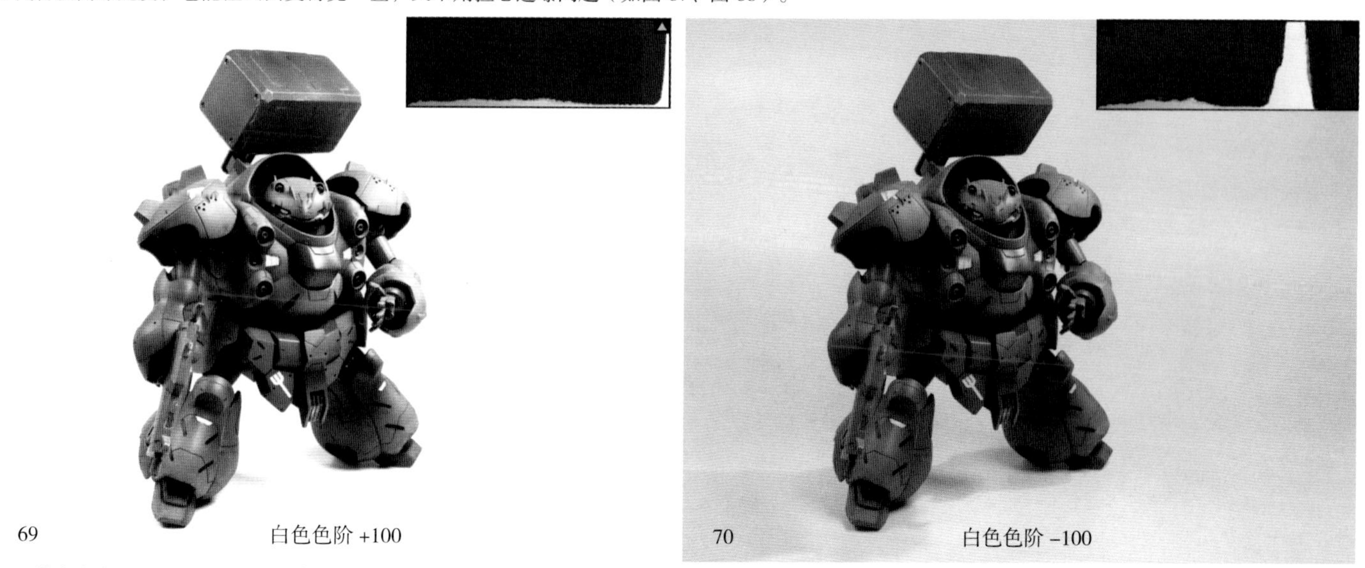
69 白色色阶 +100　70 白色色阶 -100

⑤白色色阶。它主要影响画面中最亮的部分，增加白色色阶可以让发灰的白色背景过曝而变成纯白色（如图 69、图 70）。

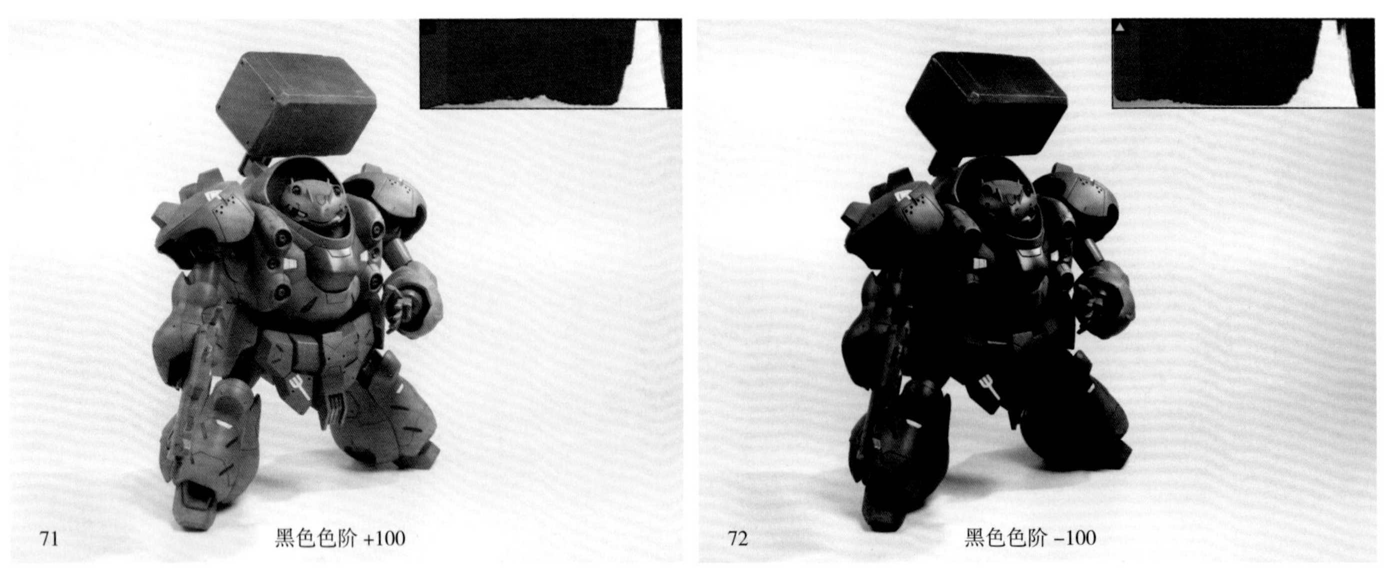
71　　黑色色阶 +100　　72　　黑色色阶 -100

⑥黑色色阶。它主要影响画面中最暗的部分，提高黑色色阶可以让画面中死黑的部分变得不那么黑，降低黑色色阶可以让照片中不太黑的地方直接变成纯黑色（如图 71、图 72）。

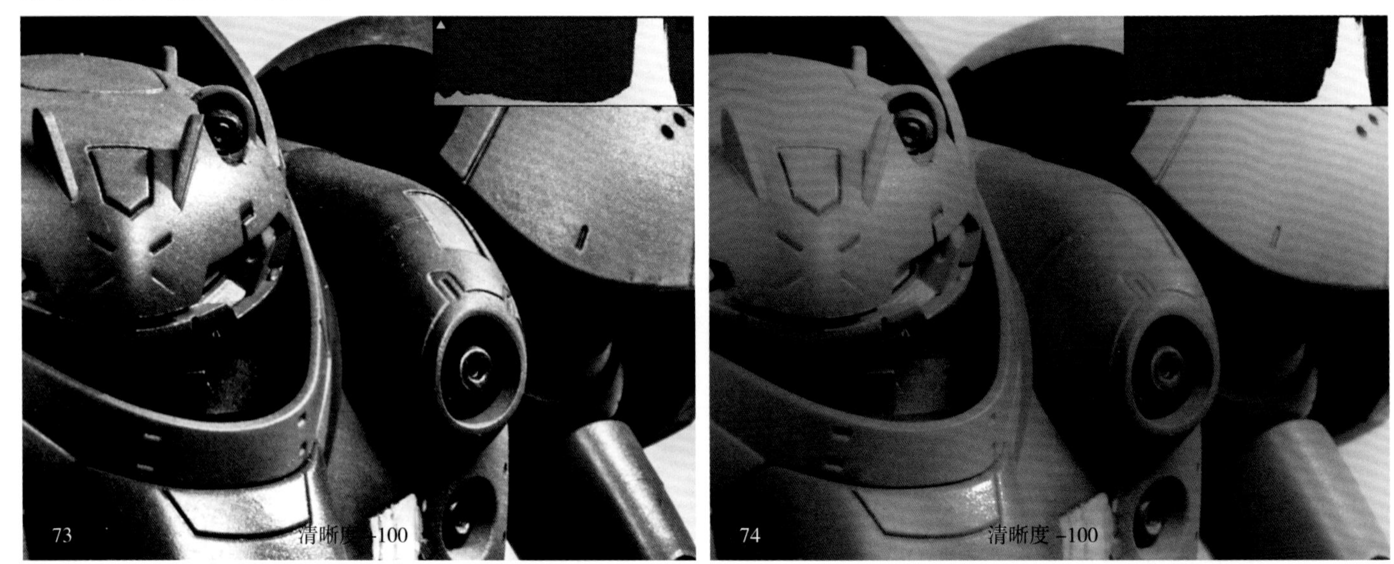
73　　清晰度 +100　　74　　清晰度 -100

⑦清晰度。清晰度相当于局部的对比度，提高清晰度只会把物体边缘的对比度增强，从而达到强化照片细节的目的。同理，降低清晰度会影响物体边缘的对比度，让照片细节变得柔和（如图 73、图 74）。

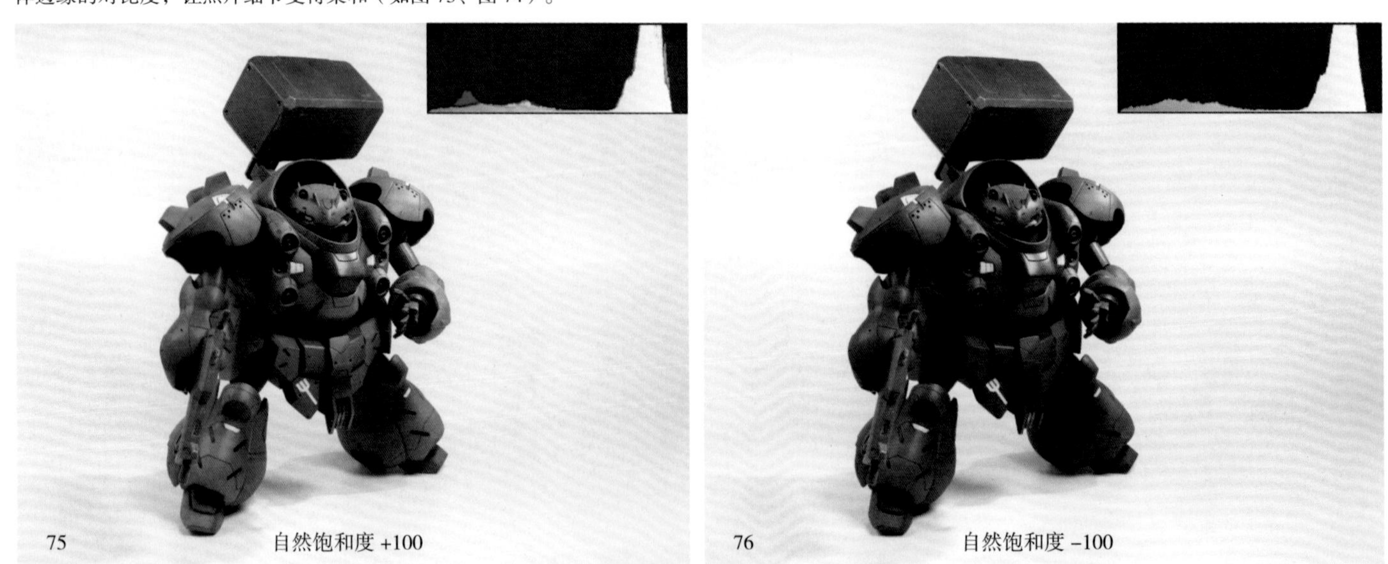
75　　自然饱和度 +100　　76　　自然饱和度 -100

⑧饱和度、自然饱和度。二者都会影响画面色彩的艳丽度，饱和度影响所有颜色的强度，可能会导致过饱以及局部细节损失。为了解决这个问题，自然饱和度智能提升画面中饱和度低的颜色，而使原本饱和度够的颜色保持原状（如图 75、图 76）。

77　曝光度 +0.33

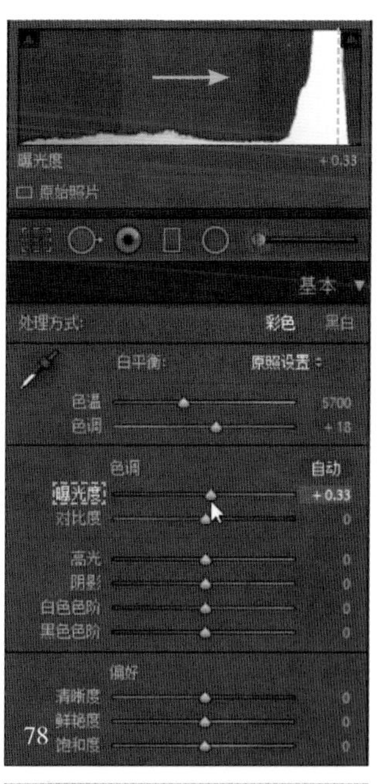

78

接下来讲解调整流程。

①调整曝光。直方图最右侧有一处空白区域，说明照片整体略微发灰，故稍微增加曝光度（如图 77、图 78）。

79　白色色阶 +65

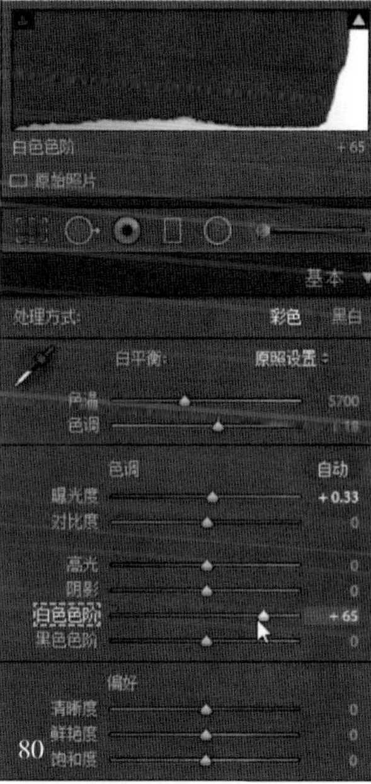

80

②调整白色色阶。调整曝光后背景依然发灰，这时不能继续增加曝光度了，那样会使模型过曝而损失细节。于是笔者提高了白色色阶，让背景变成纯白色（如图 79、图 80）。

81　阴影 +17

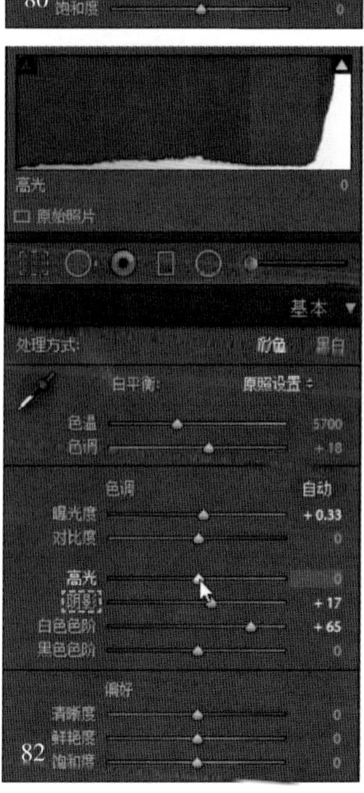

82

③调整阴影。虽然背景变亮了，但是模型本体依然显得比较暗。于是笔者略微拉高了阴影，让模型变亮一些（如图 81、图 82）。

83 84

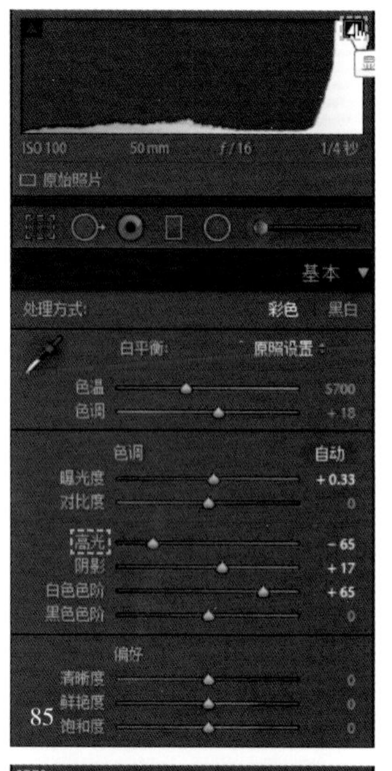

85

④调整高光。点击直方图右上角的“显示高光剪切”，画面中红色部分就是过曝的部分。降低高光值后，红色区域减少了很多，相当于为照片追回了不少亮部细节（如图 83~ 图 85）。

86

87

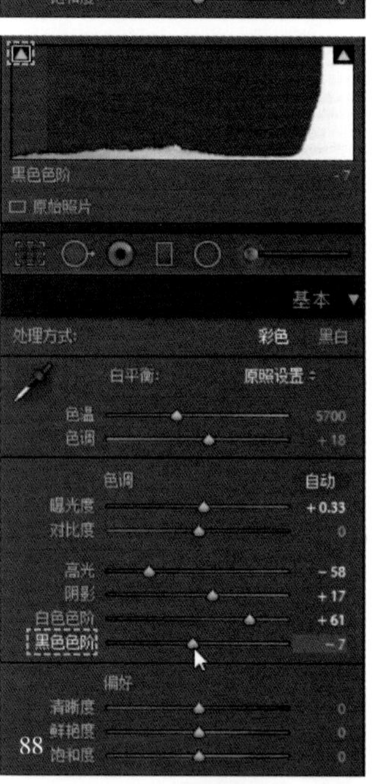

88

⑤调整黑色色阶。降低黑色色阶可让照片中黑色的部分更黑，但调整过度就会出现死黑区域。点击直方图左上角的“显示阴影剪切”，在降低黑色色阶值的同时，保证不出现蓝色提示，相当于保留了暗部细节（如图 86 ~ 图 88）。

89

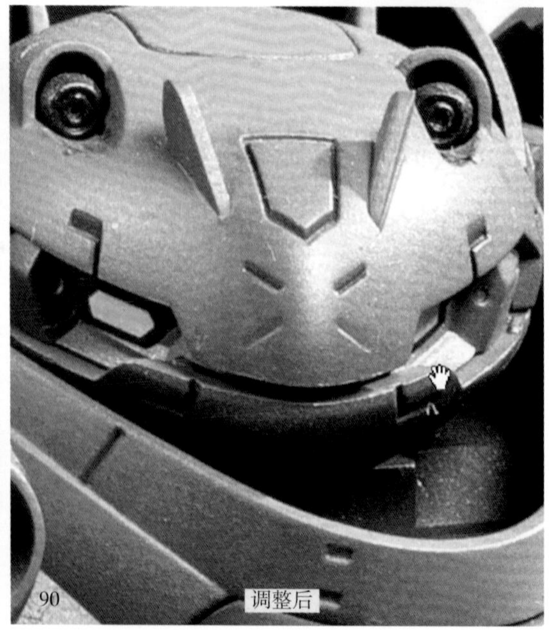

90

经过调整后，画面中的黑色是黑色，白色是白色，而且没有大面积的过曝或死黑区域出现。照片的明暗关系更加养眼，细节更加清晰（如图 89 ~ 图 91）。

91

5.3 如何让模型照片清晰锐利

5.3.1 对比度、清晰度、锐度三者的关系

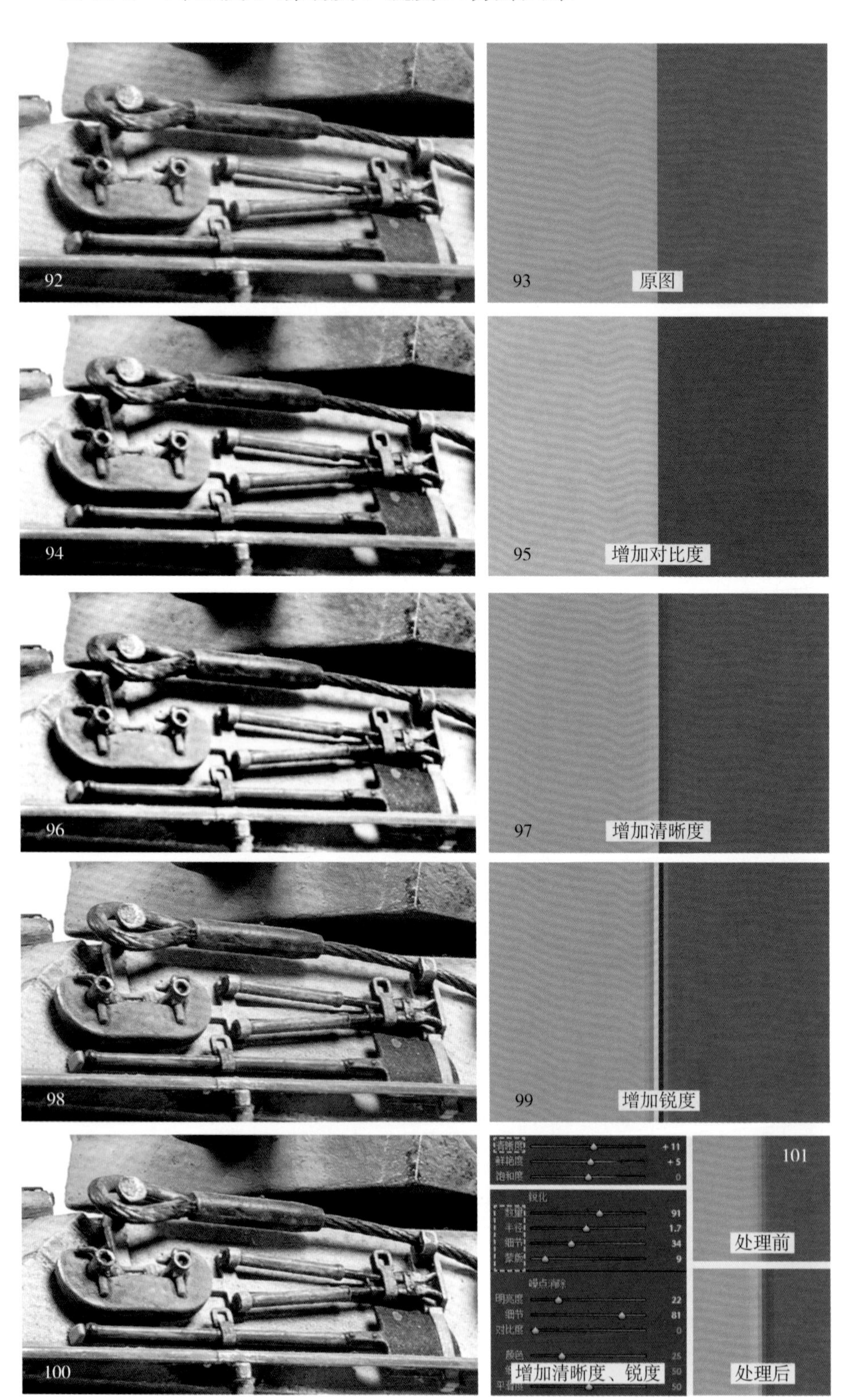

在 Lightroom 中对比度、清晰度、锐度是三功能非常相似，一定程度上都能让照片更清晰。为了理清三者的关系，笔者找来了一张豹 D 坦克的细节图，raw 原始照片文件未经处理，细节显得比较模糊（如图 92、图 93）。

①对比度：增加对比度会增强图片中的明暗对比。以两块相邻的深浅灰色图片为例，增加对比度后，浅色变得更浅，深色变得更深，使图片整体的反差更强了（如图 94、图 95）。

②清晰度：改变清晰度会使物体边缘附近的对比度发生变化。以色块为例，增加清晰度后，浅色的边缘变得更浅，深色的边缘变得更深。如此一来，照片的细节就通过局部明暗变化而被强调出来了（如图 96、图 97）。

③锐度：增加锐度相当于给物体轮廓画了一道细线。以色块为例，增加锐度后，浅色的边缘出现了一道很浅的细线，深色的边缘出现了一道很深的细线。而且为了增强反差，浅色细线一旁以深色渐变衬托，深色细线一旁以浅色渐变衬托（如图 98、图 99）。

受硬件技术水平的影响，即使真实世界中物体边缘是锐利的，拍出来的照片也有可能会显得模糊。通过以上三个参数的“造假”，可以在一定程度上对这种模糊进行修正，还原物体本来面貌。当然这些参数不能调得过火，否则照片会失真，混合使用效果更佳（如图 100、图 101）。

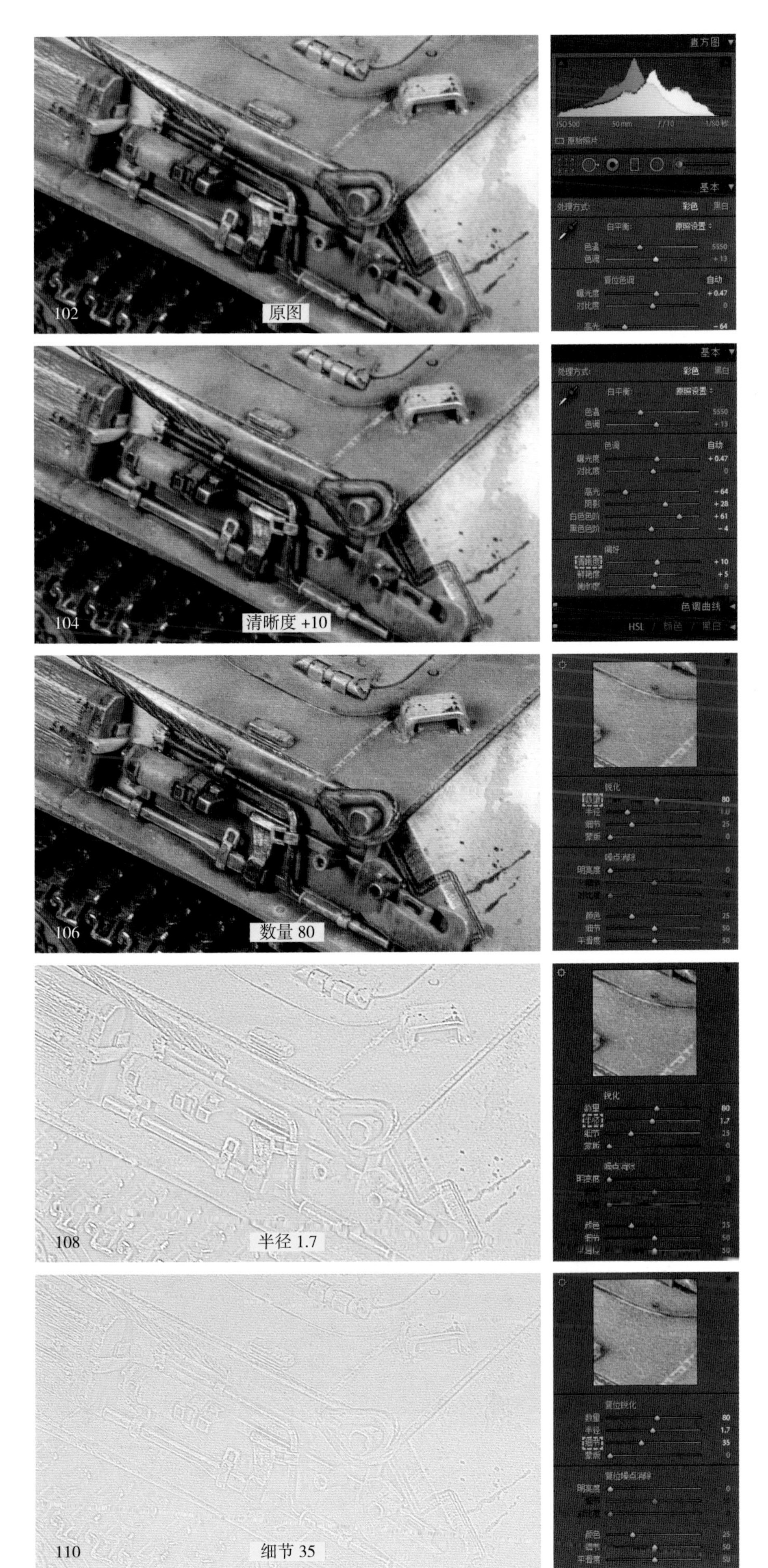

5.3.2 锐化与降噪

继续以豹 D 坦克细节照讲解如何让照片清晰锐利。这张照片为手持拍摄，轻微的抖动加之感光度较高使得细节显得模糊，需要在 Lightroom 中进行锐化与降噪处理（如图 102、图 103）。

大家已经知道锐化只会影响物体的轮廓，而清晰度影响范围稍大一些。调整锐度前适当增加清晰度，可以给后面的调整打下良好的基础（如图 104、图 105）。

接下来要调整的参数全部位于界面右侧的“细节”窗口下。

①数量：锐化数量控制锐化效果的强度，数量越大，强度越大。当拉高这一参数时，画面马上变清晰了许多，但是画面中不需要被锐化的部分也变清晰了，产生了很多噪点，因此还需要进一步调整相关参数（如图 106、图 107）。

②半径：锐化半径决定锐化影响的范围。半径越大，物体的轮廓越突出。拖动半径滑块的同时按住“Alt”键，可以看到半径实际的作用范围，方便进行调整（如图 108、图 109）。

③细节：锐化细节决定多大尺寸的细节可以被锐化。细节数值越高，被锐化的细节尺寸越微小。拖动细节滑块的同时，按住“Alt”键，可以看到被锐化的细节，方便进行调整（如图 110、图 111）。

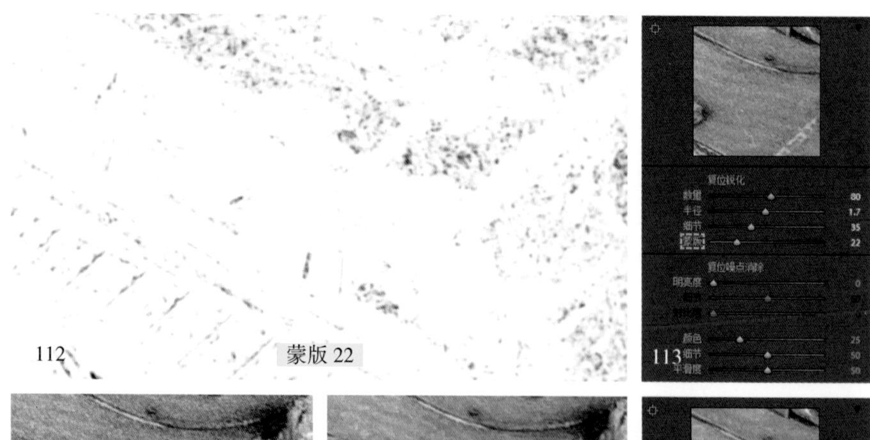

112 蒙版 22

113

④蒙版：蒙版黑色的部分是被罩住不显示的，只有白色的部分才是显示的内容。蒙版值越大，被罩住的内容越多，显示的内容越集中在物体的边缘处。拖动蒙版滑块的同时按住“Alt”键可以看到黑白蒙版，方便进行调整（如图 112、图 113）。

114 降噪前

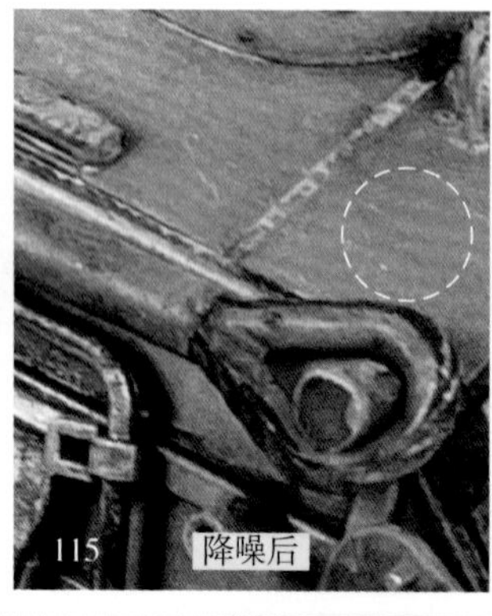

115 降噪后

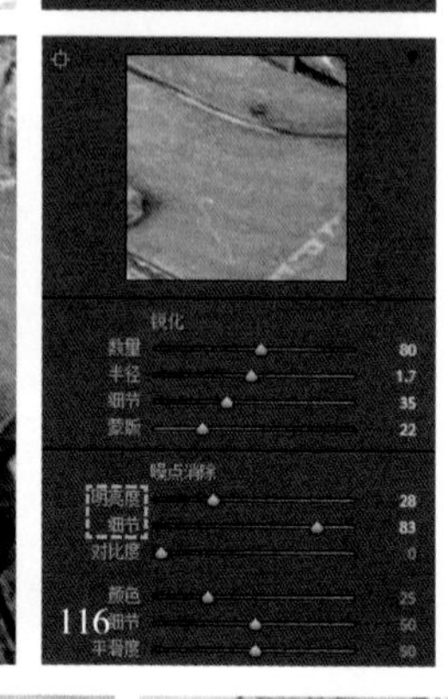

116

⑤明亮度。它控制消除噪点的强度，明亮度越高，消除噪点的能力越强。副作用是很多刚被锐化的细节又被柔化掉了，因此明亮度值尽量不要开得太高，而且需要适当调高下面的“细节”值，以保证更多细节不受噪点消除的影响（如图 114~图 116）。

相比之前的照片，经过锐化与降噪处理的照片细节变得更加清晰锐利了（如图 117、图 118）。

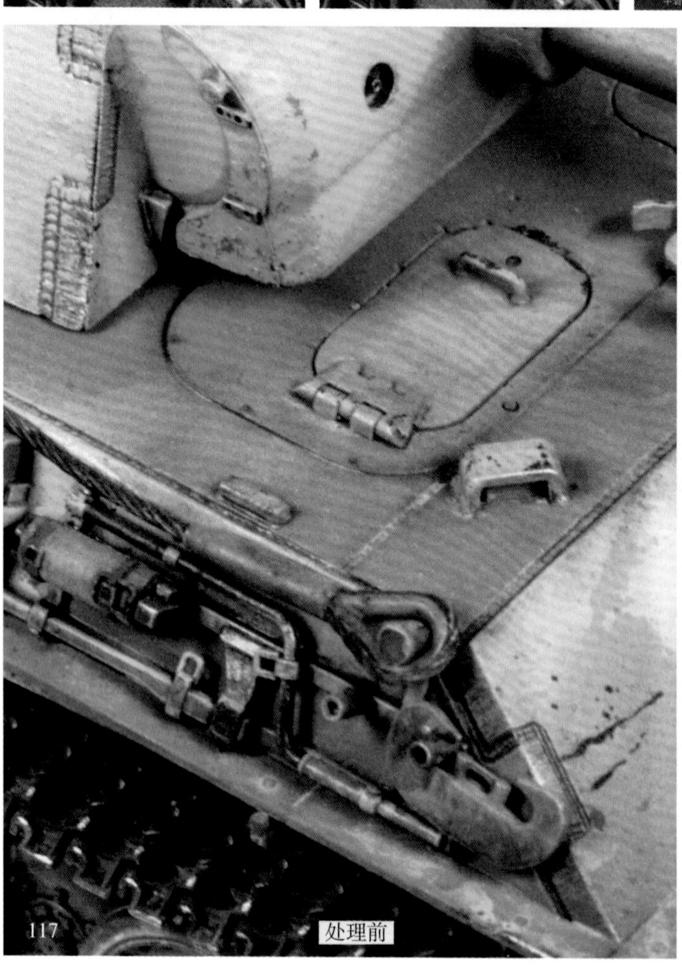

117 处理前

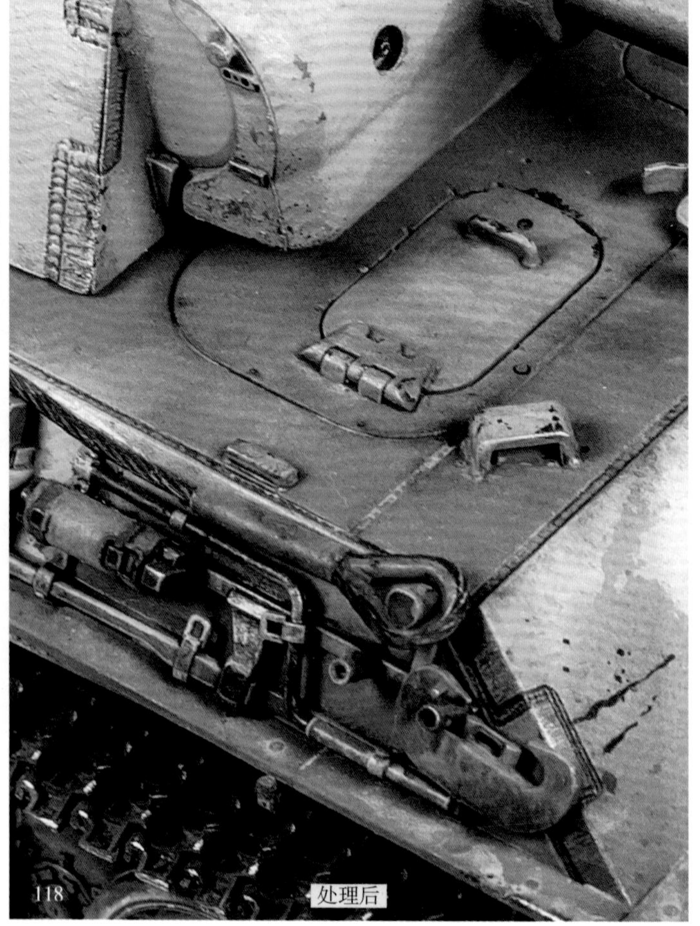

118 处理后

5.3.3 污点修复

无论拍摄前的除尘工作如何小心，还是会有漏网之鱼，这时可以使用污点修复功能把灰尘去掉。Lightroom 自带“污点去除”（快捷键 Q）功能，可以去除单个灰尘，但是在灰尘较多的情况下不太适用，这时可以使用 Photoshop 对灰尘进行修复（如图 119~ 图 121）。

①用 Photoshop 打开图片，在界面左下角的图层窗口中选择“背景图层”，按下“Ctrl+J”快捷键复制出一个“图层 1”并选中该图层。因为图层 1 位于背景图层之上，所以对图层 1 的修改并不会影响下面的背景图层，方便完成后比较观察修复效果（如图 122）。

②在界面左侧选择“污点修复画笔工具”，用它涂抹有灰尘的地方就可以把灰尘去掉（如图 123）。

③把图片放大到需要去除灰尘的位置，按下“[”或“]”调整画笔大小，逐一在有灰尘的地方涂抹即可（如图 124）。

④有些灰尘仅凭肉眼不易察觉，为了方便检查修复效果，可以按下“Ctrl+I”快捷键把照片反相。这样做能让灰尘更醒目，再次按下“Ctrl+I”快捷键照片则会恢复原貌。对比处理前后的效果，轮胎上的尘土不见了，省去了重新清理模型和拍摄的麻烦（如图 125~ 图 127）。

注：如果每次拍摄都在画面同一位置出现污点，那就要考虑对机身和镜头内部进行清洁了。

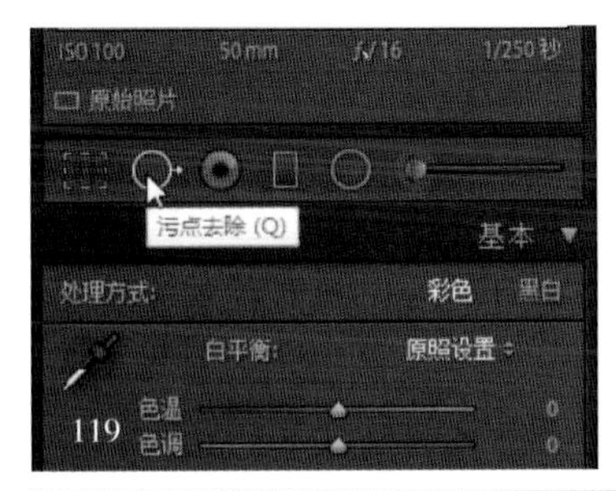

119

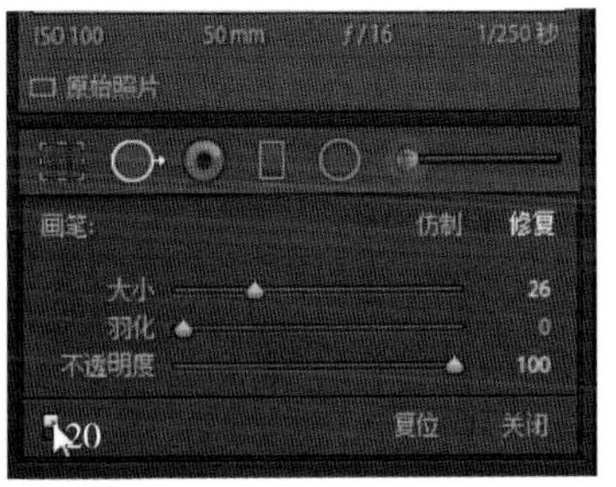

120

121

122

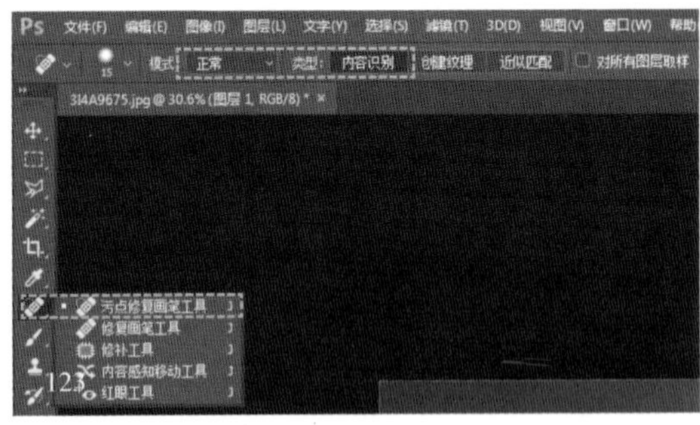

123

124

125

126

127

128

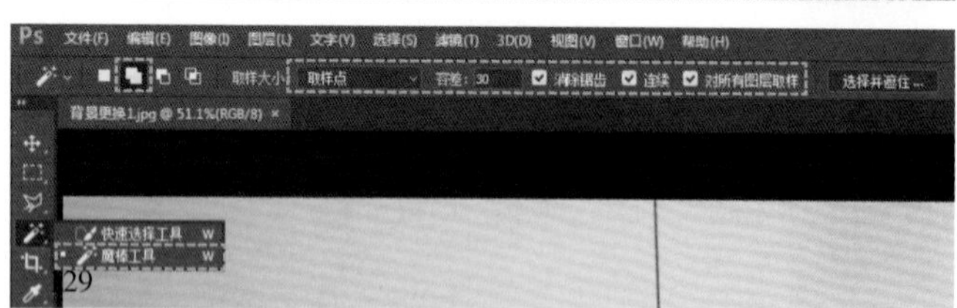

129

130

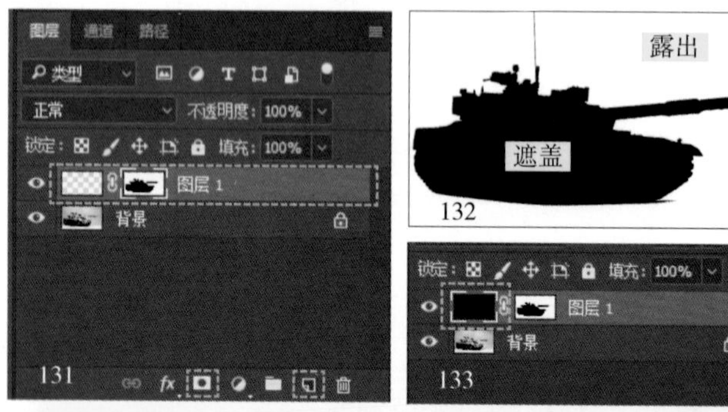

131

134

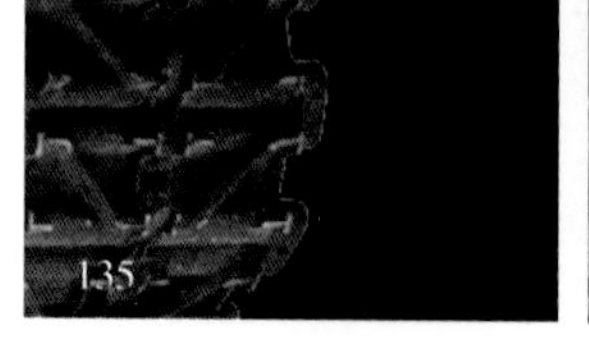

135

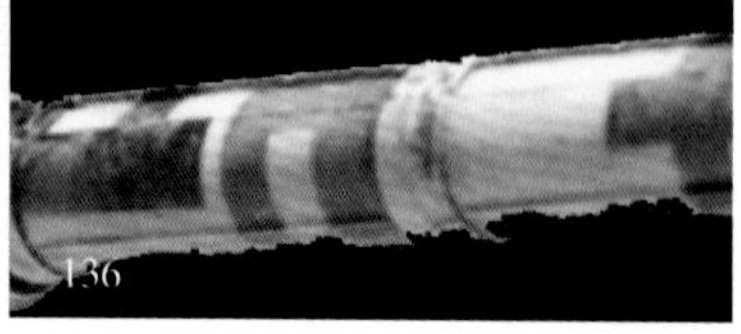

136

5.4　如何增加照片视觉冲击力

5.4.1　背景替换

这张 96B 主战坦克的照片在拍摄时仅用了一盏手持补光灯，背景为白色－灰色渐变背景纸，可惜渐变的效果不是很好（如图 128），笔者打算在 Photoshop 中对其背景进行修饰。具体操作如下：

①用 Photoshop 打开图片，在左侧工具栏中选择“魔棒选择”工具（快捷键为 W），它可以选择图片中颜色相似的区域。如左图设置的相关参数，其中容差为 30（如图 129）。

②点击白色背景，被选中的区域边缘会出现蚂蚁线。注意不要忘了选取画面中镂空的地方（如图 130）。

③选择好背景区域后，点击界面右下角的“ ”图标新建一个空白图层，然后点击“ ”图标把刚才选中的区域转化为蒙版（如图 131）。所谓蒙版其实就是一张黑白图片、黑色部分是图片被遮罩的部分，白色部分是图片露出来的部分（如图 132）。

④给这个空白图层填充纯黑色，在蒙版的作用下只有原来的背景区域会露出来，于是图片的背景被替换为了纯黑色（如图 133）。不过图片仍有一些瑕疵，比如履带周围存在白边，炮管上方边缘存在锯齿，下方则被溢出的黑色覆盖了（如图 134~ 图 136）。

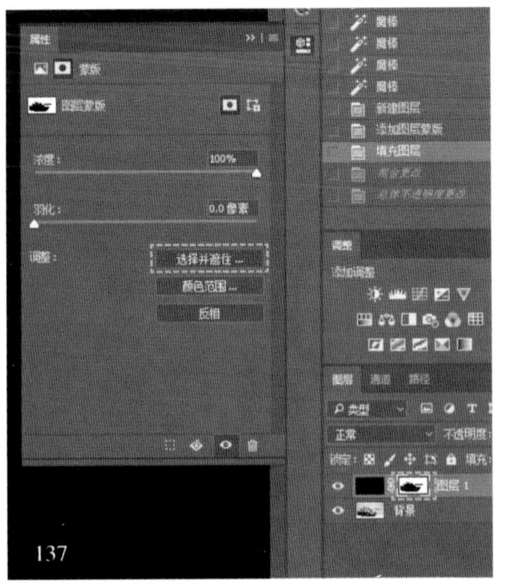

137

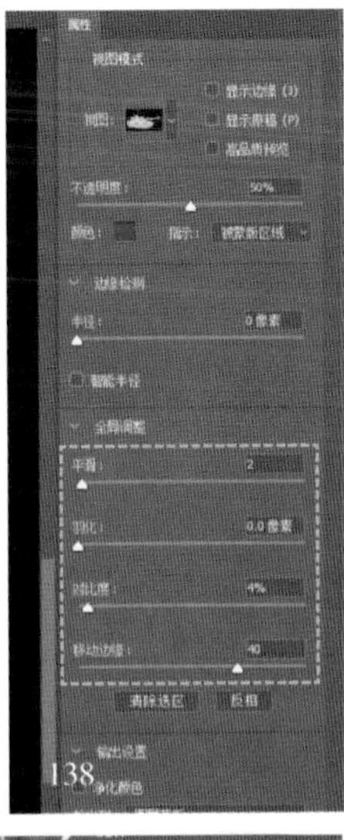
138

139

⑤在图层窗口中双击蒙版，会弹出属性菜单，点击“选择并遮住”（如图 137）。在弹出的新菜单中修改平滑参数，它可以消除蒙版边缘锯齿，修改对比度参数可以让边缘更加锐利，修改移动边缘参数可以让蒙版整体向外扩张，去掉之前的白边（如图 137~ 图 139）。

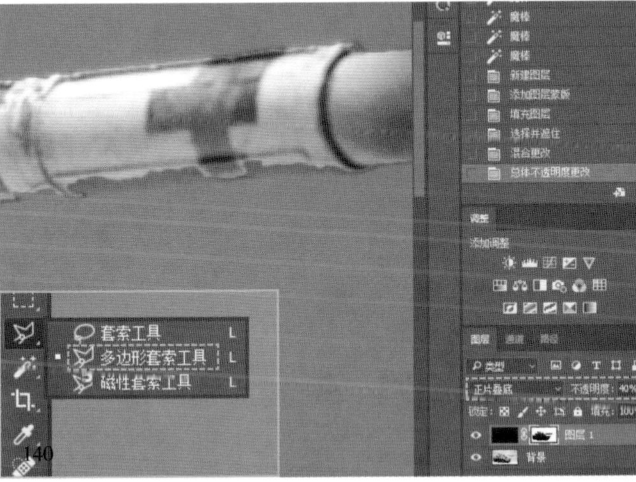

140

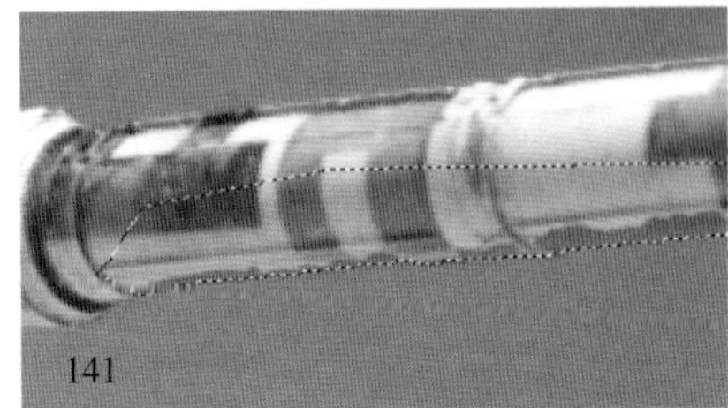
141

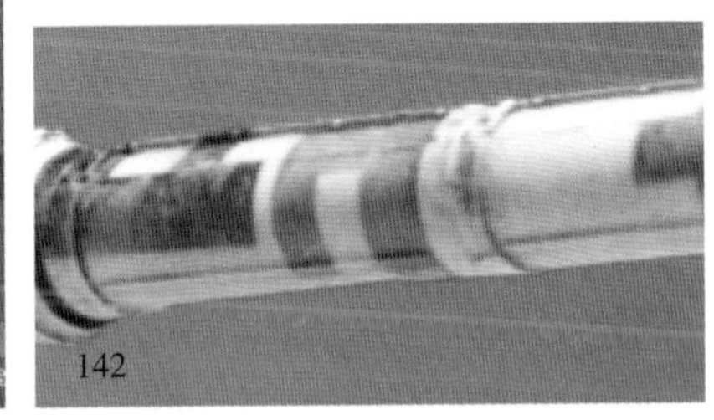
142

⑥把图层 1 的混合模式改为“正片叠底”，透明度为 40%，之后选中蒙版。使用界面左侧工具栏中的“多边形套索工具”（快捷键为 L），沿着炮管的轮廓把它选取出来并把选区填充为黑色，这样炮管下部溢出的黑色就消失了（如图 140~ 图 142）。

143

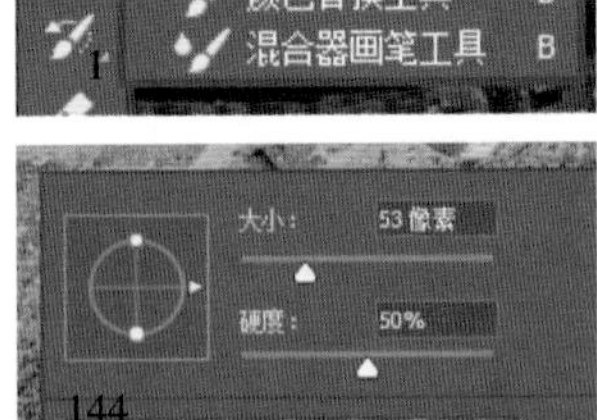

144

145

⑦阴影周边颜色差别较大不易被选中，直接用柔边“画笔工具”在蒙版中涂抹白色即可（如图 143~ 图 145）。

146

经过一番调整后，终于完美地把背景替换为黑色了，但是它还不够炫酷，笔者决定添加一些渐变效果，以突出模型主体（如图 146）。

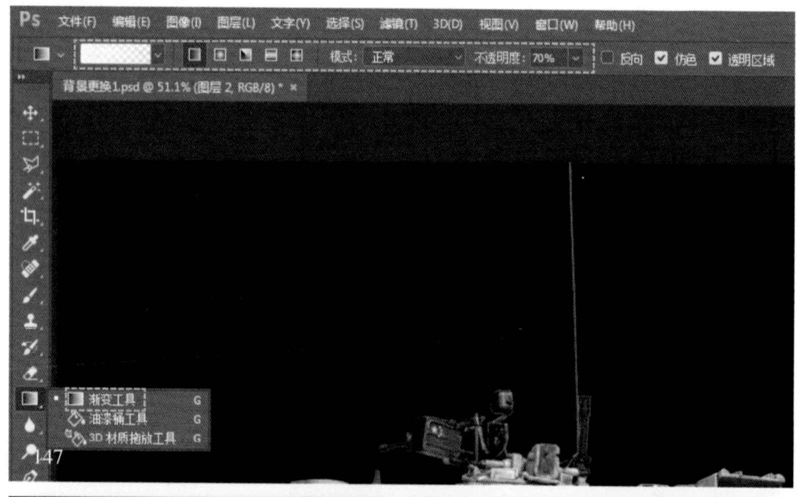

147

⑧选中图层 1，使用“渐变工具”（快捷键 G）从图片底部向上拉，制作白色 – 黑色渐变效果。为了整体氛围，又用柔边画笔工具对渐变效果进行了修饰，形成一个刚好把车容纳进去的弧形（如图 147~ 图 149）。

148

149

⑨笔者在网上到了一个混凝土图片素材，拖入后按下“Ctrl+T”快捷键对其透视进行调整，形成近大远小的效果。之后按住“Alt”键把图片 1 使用的蒙版复制移动到混凝土素材上，这样它就不会遮住坦克了。 接下来把混凝土素材的混合模式改为“正片叠底”，不透明度为 35%（如图 150、图 151）。

150

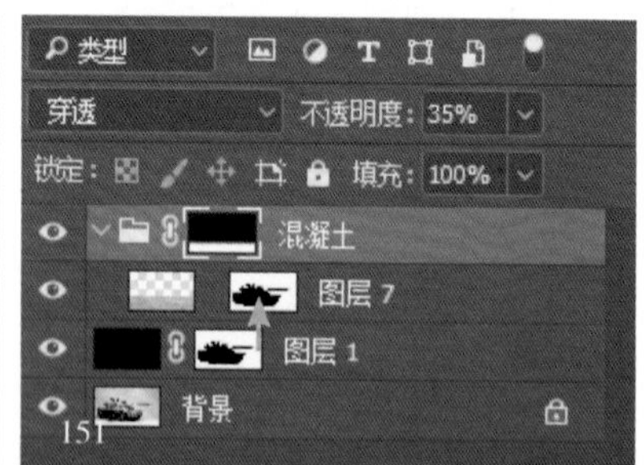

151

最后为图片加入文字。背景换色后整个模型都被凸显了出来，比原来的白色背景强多了。其实换背景的核心技巧就是抠图，把背景或模型单独选取出来并添加蒙版。掌握了这个技能后，还可以根据喜好给模型更换各种颜色和纹理的背景，比直接使用变色背景纸的自由度更高（如图 152）。

152

5.4.2 颜色调整

案例中使用的是 ThreeZero 出品的 1/6 丹妮莉丝手办，人物来自美剧《权力的游戏》，因为拥有三只巨龙，网友也常称她为“龙母”。

这张照片在构图时有特殊的考虑：其一，在剪裁照片时，剪裁的位置在角色膝盖以下 1/3 处，让腿看起来更加修长。其二，在留白方面，角色头顶上方没有冗余的空间，保证画面饱满。角色面朝右侧，故右侧留白更多些，给人留下遐想空间。其三，为了表现女王的威严，人物头部和身体略向前方、下方倾斜，摆出居高临下的姿态。

拍摄手办时还有一些小技巧，如用头发和饰品遮挡关节接缝，避免正视镜头，以免让人感觉斗鸡眼等，在此就不一一赘述了（如图 153）。

下面的内容会以龙母的照片为案例，介绍如何在 Lightroom 中对照片的颜色进行精细调整。

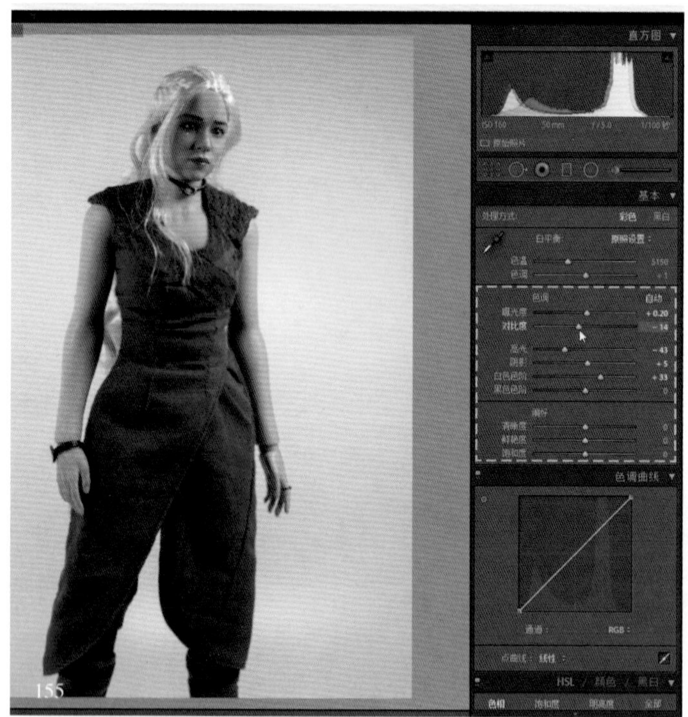

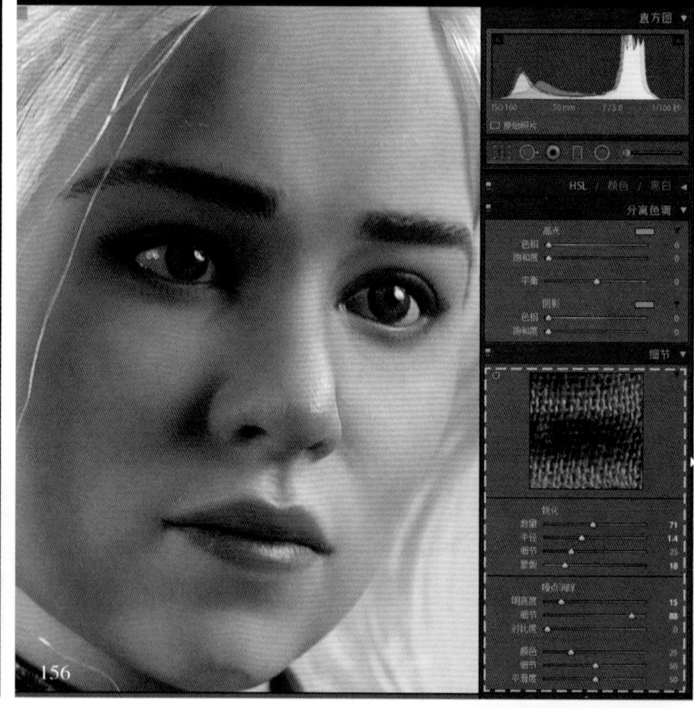

①以《权力的游戏》视频截图作为调色参考，对图片进行分析。照片的整体色调与实拍的照片有些差别，衣服颜色显得更深沉，肤色更透更亮（如图 154）。

②分析参考图的直方图。这是一张明暗对比弱，但是色差反差强的图片。因为横轴上的像素在右侧空出了一块区域，所以在调整明暗关系时，并没有把白色色阶调得很高，以防止白色背景过曝。之后又略微降低了饱和度，让直方图两端的峰值略微向中心靠拢（如图 155）。

③对图片进行锐化和降噪，保证细节清晰锐利。至此图片的基础调整就完成了，接下来进入调色部分（如图 156、图 157）。

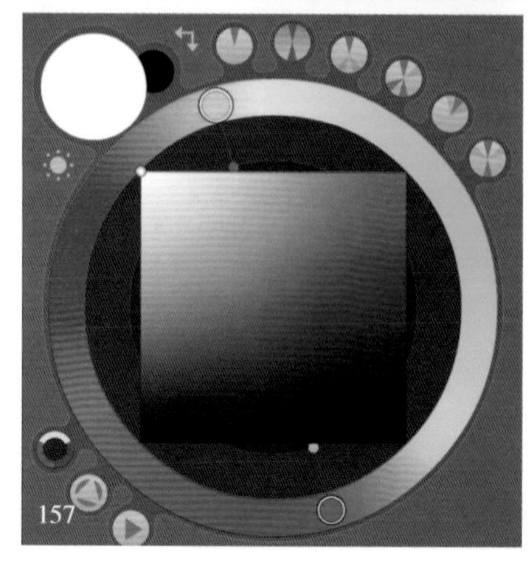

④分离色调。它可以分别给图片的高光和阴影部分添加一些色彩倾向，有点像军模制作里的滤镜技法。从参考图的直方图右侧的高峰中可以看出，蓝色最靠右、绿色次之、红色再次之，说明蓝色强、红色弱，照片偏蓝偏青。于是把高光色相滑块调整到青色和蓝色之间的位置，并略微拉高饱和度，相当于给高光部分添加了淡淡的蓝色（如图 158）。

用同样的方法给图片的阴影部分添加一些蓝色的互补色 – 橙色（在色环中相隔 180° 的颜色为互补色），增加高光与阴影的色彩反差（如图 159）。

略微向右移动平衡滑块，让整体色调向高光色调偏移（如图 160）。

略微增加色温，现在两张照片的直方图已经非常接近了，但衣服和皮肤的颜色差距还比较大，需要进一步精细调整（如图 161）。

162

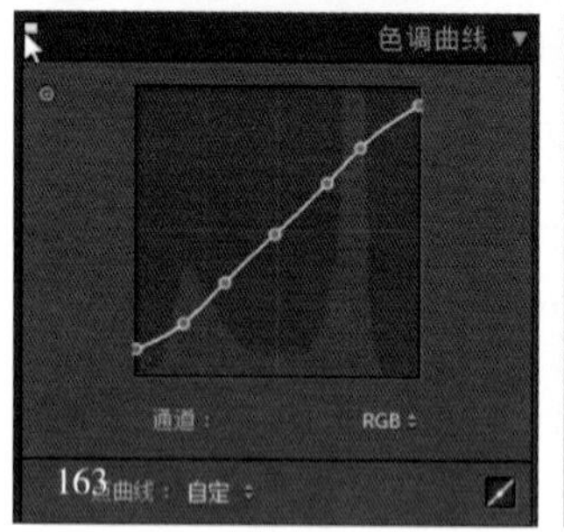

163

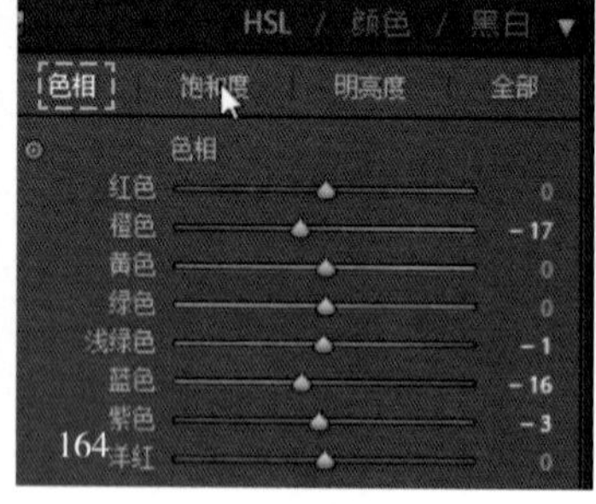

164

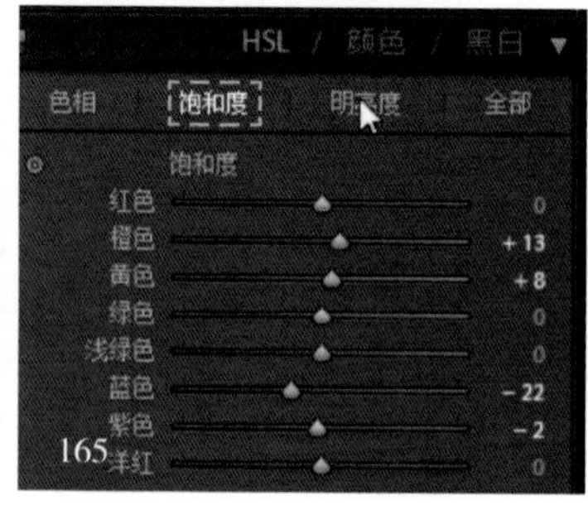

165

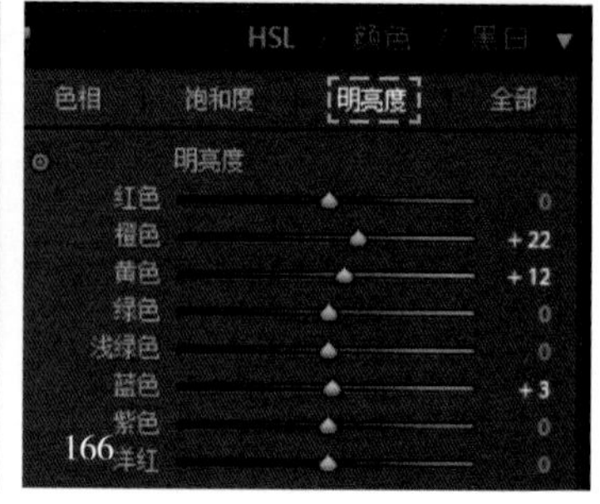

166

⑤色调曲线。类似于明暗调整，给图片一个这样的曲线可以略微让黑色不是特别黑，白色不是特别白，类似胶片的感觉（如图 162、图 163）。

⑥ HSL。这是一个对特定颜色的色相、饱和度、明亮度做单独调整的菜单，点击窗口左侧上角的“◙”按钮，再把鼠标移动到需要改变的颜色上，按住鼠标并上下移动，就可以单独改变这个颜色的参数了（如图 164）。

对照参考图，降低了裙子的饱和度，并把色相向青色偏移，让裙子显得旧一些。略微提高了皮肤的饱和度和明亮度，并把肤色色相略微向橙色偏移，让皮肤颜色更加通透诱人（如图 165、图 166）。

167 原图

168 明暗关系调整

169 颜色调整

170 参考图

如此，整张照片的调色工作就完成了。笔者把调整过程横向排列了起来，大家可以从底部的色块观察到颜色的改变。最终的图像与参考图还是有少许差别，一方面没有背景金黄色植物的衬托，人物少了一些生气。另一方面参考图来自于视频，要兼顾各个场景的光环境，明暗对比等方面自然不能做得非常极致。加之人眼对静止物体没有运动物体那么敏感，如果静态照片明暗关系跟视频完全一样，会显得不打眼，因此笔者故意让照片看起来明暗对比更强烈一些（如图 167~ 图 170）。

最后是图片调整之前和之后的细节对比，局部色调变得更加接近原作，细节部分也变得更细腻生动了（如图 171、图 172）。

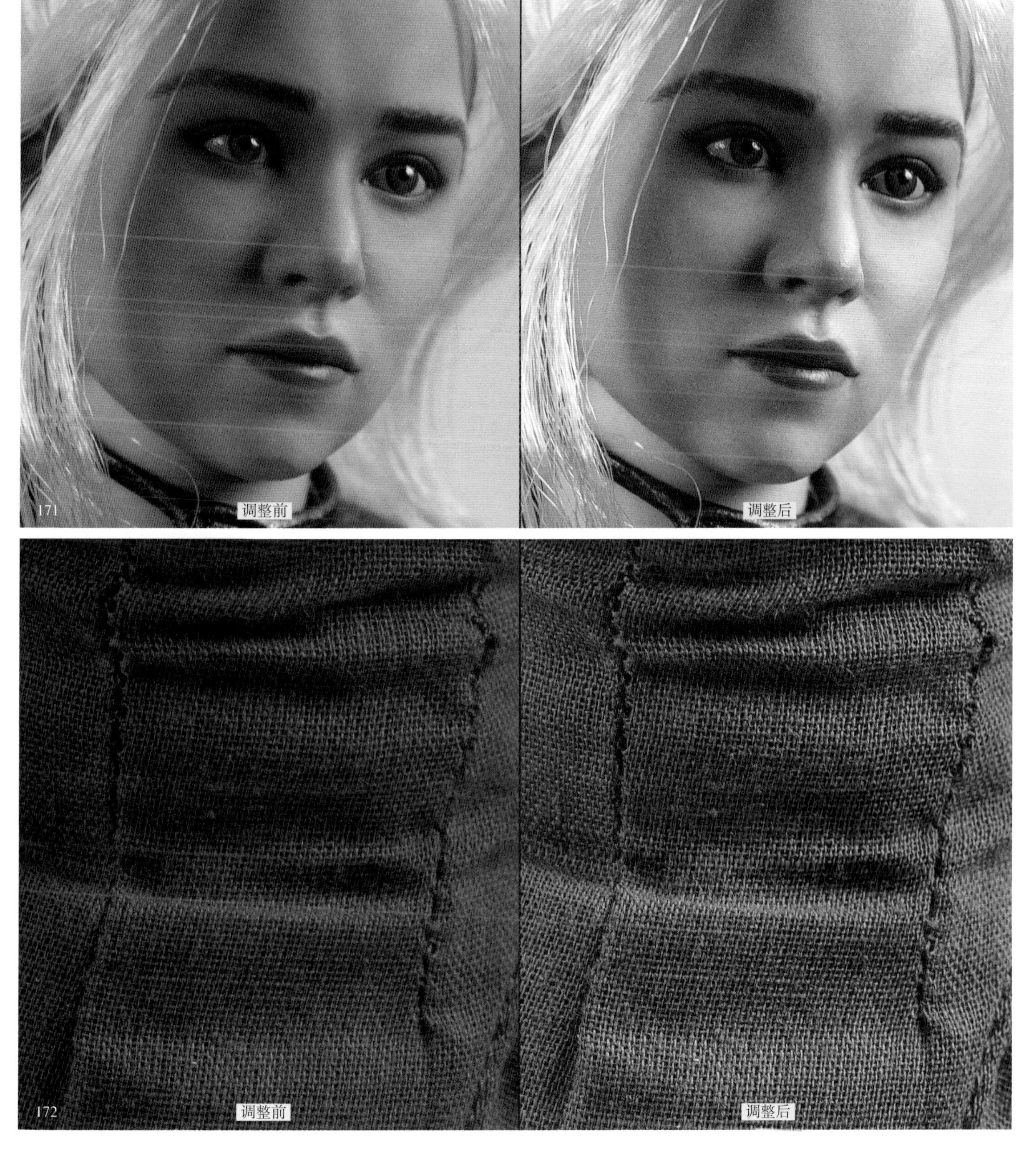

5.4.3 光晕特效

案例中使用的模型是友人思远制作的 1/700 U99 潜艇场景《大西洋的欢乐时光》（如图 173），笔者使用 Photoshop 的免费插件 Nik Collection 为照片添加了滤镜效果。下面会讲解如何为模型照片添加光晕特效：

173

①用 Photoshop 打开照片，点击界面左下角的“ ”图标新建“图层 1”，并填充为黑色（如图 174）。继续新建一个图层并命名为“光晕 1”，之后使用鼠标右键点击该图层并选择“创建剪贴蒙版”，这个功能相当于把图层光晕 1 贴到了图层 1 上（如图 175）。

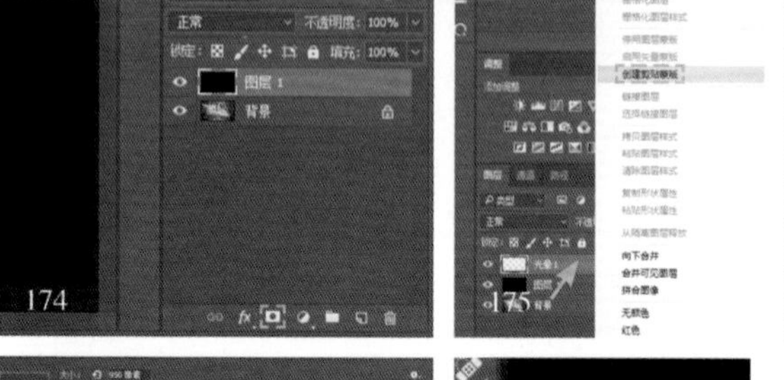
174 175

176

②点击背景图层旁边的“ ”图标把背景图层隐藏，然后选中光晕 1 图层（如图 176）。选择“画笔工具”，在画面上单击鼠标右键，在弹出的面板里选择一个光晕笔刷，并把白色光晕绘制在光晕 1 图层上（如图 177~ 图 179）。

注：案例中使用的笔刷套装为“杨雪果笔刷 Blur's Good Brush7.0”。

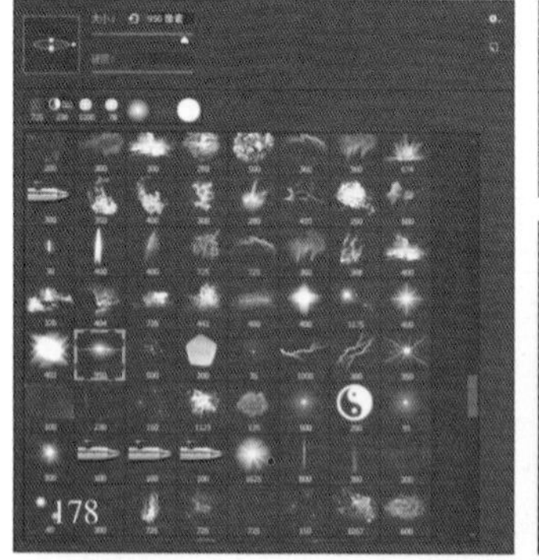
178

177

179

③点击调整面板里的图标“ ”，新建一个“渐变映射”图层，并创建剪贴蒙版。双击该图层，点击属性面板里的“渐变编辑器”功能（如图 180）。在渐变编辑器里把颜色调整成如图所示的样子，这样就可以把该渐变色映射到刚才绘制的光晕之上了（如图 181、图 182）。

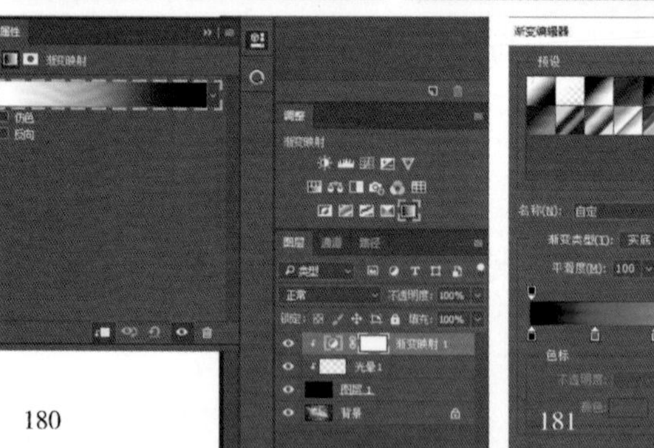
180

181

④把图层一的混合模式改为“滤色”，并对背景图层取消隐藏（如图 183）。利用光晕 1 图层的不透明度来控制光晕的强度，之后调整光晕的位置和大小，让它好像是从潜艇舰桥的探照灯上发射出来的感觉（如图 184、图 185）。

182

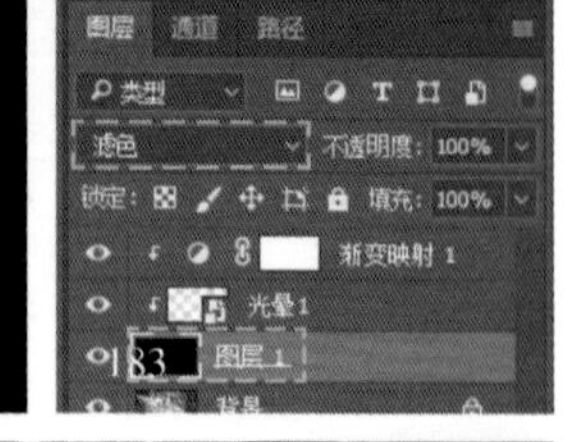
183

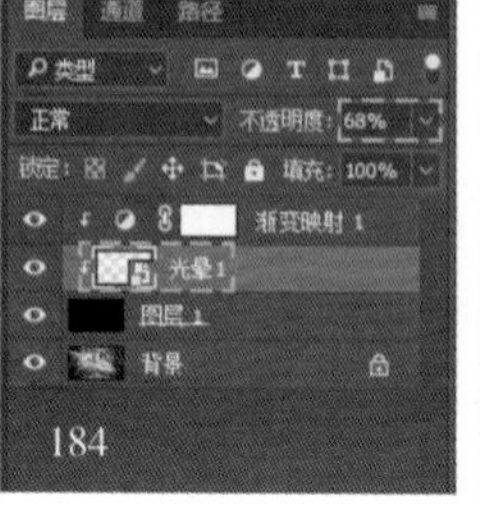
184

185

⑤用同样的方法添加一个环形光晕（如图 186、图 187）。

⑥为光晕 2 图层添加蒙版，用半透明的黑色柔边笔刷进行微调，之后调整不透明度来控制光晕强度（如图 188~ 图 190）。掌握了此方法后，还可以通过改变渐变映射的颜色来获得不一样的光晕（如图 191）。

⑥为了统一整张照片的色调，笔者给背景图层添加了蓝色滤镜。点击调整面板里的图标“ ”添加“照片滤镜”图层，双击该图层并在属性面板中选择“冷却滤镜（LBB）”，之后把不透明度改为 38%（如图 192）。最后用“横版文字工具”为照片添加字幕，模仿电影场景的感觉（如图 193~ 图 194）。

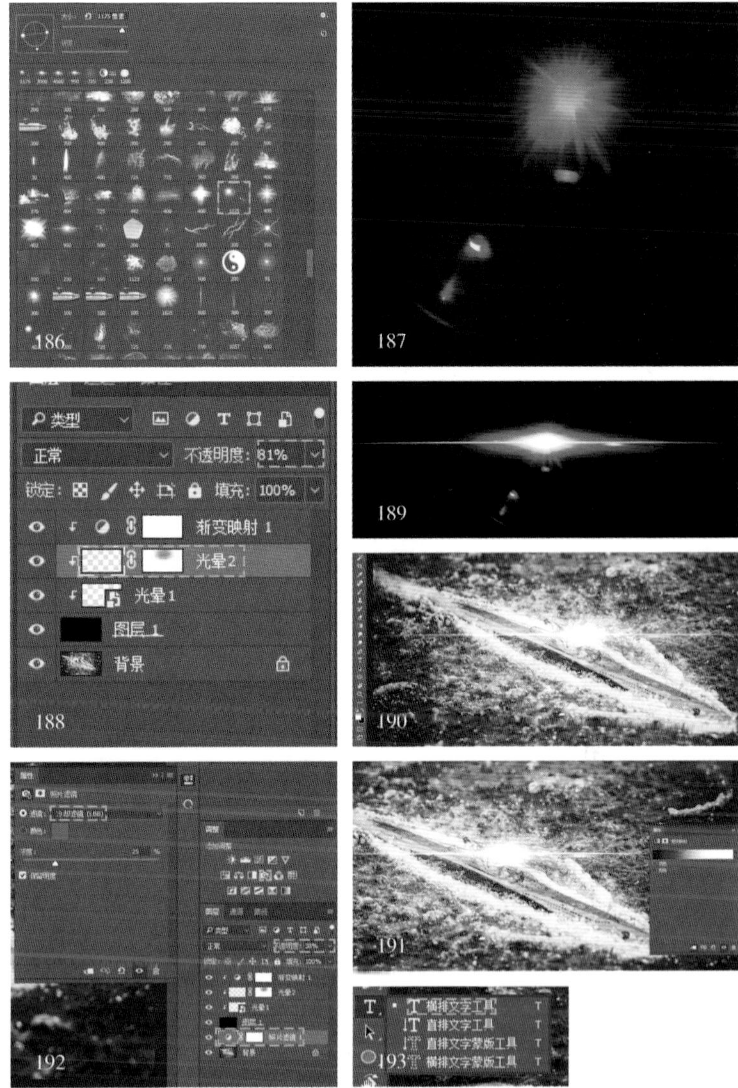

186 187 188 189 190 191 192 193

194

195

5.4.4 雪花特效

这个扎古是笔者的早期作品（如图 195），使用 EOS 550D 拍摄，为了营造在雪中作战的氛围，笔者决定为其添加雪花特效。具体操作如下：

196

①用 Photoshop 打开图片，把在网上找的雪花素材文件拖入画面中，命名为“远雪”，并把混合模式改为“变亮”。如此一来素材图片中黑色的部分会被过滤掉，只留下白色的雪花（如图 196~ 图 199）。

197 198

199

②选中远雪图层，按下“Ctrl+J”快捷键复制一个一模一样的图层，并命名为近雪，之后按下“Ctrl+T”快捷键把近雪图层放大（如图 200、图 201）。

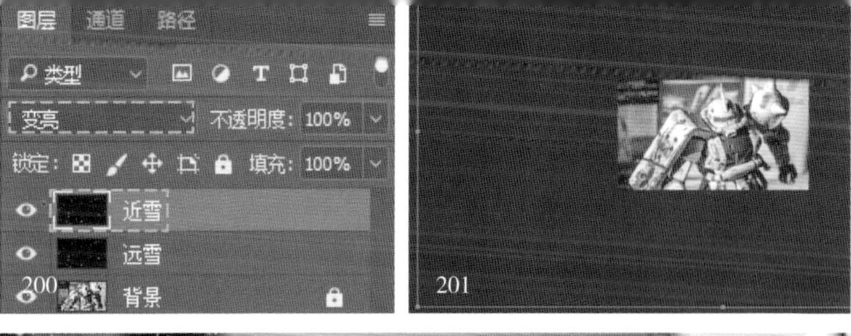

200 201

③近处的雪花较大，远处的雪花较小，符合透视原理。不过图中还存在一些问题，扎古离镜头较近，应当会挡住身后的小雪花才对，而现在这些小雪花出现在扎古身前。解决办法就是为远雪图层增加一个蒙版，并用黑色笔刷把身前的雪花擦除（如图 202、图 203）。

202

203

④用之前讲过的方法为独眼瞳绘制灯光效果，不同的是这次为黑色－粉色－白色渐变（如图 204~ 图 206）。

204

205

⑤用 Photoshop 自带的插件 Camera Raw 调整画面色调，其界面和操作与 Lightroom 完全相同。笔者为高光区域添加了一些蓝色，阴影区域添加了一些蓝色的互补色——橙色，然后整体降低色温（如图 207）。

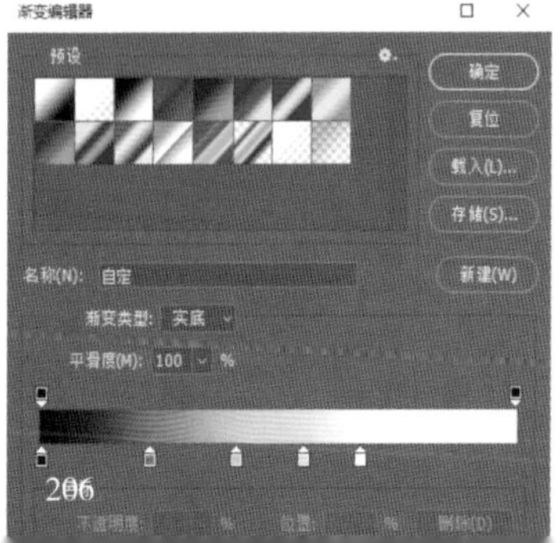

206

207

5.5 如何批量处理模型照片

5.5.1 照片预设

之前讲解白平衡调整时已经介绍过在Lightroom中用“Ctrl+Shift+C”和“Ctrl+Shift+V”快捷键对单个照片的预设进行复制粘贴，那么如果遇到多个照片时，应该怎么办么呢？下面介绍一个更高效的方法：

①在修改照片模式中选中已经调好色的照片，点击左侧预设界面的“＋”图标。在弹出的窗口中选择需要复制的设置，命名为“龙母调色预设”，并点击“创建”按钮（如图208~图210）。

②创建之后会在界面左侧的预设窗口中看到刚才保存的预设，选择另外一张照片，点击“龙母调色预设”就能把前一张照片的参数粘贴过来了。因为这一组照片拍摄时使用的光源、相机参数几乎完全一样，所以直接用前一张的参数是没有问题的，再对个别照片进行微调就可以了。不过此方法并不会复制画面的剪裁和旋转，需要用右侧的“剪裁叠加”功能手动对每张照片进行调整（如图211）。

③如果有大量照片需要处理，可以在图库中选中需要处理的照片，把界面右侧的“快速修改照片”选项设置为“龙母调色预设”，这样选中的照片就被调整为一样的色调了（如图212、图213）。

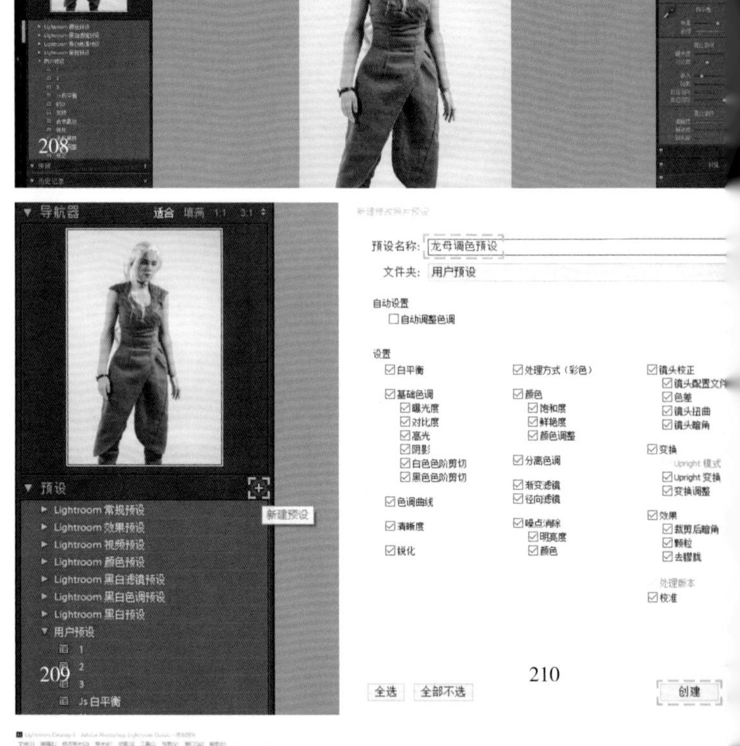

208
209
210

211

212

213

5.5.2 照片水印与发表

Lightroom 支持照片批量导出。

在图库中选中要导出的照片，在菜单栏中选择“文件－导出”命令，会弹出选项界面。选择要输出的文件夹，并设置照片的尺寸。若对照片尺寸有要求，还可以对文件大小进行限制（如图 214、图 215）。

如果需要为图片打水印，要勾选水印选项。在水印编辑器中选择添加文字或图形水印，若勾选了图形水印，请选择图片文件路径并对水印大小位置等参数进行调整。单击存储按钮，给水印命名为“水印 1”，之后在导出选项界面中选择刚才调整好的水印，并输出图片（如图 216~ 图 219）。

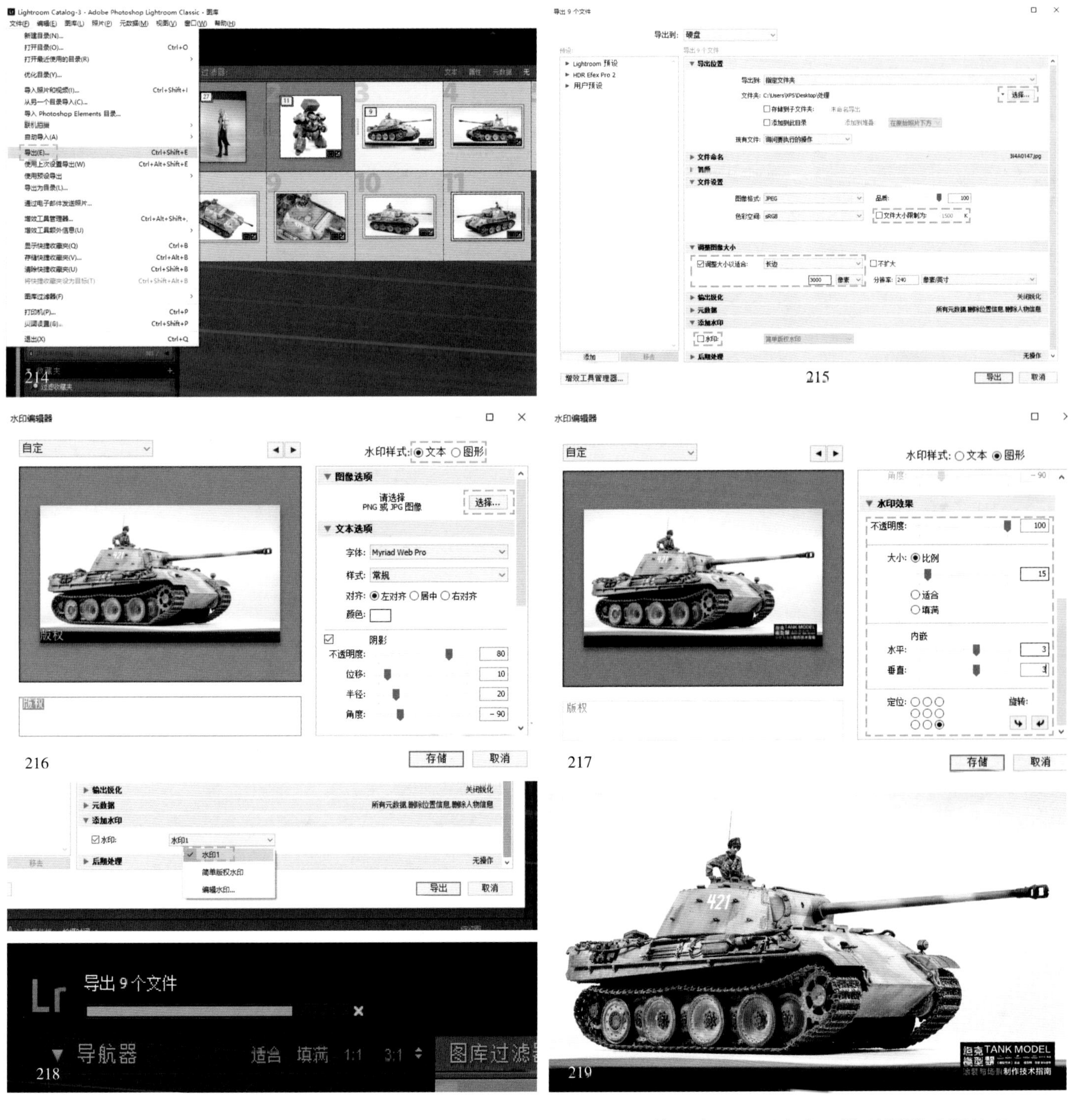

214

215

216

217

218

219

5.5.3 手机快速修图

手机版 Lightroom 与计算机版功能和操作几乎完全一样，而且学习成本更低，用它处理手机照片非常方便。下面以斐迪南坦克歼击车的照片为例介绍手机快速修图流程：

①该照片为 iPhone7 拍摄，使用 Lightroom 应用程序直接获取照片原始文件（DNG 格式）。打开照片后对画面进行裁剪，设置长宽比为 3:2（如图 220、图 221）。

②点击最下方的"自动"功能，它可以对照片的明暗关系自动进行调整。不过照片背景还是有些灰，点击"亮"功能，拉高白色色阶让背景变白，微微拉高阴影让战车变亮，之后微调对比度和黑色色阶让暗部更暗（如图 222、图 223）。

③接下来对照片细节进行处理。点击"效果"功能，略微提高清晰度。点击细节功能，进行锐化和降噪。调整完成后点击右上角"⎙"图标选择"保存到相册"即可（如图 224~ 图 226）。

④如果需要修很多张类似的图片，可以点击右上角"···"图标选择"复制设置"，再在其他照片中"粘贴设置"就可以了。比如笔者拍摄了一张雪景照片并进行了精心调色，如果想让另一张照片跟它的色调一致，就可以通过复制粘贴前一张照片参数的方法来实现。此方法配合相机蓝牙传输功能，帮助笔者在 2017 年模型岛 CH 展会现场处理了大量用单反相机拍摄的照片，当然旅游途中处理风景照也是可以的（如图 227~ 图 234）。

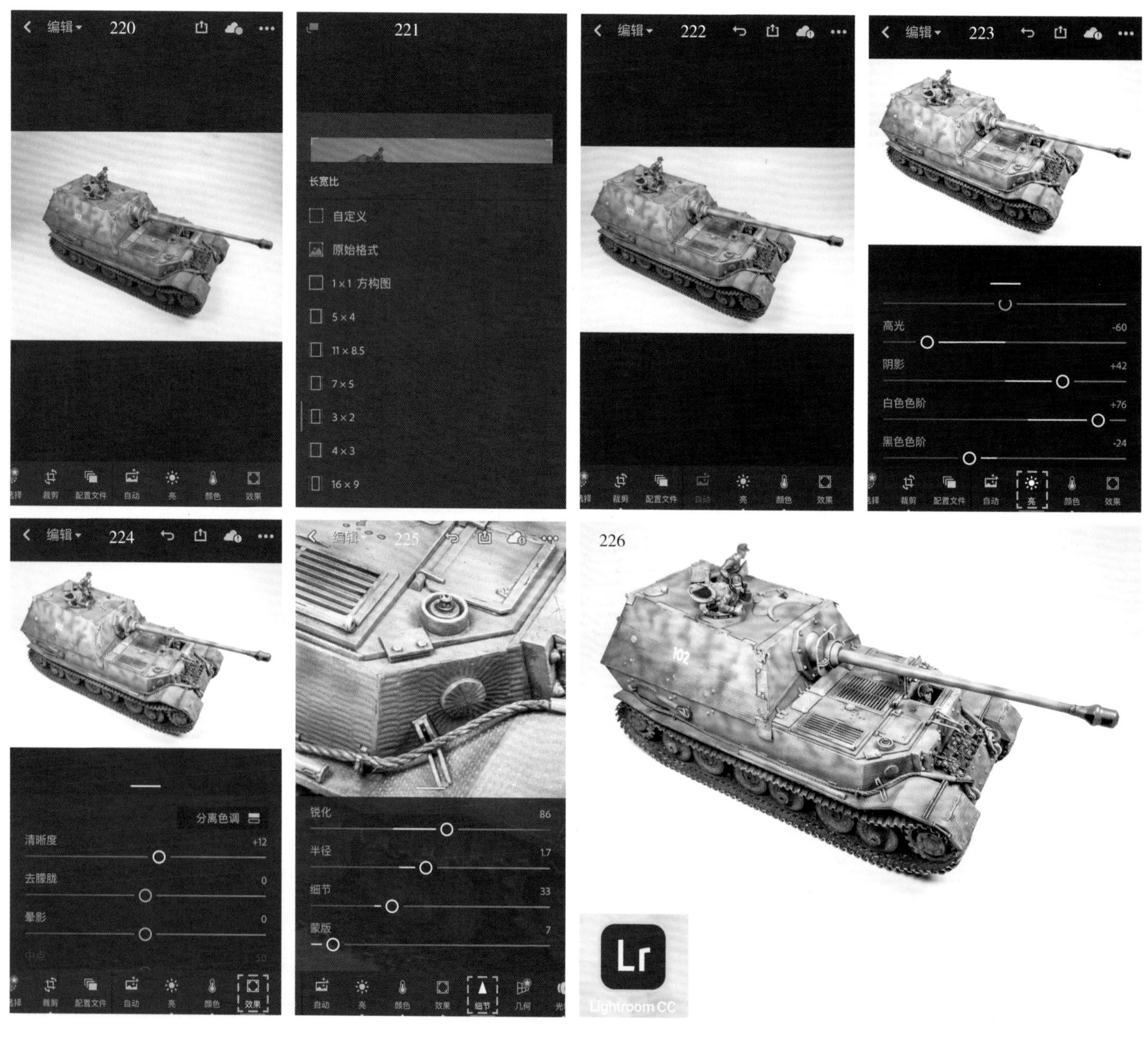

227
编辑
添加到
删除
显示/隐藏信息
显示/隐藏直方图
复制设置
粘贴设置
从此处展示
228
编辑
复制设置
全选
白平衡
基础色调
色调曲线
清晰度
锐化
处理方式和配置文件
取消
确定
229
编辑
230
编辑
231
编辑
效果
细节
几何
光学
预设
上一步
复位
232
2017 十月
53
2017 九月
233
2017 十月
53
2017 九月
234
2017 四月
22

第 6 章

精彩模型摄影

案例赏析

作品：M61A5
作者：李腾
80D 35mm 1/6 秒（f/18）ISO200

作品：保时捷虎王坦克
作者：李腾
5DSR 50mm 1/60 秒（f/13）ISO800

作品：末日孤剑
作者：吕锋
5DSR 50mm 1/160 秒（f/18）ISO16

5DSR 50mm 1/125 秒（f/18）ISO160

5DSR 50mm 1/160 秒（f/18）ISO160

5DSR 50mm 1/160 秒（f/18）ISO160

作品：欢迎来到巴黎
作者：豆芽菜
80D 35mm 1/2 秒（f/14）ISO400

作品：欢迎来到巴黎
作者：豆芽菜
80D 35mm 1/3 秒（f/14）ISO400

作品：医护兵
作者：豆芽菜
80D 35mm 1/5 秒（f/14）ISO400

：豹 D 坦克场景
者：吕锋
DSR 50mm 1/160 秒（f/18）ISO160

作品：雨林伏击
作者：蒋夏磊
80D 35mm 0.6 秒（f/14）ISO400

作品：黑豹坦克
作者：蒋夏磊
80D 35mm 1/2 秒（f/14）ISO400

作品：沙扎比

作者：Erric

80D 35mm 3.2 秒（f/22）ISO100 光绘

后　记

我在上一本书《坦克模型涂装与场景制作技术指南》中就介绍了拍摄模型的基本方法，受篇幅所限没有说得太透彻，直到这本书才真正有机会好好讲解一下模型摄影。当看到国外杂志上精美的图片时，难道不好奇人家是如何做（照）出来的吗？我想这其中除了创意、技巧和努力外，肯定还有模型摄影的份儿。所以是时候正视摄影了，模型摄影也是门学问，其背后蕴藏的知识完全不亚于模型制作本身。

虽然在本书的写作过程中遇到了不少困难，但也得到了很多人的帮助和支持，他们中有的是模友，有的是同学、朋友、老师，有的是家人和出版社的小伙伴。从提供模型素材到解答专业知识，从软件援助到生活关怀，无论帮助大小都贡献了一份力量。这份力量使我感觉很温暖，在此表示衷心的感谢！